ゼロからはじめる **2種**

冷凍試験

オーム社 編

改訂3版

Ohmsha

まえがき

現在の社会では，冷凍機を使った冷凍技術が全産業のあらゆる部門に使われています．冷凍機は，冷凍ガスを高圧に圧縮して液化し，そして蒸発させて空気や水を冷却する仕事を行い，高圧ガスの製造を行っているため，高圧ガス保安法に適応した運転をしなければなりません．そのため，冷凍機械責任者の国家資格があります．

冷凍保安責任者は，取り扱う冷凍機の容量によって第1種，第2種，第3種に分けられます．主に中型冷凍空調機器を備えている施設，冷凍倉庫，冷凍冷蔵工場等（1日の冷凍能力が300トン未満の製造施設）において，製造（冷凍）に係る保安の実務を含む統括的な業務を行うことができる資格が第2種冷凍機械責任者（2冷）です．

本書は2冷を目指す人のための受験対策書です．2冷の試験は3冷と比べて，次のような構成になっています．

① **試験科目は，法令，保安管理技術，学識の3科目です．**

3冷の試験では，法令（20問），保安管理技術（15問）の2科目ですが，2冷の試験では法令（20問），保安管理技術（10問），学識（10問）の3科目となります．

- **法令**：高圧ガス保安法に係る法令
- **保安管理技術**：冷凍のための高圧ガスの製造に必要な通常の保安管理の技術
- **学識**：冷凍のための高圧ガスの製造に必要な基礎的な応用化学および機械工学

なお，高圧ガス保安協会が行う講習を受講し，後の検定試験に合格すると，学識と保安管理技術について試験科目免除の制度があります（法令のみの受験）．

本書では，第1編：学識，第2編：保安管理技術，第3編：法令の3編構成として基本を重視し，そして資格取得できる必要な内容を盛り込んで編集しています．

② 2冷の試験問題は，3冷の試験問題よりほんの少し難易度を上げた問題が出題されています．また，学識では計算問題が2問程度出題されていますが，公式を覚えていれば意外と簡単に解くことができます．したがって，直接2冷に挑戦することも可能です．

本書は，初めて3冷の試験を受験する方を対象とした「**ゼロからはじめる3種冷凍試験（改訂3版）」の内容をベースとしつつ，2**冷の試験に対応した内容を盛り込んでいます．そのため，**3冷免状を有している人も基本を復習しながら学習でき，また，直接2冷を受験する人は基礎から学習することができます．**

③　さらに本書の特徴は次のようになっています．

◎図や表を多数挿入し，**目で見てもわかる**ように心がけています．

◎試験問題は，**過去の問題文の一部を変更した出題が多い**（例えば温度が上昇を温度が**下降**）ため，本書は**過去の国家試験問題の文章を多く取り入れる**ようにしています．

◎本文中に Point **のマーク箇所があります**．ここでは，**用語の解説，補足説明，試験問題解答の注意点などを記載**しています．また，重点説明やまとめなどのために，随所に**コラム**を設けています．

◎**各章の終わりに“例題”**として既往問題を掲載しています．確実に理解できるように解説しています．また，本文でも再確認をしてください．**編末には演習問題**として，**最近の国家試験の既往問題を掲載**しています．**総復習**としてご活用ください．

急速な冷凍技術の応用産業分野の発展に必要な有資格者が不足している現状のなかで，是非，本書により一人でも多くの方がこの資格を取得し，冷凍保安責任者として公共の安全と保安の先端に立っていただきたいと心から願っています．

2023年7月

オーム社編集局

目　次

第２編　保安管理技術

第3編　法　令

第 1 編

学　識

第1章 冷凍サイクル

1 冷媒の熱吸収と熱放出

・冷媒液が周囲から熱を吸収する（蒸発熱を得る）ことで冷媒蒸気になる．このとき，周囲の空気や物体は熱を奪われて温度が下がる（冷房，冷凍）．

ここで，熱交換器内の冷媒の圧力を低い状態に保つことによって，低い温度でも冷媒液がさかんに蒸発できるようにする．

・冷媒蒸気が周囲に熱を放出する（凝縮熱を捨てる）ことで冷媒液になる．このとき，周囲の空気や物体に熱が加わり温度が上がる（暖房）．

ここで，熱交換器内の冷媒の圧力を高い状態に保つことによって，常温の水や空気で冷やしても液化できる状態にする．

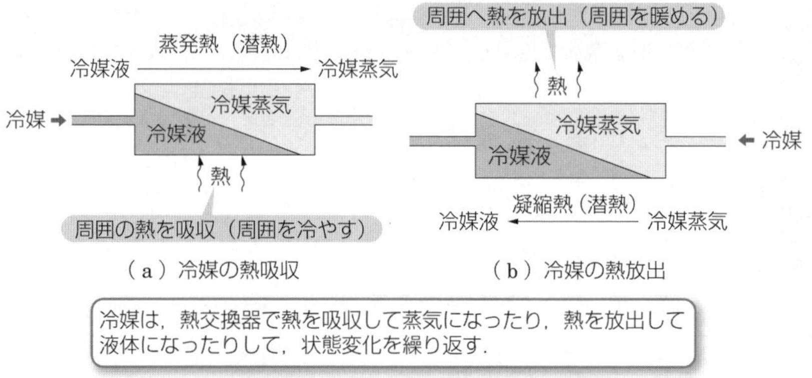

図 1.1 熱交換器の冷媒の状態変化

2 蒸気圧縮式の冷凍サイクルを構成する機器

液体が気体になるときに多量の熱を吸収し，気体が液体になるとき多量の熱を放出するという原理により，蒸発器，圧縮機，凝縮器，膨張弁の主要機器を配管で接続し，冷媒を通して**蒸発→圧縮→凝縮→膨張**の四つの行程を繰り返し行うものが，蒸気圧縮式の冷凍サイクルである．

Point

冷媒とは，熱を温度の低いところから高いところへ移動させるために使用される熱媒体で，アンモニアやフルオロカーボン（R134a，R404A など）がよく使われている．

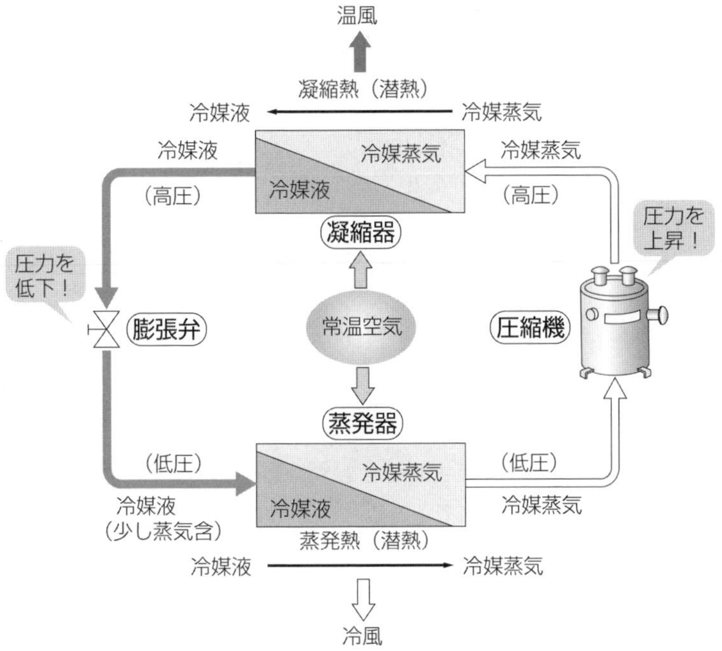

図 1.2 冷凍サイクル

(1) 蒸発器（エバポレータ）

低温，低圧の冷媒液が周囲から**熱のエネルギーを受け入れて蒸発**し，周囲の物質を冷却する（室内側）熱交換器である．

Point

蒸発器は，膨張弁からの低温・低圧の冷媒液を，周囲の水・ブラインまたは空気の熱を吸収して蒸発させる熱交換器で，蒸発器周囲の水・ブラインまたは空気は，冷媒に熱を放出して温度が下降する．

(2) 圧縮機（コンプレッサ）

蒸発器からの低温・低圧の冷媒蒸気に**動力を加えて圧縮**し，高温・高圧の冷媒ガスにする．また，冷媒を循環させるとともに蒸発器内を低い圧力に保つ働きがある．

(3) 凝縮器（コンデンサ）

圧縮機で圧縮された高温・高圧の冷媒ガスを，**水**（冷却水）**や空気**（冷却空気）**で冷やして凝縮させ**高温・高圧の冷媒液にする（室外側）熱交換器である．

Point

凝縮器は，圧縮機で圧縮された冷媒ガスを，水または空気で冷却して液化させる熱交換器で，凝縮器周囲の水または空気は，冷媒から熱を吸収して温度が上昇する．

(4)　膨張弁（エキスパンションバルブ）

高温・高圧の冷媒液を膨張弁の小穴（オリフィス）で絞り膨張させることによって，低温・低圧の冷媒液にする．

Point

減圧すると飽和温度が下がり液体は蒸発しやすい状態になる．

3　*p-h* 線図（モリエル線図）の構成

冷媒は，冷凍装置内で種々の状態変化をするため，冷凍サイクルを表すのに線図を用いると実用的に便利である．ここで，一般に用いられている線図が *p-h* 線図である．

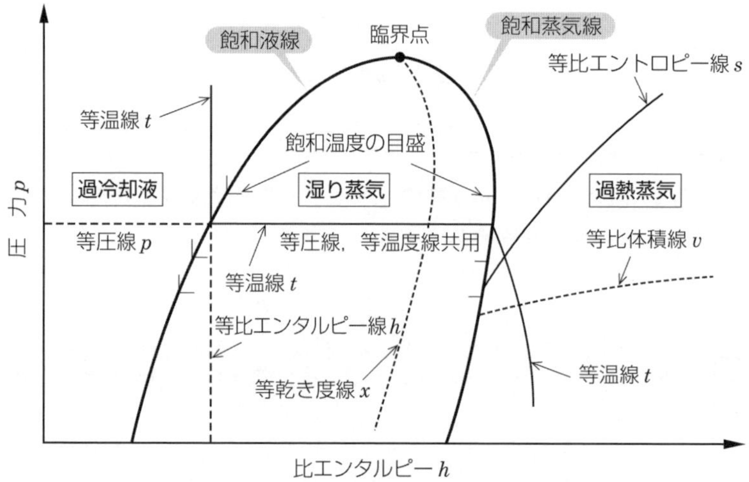

要点整理

冷媒の *p-h* 線図では実用上の便利さから，縦軸の絶対圧力は対数目盛で，横軸の比エンタルピーは等間隔目盛でそれぞれ目盛り，冷媒の質量 1 kg 当たりの諸数値が記入されている．

図 1.3　***p-h*** 線図

p-h 線図では，縦軸に圧力（絶対圧力）*p* を，横軸に比エンタルピー *h* をとり，

飽和液線，飽和蒸気線，等圧線，等温度線，等比エンタルピー線，等比エントロピー線，等比体積線，等乾き度線などが描かれていて，線図上における任意の点の冷媒の状態を知ることができる．

(1)　圧力（縦軸）

・*p-h* 線図の縦軸は対数目盛になっていて，絶対圧力の値が目盛ってある．上部に行くほど圧力が高くなる．

・**ゲージ圧力と絶対圧力との関係**は次のようになっている．

　・ゲージ圧力 *p*〔MPa･g〕：大気圧を基準にして測った圧力

　　ゲージ圧力とは，実際に冷凍装置などに付いている圧力計の指示値である．

　・絶対圧力 *p*〔MPa･abs〕：真空を基準にして測った圧力

絶対圧力〔MPa･abs〕＝ゲージ圧力〔MPa･g〕＋大気圧（0.1 MPa･abs）

・等圧力線は，*p-h* 線図上で水平線で表される．

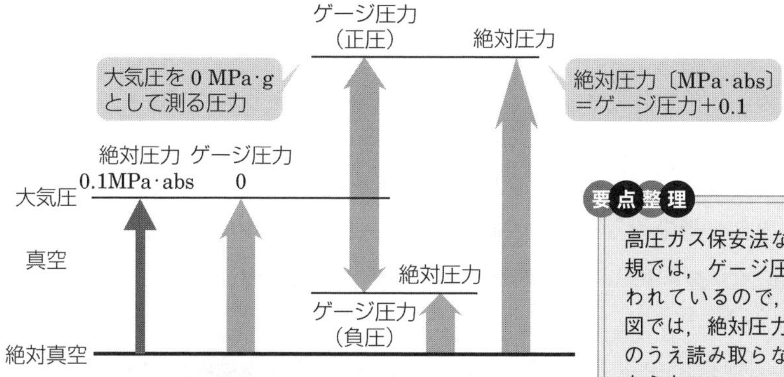

図 1.4　ゲージ圧力と絶対圧力

要点整理

高圧ガス保安法などの法規では，ゲージ圧力が使われているので，*p-h* 線図では，絶対圧力に換算のうえ読み取らなければならない．

(2)　比エンタルピー

・一定の圧力では，物質がもっている全熱量（顕熱と潜熱の和）をエンタルピーといい，物質 1 kg の熱量を〔kJ〕に換算したものを**比エンタルピー〔kJ/kg〕**という．

・*p-h* 線図の横軸は等間隔目盛になっていて，比エンタルピーの値が目盛ってある．

・冷媒の場合には，0℃の飽和液の値である 200 kJ/kg を基準にして，冷媒の熱の変化量を考える（比エンタルピーは状態量である）．

・等比エンタルピー線は，*p-h* 線図上で垂直線で表される．

Point

ある物質のエンタルピーが変化するというのは，その分だけ外部と熱や動力を出し入れしたということである．比エンタルピーの差から熱量変化を求めることで，比エンタルピーの絶対値はとくに必要とされていない．

(3) 飽和液線と飽和蒸気線

・**飽和液線**は冷媒液が蒸発しようとする飽和液（液の限界：すべて液体）を表す線である．

Point

p-h 線図の飽和液線上に目盛られている温度は飽和温度を示し，それぞれの飽和温度に対する飽和圧力（温度目盛りを通る水平な等圧線と縦軸との交点）を読み取れる．

・**飽和蒸気線**は飽和液がすべて蒸発しきった飽和蒸気（気体の限界：すべて気体）を表す線である．

・飽和液線から左側は**過冷却液**の状態，飽和蒸気線から右側は**過熱蒸気**の状態である．

・飽和液線と飽和蒸気線で囲まれている部分は**湿り蒸気**状態で，液と蒸気が混在している．

・純粋物質の液体では，**飽和温度と飽和圧力は一定の関係**（図 1.5）があり，どちらかの値を指定すると他方の値は定まる．温度が低いほど飽和圧力は低く，温度が高いほど飽和圧力は高くなる（飽和蒸気圧力曲線）．

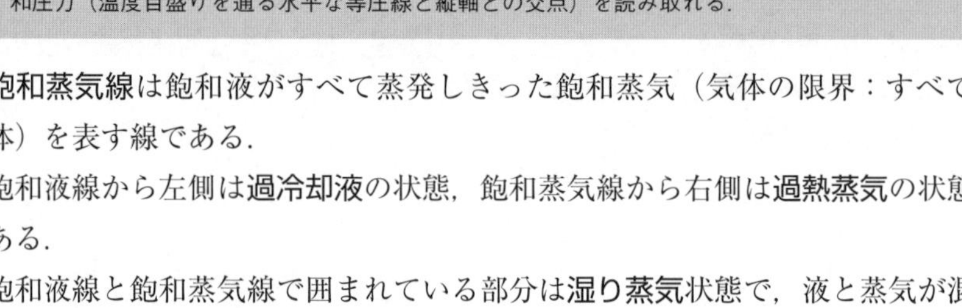

図 1.5 **R22**の飽和蒸気圧力曲線

(4) 等乾き度線

飽和液線と飽和蒸気線に囲まれている部分は，湿り蒸気で蒸気と液が混じった状態（共存している状態）である．

乾き度とは，湿り蒸気中 1 kg 中の蒸気分の割合を示したものである（飽和液線と飽和蒸気線の間の領域を 10 等分している線）．

・各圧力で乾き度が等しい点を連ねた曲線が等乾き度線である．

・乾き度 0（$x=0$）は飽和液（飽和液線上：すべて液）で，乾き度 1（$x=1$）は飽和蒸気（飽和蒸気線上：すべて蒸気）をいう．また，乾き度 0.1（$x=0.1$）とは，蒸気が 10％で残りの 90％（＝100－10）が液の状態を表す．

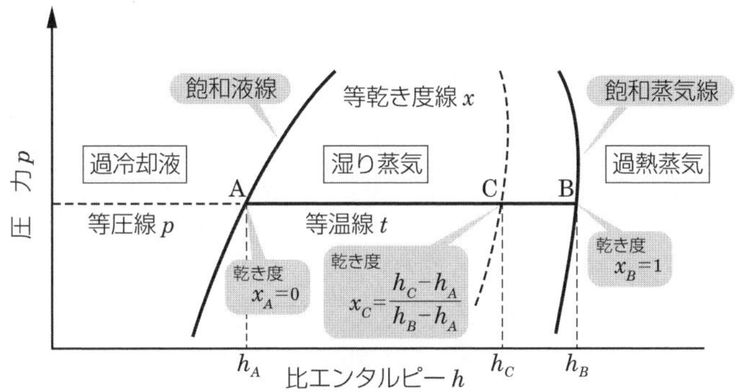

図 1.6 乾き度

（5） 等温線

等温線は，過冷却液域－湿り蒸気域－過熱蒸気域の全体を通じて温度が等しい点を結んだ線である（温度の値は飽和液線や飽和蒸気線の線上に目盛られている）．

・**過冷却液域**：等温線はほとんど垂直の線になっていて，比エンタルピーが同じなら圧力が変化しても温度は変わらない．

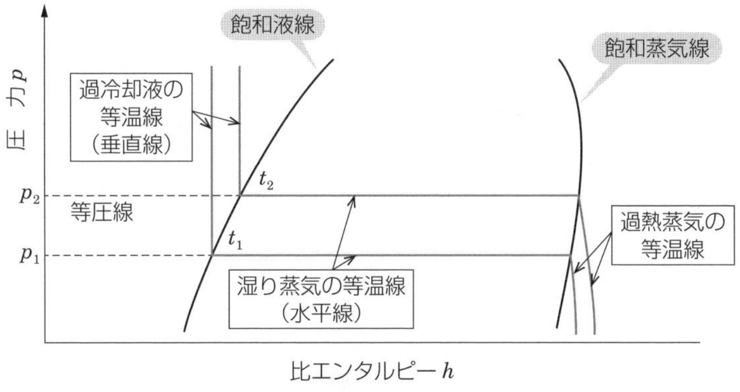

図 1.7 等温線

・**湿り蒸気域**：圧力も温度も一定で，等温線は比エンタルピーの横軸に平行の水平線となる．

・**過熱蒸気域**：等温線は飽和蒸気線近くではゆるやかな右下がり曲線で，過熱度が大きい領域になるほど直線的になる．

(6)　等比エントロピー線

比エントロピー s は，物質や熱の拡散の程度を表すパラメータで，熱量 Q を絶対温度 T で除した値（$s=Q/T$）である．飽和蒸気線の右側を急角度で伸びる線で表されている．

Point

絶対温度 T の物体が熱量 Q を受けたとき，物体の比エントロピーは Q/T だけ増し，熱量 Q' を放出するとき，比エントロピーは Q'/T だけ減少すると定められている．

・圧縮機で冷媒蒸気が断熱圧縮（外部との熱の授受がない場合の圧縮）されたときの冷媒は，**等比エントロピー線上**に沿って**状態変化**する．

・**理論断熱圧縮**とは，熱の出入りがない理想的な断熱圧縮（機械損失や摩擦損失が全くないと仮定した可逆的な断熱圧縮）のことである．

Point

理論的（理想的）な圧縮機の冷媒 1 kg 当たり圧縮仕事の熱当量（冷媒 1 kg 当たりの理論断熱圧縮動力）は，断熱圧縮前後の冷媒の比エンタルピー差から求めることができる．

(7)　等比体積線

・物質の質量 1 kg 当たりの体積を表す比体積（密度の逆数）が等しい状態の点を結んだものである．飽和蒸気線からやや右上がり方向に伸びるゆるやかな曲線で表される．

・圧縮機の吸込み蒸気の**比体積の値**は，圧縮機の**吸込み圧力が低いほど**，また，吸込み蒸気の**過熱度が大きいほど，冷媒蒸気が薄く（密度が小さい）なるので大きくなる**（図 1.8）．

・**比体積が大きくなる**と，冷媒の循環量が減少し，**冷凍機の冷凍の能力は減少**する．

4　単段圧縮の理論冷凍サイクル

(1)　*p-h* 線図上の理論冷凍サイクル

図 1.9 のように冷凍機（使用冷媒 R410A）を運転しているとき，この冷凍機の理論サイクルを *p-h* 線図上に描くと，図 1.10 のようになる．

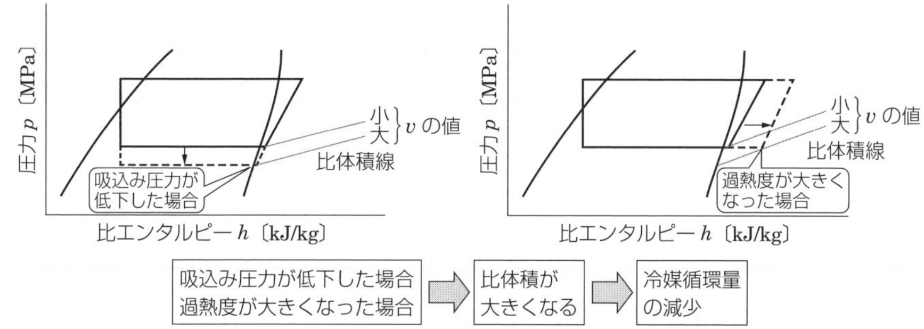

要点整理

比体積（密度の逆数）の大小は，圧縮機冷媒循環量と関係し，冷凍機の冷凍能力に影響するので極めて重要である．

図 1.8 比体積の値

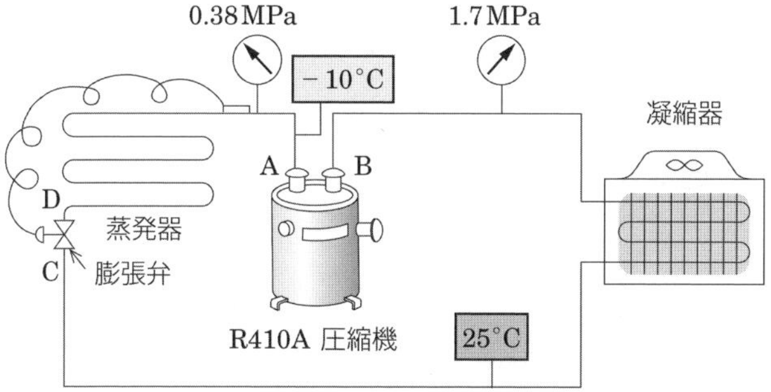

図 1.9 **R410A** 冷凍機

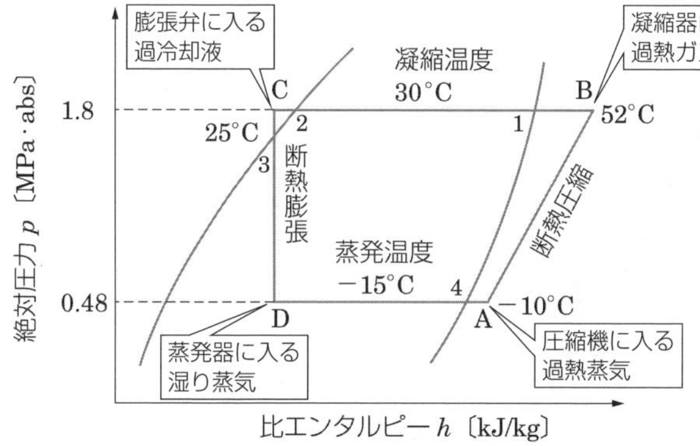

要点整理

理論冷凍サイクルとは，圧縮機の断熱効率や冷媒配管での熱損失を考慮しない冷凍サイクルである．

図 1.10 理論冷凍サイクルの ***p-h*** 線図

表 1.1　***p-h*** 線図上の冷凍サイクル

p-h 線図上の冷媒の状態点	冷凍サイクルの過程	冷媒の状態
点 D →点 A	蒸発過程	蒸発器で冷媒が吸熱して，低温低圧の気体になる
点 A →点 B	圧縮過程	圧縮機で冷媒蒸気が断熱圧縮され，高温高圧のガスになる
点 B →点 C	凝縮過程	凝縮器で冷媒蒸気が放熱され，高温高圧の冷媒液になる
点 C →点 D	膨張過程	膨張弁で冷媒液が減圧されて，低温低圧の気液混合状態になる

①　**点 D から点 A の過程**（圧力一定の吸熱：蒸発器）

・蒸発器の圧力がゲージ圧力で 0.38 MPa・g（*p-h* 線図上では絶対圧力 0.48 MPa・abs）であるから，R410A の *p-h* 線図より，蒸発器の中の冷媒は − 15℃で蒸発して冷凍作用をしている状態にある．

・*p-h* 線図上では，次の過程をたどる（図 1.11）．

・点 D の低温・低圧の冷媒液は蒸発器に入り，比熱物（周囲の空気や水）から熱を吸収し，徐々に蒸発して点 4 で液はすべて蒸発して飽和蒸気になる（温度変化はない）．

・点 4 の飽和蒸気線から温度が上昇（− 15℃から − 10℃）して蒸発器出口の点 A は過熱蒸気になる．

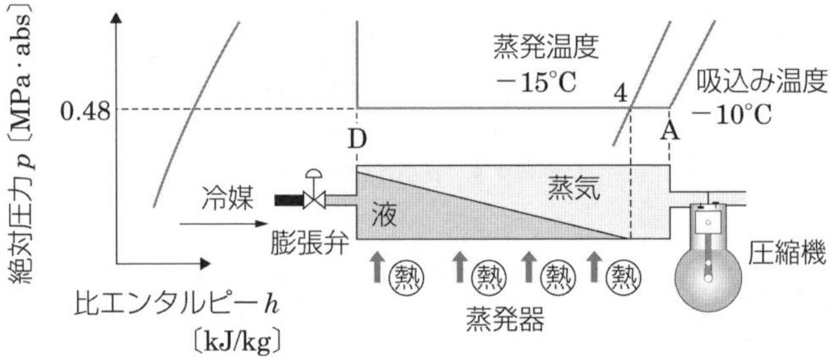

要点整理

冷媒液は，周囲の空気や物質から蒸発熱（潜熱）を吸収して冷媒蒸気になる．このとき，周囲の空気または物質は熱を奪われて温度が下がる（冷凍・冷房の原理）．

図 1.11　蒸発器における冷媒の変化

・ある圧力のもとにある過熱蒸気温度（圧縮機吸込み蒸気温度）と飽和温度（蒸発温度）との温度差を，**過熱蒸気の過熱度**（スーパーヒート：**super heat**：**SH**）という．図 1.10 の *p-h* 線図では，5℃（一般的には **3 〜 8 K** の過熱度をとる）となる．

過熱度（SH）＝圧縮機吸込み蒸気温度－蒸発温度

＝－10℃－（－15℃）＝5℃

② **点 A から点 B の過程**（冷媒蒸気の断熱圧縮：圧縮機）

・圧縮機の高圧側の圧力計が 1.7 MPa･g になっているので，圧縮機が過熱蒸気を 0.38 MPa･g から高圧の 1.7 MPa･g に圧縮して凝縮器に送る．

・*p-h* 線図上では，圧縮機が**断熱圧縮**をすることから，点 A から等比エントロピー線上を上昇し，絶対圧力 1.8 MPa･abs の線の交点 B を求める（圧縮機の吐出しガス温度は，52℃）．

Point

過熱度が大きくなると圧縮機の吐出しガス温度が高くなり，冷凍機油が劣化して冷凍機の寿命に影響する．通常，吐出しガス温度の上限が 120 ～ 130℃とされているので，過熱度を 3 ～ 8 K 程度になるように温度自動膨張弁を用いて調整している．

③**点 B から点 C の過程**（圧力一定の放熱：凝縮器）

・凝縮器の出口圧力がゲージ圧力で 1.7 MPa･g（*p-h* 線図上では絶対圧力 1.8 MPa･abs）であるから，R410A の *p-h* 線図から凝縮器の中の冷媒は，30℃の凝縮温度で周囲に熱を放出して凝縮作用をしている状態にある．

・*p-h* 線図上では，次の過程をたどる（図 1.12）．

　・点 B から点 1 の飽和蒸気線までは過熱蒸気状態で温度が下がる（52℃ → 30℃）．

　・点 1 の飽和蒸気線から点 2 の飽和液腺までは湿り蒸気で，徐々に乾き度が下がって液体の割合が増えていくが，温度は一定である．

　・点 2 の飽和液腺から点 C までは温度が下がって（30℃ → 25℃）過冷却液となる．

・ある圧力のもとの冷媒液の飽和温度（凝縮温度）とその圧力の過冷却液の温度（膨張弁前の冷媒温度）との間の温度差を，過冷却液の**過冷却度（サブクール sub cool：SC）**という．図 1.10 の *p-h* 線図では，5℃となる．

過冷却度（サブクール）＝凝縮温度－膨張弁前の冷媒温度

＝30℃－25℃＝5℃

④**点 C から点 D の過程**（冷媒液の膨張：膨張弁）

・高温・高圧の冷媒液は，**膨張弁の絞り作用**により膨張して低温・低圧の冷媒液になって，蒸発器に送られる．

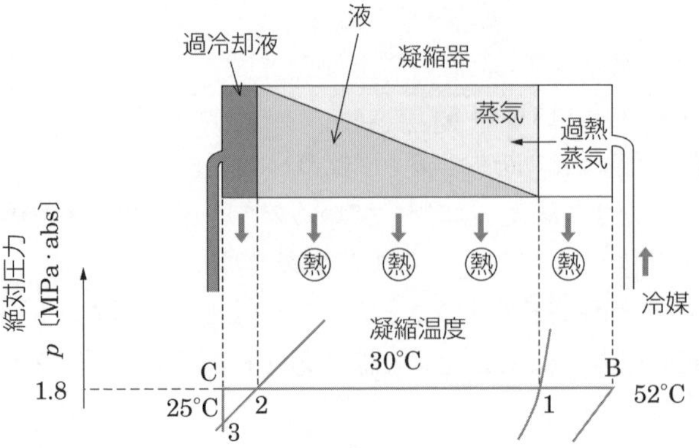

要点整理

冷媒ガスは，周囲の空気または冷却水に凝縮熱（潜熱）を放出して冷媒液になる．周囲の空気または冷却水は熱が加えられて温度が上昇する（暖房の原理）．

図 1.12　凝縮器における冷媒の変化

・**絞り作用**は，流体が狭い流路を通過するときに流路抵抗によって圧力が下がる現象である．絞り作用では，外部との熱の出入りはなく，また，外部に仕事も行わない（保有するエネルギーに変化がない）ので，冷媒の比エンタルピー値は変わらず等比エンタルピー変化（線図上では垂直線）となる．

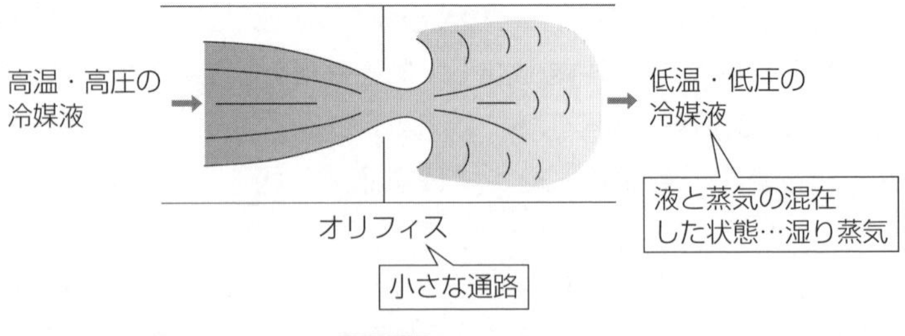

図 1.13　絞り作用

・*p-h* 線図上では，点 C の冷媒液（25℃，1.8 MPa·abs）が膨張弁の絞り作用により圧力降下するときに，冷媒液の一部が自己蒸発する際の潜熱によって，蒸発圧力に対応した蒸発温度まで冷媒自身の温度が下がり，点 D の湿り蒸気（−15℃，0.48 MPa·abs）となる（点 C と点 D の比エンタルピーは等しい）．なお，冷媒は点 3 より湿り蒸気状態になる．

(2)　*p-h* 線図上の冷凍機の諸量

冷媒は，冷凍装置内における熱の出入りにより状態変化する．冷凍装置内の各機器における熱の出入り前後の冷媒の比エンタルピー差と冷媒循環量がわかれば，各機器における出入りの熱量を計算できる．

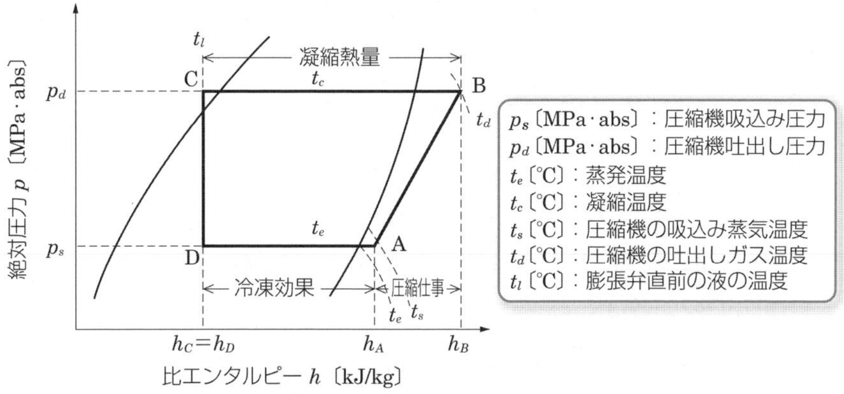

図 1.14 ***p-h*** 線図上の冷凍機の諸量

① **冷凍効果**（蒸発器で吸収する熱量）

・装置内を循環する**冷媒 1 kg が蒸発器で周囲から熱を奪うことができる熱量**を冷凍効果という.

・冷凍効果は，p-h 線図上の点 D と点 A の比エンタルピー差である.

冷凍効果　$\boldsymbol{w_r=h_A-h_D}$ **〔kJ/kg〕**

Point

膨張弁では比エンタルピー変化がないため，$h_C=h_D$ であることに注意.

・使用する冷媒が同じであっても蒸発器における冷凍効果の値は，凝縮温度，蒸発温度，膨張弁手前の冷媒液過冷却度，蒸発器出口の冷媒蒸気過熱度などの冷凍サイクルの運転条件によって変わる.

② **冷凍能力**

・冷凍装置の蒸発器で，**冷媒が吸収する単位時間当たりの熱量を冷凍能力**（蒸発器の冷却能力）という.

・冷凍能力は，次式のように表す.

冷凍能力　$\boldsymbol{\Phi_0}$**＝冷媒循環量×冷凍効果**$\boldsymbol{=q_{mr}\cdot w_r}$

$\boldsymbol{=q_{mr}(h_A-h_D)}$ **〔kJ/s＝kW〕**

Point

kW は動力の単位として用いられるが，冷凍能力，凝縮負荷の単位としても用いられる.

・**冷媒循環量** q_{mr}〔kg/s〕は，1 秒当たりの**装置を循環する冷媒の量**である.

・**冷媒循環量**は，**圧縮機の吸込み蒸気の比体積が大きくなると減少**する．

Point

試験問題で，装置の冷媒循環量の単位に〔kg/h〕を用いることが多いので注意を要する．

・冷凍能力の単位として，日本冷凍トンが使われることがある．

1日本冷凍トン（1 JRt）とは，**0℃の水1トン（1 000 kg）を1日（24時間）で0℃の氷にするために除去しなければならない熱量**（0℃の氷の融解熱は333.6 kJ/kg）のことである．

$$1\ \mathrm{JRt}=\frac{333.6\times 1\,000}{24}=13\,900\ 〔\mathrm{kJ/h}〕=\frac{13\,900}{3\,600}〔\mathrm{kJ/s}〕\fallingdotseq 3.861〔\mathrm{kW}〕$$

・装置の冷凍能力 Φ_0〔kJ/s〕を次の式により冷凍トンに変換する．

$$冷凍トン=\frac{\Phi_0}{3.861}=\frac{q_{mr}(h_A-h_D)}{3.861}\ 〔\mathrm{JRt}〕$$

・**蒸発圧力が低下すると，圧縮機の吸込み蒸気の比体積が大きくなる**ため，冷媒循環量が減少し，冷凍能力が小さくなる．

蒸発圧力の低下 → 吸込み蒸気の比体積が大 → 冷媒循環量の減少 → 冷凍能力の低下

③ **理論断熱圧縮動力**（圧縮に要する仕事量）

・冷媒1 kg当たりの理論的（理想的）な圧縮動力は，*p-h* 線図上において，

コラム

冷凍能力

冷凍機の能力を表す場合に，冷凍トンという単位を用いる．冷凍トンには，次のものがある．

・日本冷凍トン〔JRt〕，アメリカ冷凍トン〔USRt〕…冷暖房や冷却能力を表すのに用いる．

1冷凍トンとは1日に1トンの0℃の水を氷にするために除去すべき熱量のことである．

日本冷凍トン：1 JRt＝3.86 kW

アメリカ冷凍トン：1 USRt＝3.52 kW

Point

試験問題では，日本冷凍トン〔JRt〕で出題されている．

・法定冷凍トン…製造許可や製造届出を行う際の基準となる1日の冷凍能力を表すのに用いる．

断熱圧縮の前後の冷媒の比エンタルピーから求める.

冷媒 1 kg 当たりの理論断熱圧縮動力　$w_s = h_B - h_A$〔kJ/kg〕

・p-h 線図上において，A 点の状態の冷媒蒸気は，圧縮機で理論断熱圧縮動力のエネルギーを受け入れて B 点の状態になり，圧縮される冷媒の比エンタルピーは h_A から h_B に増大する.

・冷媒循環量 q_{mr}〔kg/s〕のときの理論断熱圧縮動力は，次式のように表す.

理論断熱圧縮動力　$P_{th} = q_{mr} w_s = q_{mr}(h_B - h_A)$〔kJ/s＝kW〕

Point

理論断熱圧縮動力とは，冷媒蒸気が圧縮される過程において発生する熱が周囲に対して全く出入りのない場合の理論的な動力である．軸動力の毎時の熱量への換算は 1 kW（1 kJ/s）＝60×60 kJ/h＝3 600 kJ/h である.

・実際の圧縮動力 P（電動機軸動力：電動機出力）は，いろいろな損失が加わり，理論圧縮動力 P_{th} より大きくなる.

Point

冷凍装置の圧縮機の軸動力（電動機軸から出せる動力＝電動機出力）を小さくするためには，蒸発温度は必要以上に低くしすぎない，凝縮温度は必要以上に高くしすぎないように運転するのがよい．また，冷媒配管内での冷媒の流れの抵抗を大きくならないように配管径を適切にする.

④　**圧力比**（圧縮比）

・冷凍サイクルの圧力比は．蒸発圧力（吸込み蒸気圧力）に対する凝縮圧力（吐出しガス圧力）の**絶対圧力の比**で，次式のように表す.

$$\text{圧力比} = \frac{\text{吐出ガスの絶対圧力}}{\text{吸込み蒸気の絶対圧力}} = \frac{p_d\ \text{〔MPa·abs〕}}{p_s\ \text{〔MPa·abs〕}}$$

・**圧力比の値が大きいほど**，すなわち蒸発圧力が低いほど，また，凝縮圧力が高いほど，圧縮の間の比エンタルピー差（$h_B - h_A$）は大きくなり，冷媒循環量当たりの**理論断熱圧縮動力が大きくなる.**

⑤　**理論凝縮熱量**（凝縮器で放出する熱量：凝縮器の凝縮負荷）

・理論凝縮熱量は，冷凍能力に圧縮機が駆動するときの入力（軸動力）に相当する熱量（理論断熱圧縮動力）を加えたものである.

・理論凝縮熱量は，次式のように表す.

理論凝縮熱量　$\Phi_k = q_{mr}(h_B - h_D) = \Phi_0 + P_{th}$〔kJ/s〕

Point

ヒートポンプサイクルでは，室内熱交換器（凝縮器としての役割）から放出する熱（凝縮負荷）を利用して暖房運転を行う．

⑥ 理論冷凍サイクルの成績係数（Coefficient Of Performance：COP）

・冷凍サイクルのエネルギー消費効率を表す尺度として成績係数がある．

・成績係数は，理論断熱圧縮動力当たりの冷却・加熱能力を表した値である．

・成績係数が大きいほど効率がよく，少ない動力で大きな冷却・加熱能力があることになる．

・理論冷凍サイクル（断熱圧縮のサイクル）の成績係数は，次式のように表す．

Point

$(\mathrm{COP})_{th\cdot R}$：COP の下付きの th は理論的な場合で R は冷凍サイクルを意味する．

理論冷凍サイクルの成績係数

$$(\mathrm{COP})_{th\cdot R}=\frac{\text{冷凍能力 }\Phi_0}{\text{理論断熱圧縮動力 }P_{th}}=\frac{q_{mr}(h_A-h_D)}{q_{mr}(h_B-h_A)}$$

$$=\frac{h_A-h_D}{h_B-h_A}=\frac{w_r}{w_s}$$

⑦ 凝縮温度や蒸発温度が変化する場合の成績係数

・図 1.15 のように，凝縮温度（凝縮圧力）が高くなり，蒸発温度（蒸発圧力）が低くなると，点 A → B → C → D のサイクルは点 A′ → B′ → C′ → D′ へと変化する（過冷却度，過熱度一定）．

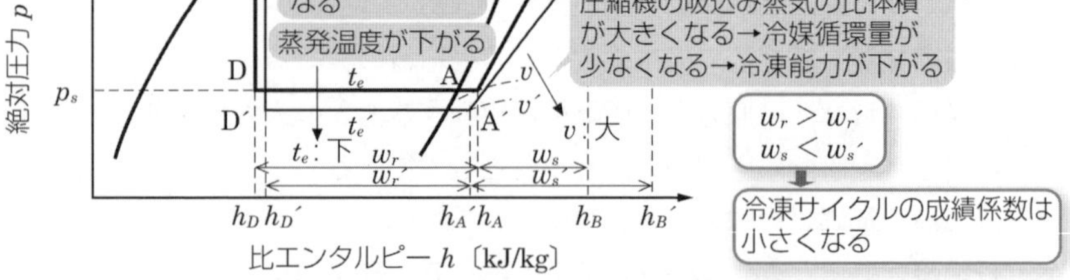

図 1.15 蒸発温度の低下，凝縮温度の上昇（過冷却度，過熱度を一定）

① 蒸発温度が低くなると冷凍効果が少し小さくなる．なお，冷媒循環量が減少する（冷媒の比体積が大）ので，冷凍能力は小さくなる．

② 凝縮温度が高くなると断熱圧縮動力が大きくなる．

③ ①または②が発生したとき，または①と②が同時に発生したときは，成績係数が小さくなる．

したがって，少ない圧縮機の軸動力で大きな冷凍能力を得るようにするには，蒸発温度は必要以上に低くしないで，凝縮温度は必要以上に高くしすぎないように運転した方がよい．

Point

実際の冷凍装置の成績係数は，圧縮機の機械的摩擦損失などで圧縮機の動力は理論値よりも高くなるため，蒸発温度と凝縮温度などの運転条件が同じであっても，理論成績係数よりも小さくなる．

5 ヒートポンプサイクル

(1) 原 理

冷凍機と同じ装置を用い，同じ冷凍サイクルを使用する．ただし，冷房運転では室内熱交換器である蒸発器により周囲からの熱を吸収し，室外熱交換器である凝縮器により熱を放出するのに対して，暖房運転では四方切換弁などによって冷媒の流れを切り換え，室内熱交換器を凝縮器の働きにし，室外熱交換器を蒸発器の働きにする．

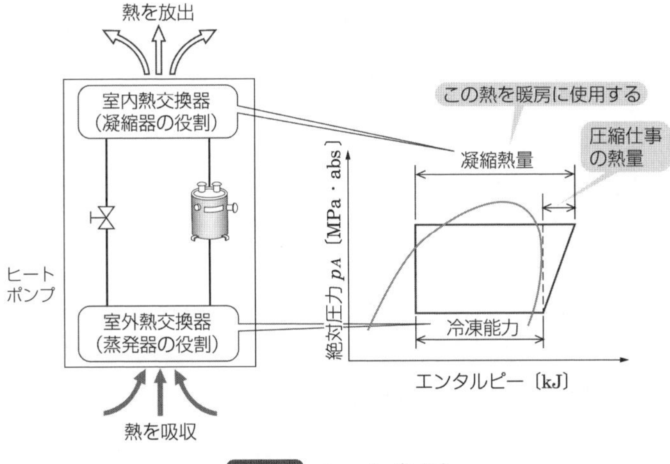

図 1.16 ヒートポンプ

圧縮機での圧縮動力に相当する熱と室外熱交換器（蒸発器としての働き）で取り入れた熱とを，室内熱交換器（凝縮器としての働き）から放出することによって暖房運転を行う（四方切換弁については p.122 を参照）.

(2) 理論ヒートポンプサイクルの成績係数の値

・理論ヒートポンプサイクルの成績係数の値は，同一運転温度条件における**冷凍サイクルの成績係数の値よりも常に 1 だけ大きい.**

理論ヒートポンプサイクルの成績係数

$$(\mathrm{COP})_{th\cdot H}=\frac{\text{理論凝縮熱量 }\Phi_k}{\text{理論断熱圧縮動力 }P_{th}}=\frac{q_{mr}(h_B-h_D)}{q_{mr}(h_B-h_A)}$$

$$=\frac{h_B-h_D}{h_B-h_A}=\frac{(h_A-h_D)+(h_B-h_A)}{h_B-h_A}$$

$$=\frac{w_r+w_s}{w_s}=\frac{w_r}{w_s}+1=(\mathrm{COP})_{th\cdot R}+1$$

Point

th：theory（理論），H：Heat（ヒート），R：Refrigerant（冷凍）の頭文字.

6 二段圧縮冷凍装置

・単段圧縮冷凍装置では，冷媒の蒸発温度がおよそ**−30℃以下**になると次のような弊害が生じるため，冷凍サイクルを低圧段と高圧段に分けて，その間に**中間冷却器**を設ける二段圧縮冷凍装置が一般に用いられる.

① 圧力比が大きくなって圧縮機の体積効率，断熱効率および機械効率がともに小さくなり，装置の成績係数の低下が著しくなる.

② 圧縮機の吐出しガス温度が高くなり，所要動力が増加するとともに，**冷凍機油の劣化**や冷媒の変質をきたす.

・二段圧縮方式には，**二段圧縮一段膨張式冷凍装置**と**二段圧縮二段膨張式冷凍装置**の二種類あるが，実用されているのは，ほとんどが二段圧縮一段膨張式冷凍装置である.

・**二段圧縮一段膨張式冷凍装置**の冷凍システムは，次のとおりである.

図 1.17 において，低段圧縮機は，蒸発器からの状態 1 の冷媒蒸気を，中間圧力まで圧縮した状態 2 の過熱蒸気を中間冷却器に送る．受液器からバイパスさせた状態 5 の高圧液の一部を中間冷却用膨張弁で絞り膨張させて状態 2 の過熱蒸気を冷却し，状態 3 の飽和蒸気近くにするとともに，状態 5 の高圧

液を状態 7 に冷却して過冷却度を大きくする.

次に，状態 3 の飽和蒸気を高段圧縮機で圧縮した状態 4 の吐出しガスは，凝縮器で凝縮・若干過冷却され，状態 5 の過冷却液になる.

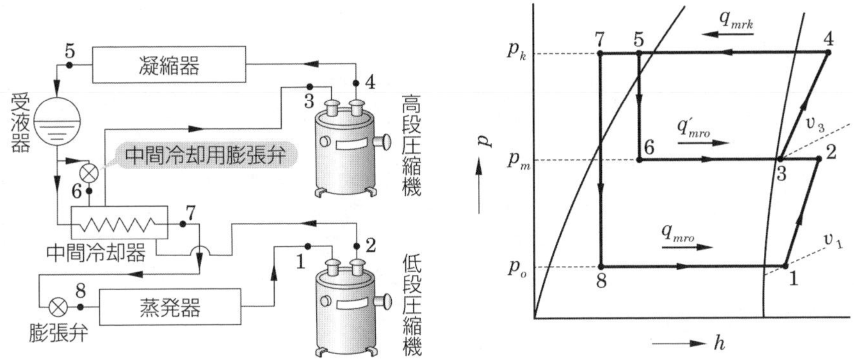

(a) 二段圧縮一段膨張式冷凍装置略図　　(b) p-h 線図

図 1.17 二段圧縮一段膨張冷凍サイクル

例題

下図は R404A 冷凍装置の理論冷凍サイクルである．冷凍能力が 273 kW であるとき，次のイ，ロ，ハ，ニの記述のうち，正しいものはどれか．

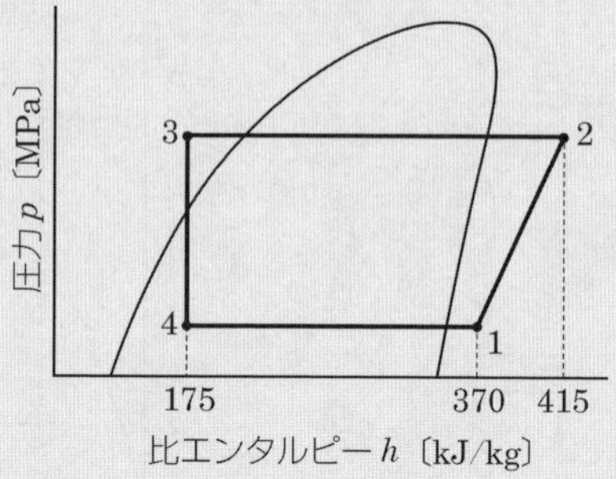

イ．冷媒循環量は 1.40 kg/s である．

ロ．凝縮負荷は 336 kW である．

ハ．圧縮機軸動力は 51.2 kW である．

ニ．この冷凍装置をヒートポンプ加熱装置として使用した場合の成績係数は 4.33 である．

(1) イ，ロ　(2) イ，ハ　(3) ロ，ハ　(4) ロ，ニ　(5) ハ，ニ

▶解説

イ：(正)

冷媒循環量　$q_{mr}=\dfrac{\Phi_0}{h_1-h_4}=\dfrac{273}{370-175}=\dfrac{273}{195}=1.4\ \mathrm{kg/s}$

ロ：(正)

凝縮負荷　$\Phi_k=q_{mr}(h_2-h_3)=1.4\times(415-175)=1.4\times240=336\ \mathrm{kW}$

ハ：(誤)

圧縮機軸動力(理論断熱圧縮動力)

$P_{th}=q_{mr}(h_2-h_1)=1.4\times(415-370)=1.4\times45=63\ \mathrm{kW}$

ニ：(誤)

ヒートポンプサイクルの成績係数

$$(\mathrm{COP})_{th\cdot H}=\frac{q_{mr}(h_2-h_3)}{q_{mr}(h_2-h_1)}=\frac{336}{63}\fallingdotseq5.33$$

[解答]　**(1)**

例題

右図の理論冷凍サイクルの p-h 線図において，次のイ，ロ，ハ，ニの記述のうち．正しいものはどれか．ただし装置の冷媒循環量は 2 700 kg/h である．

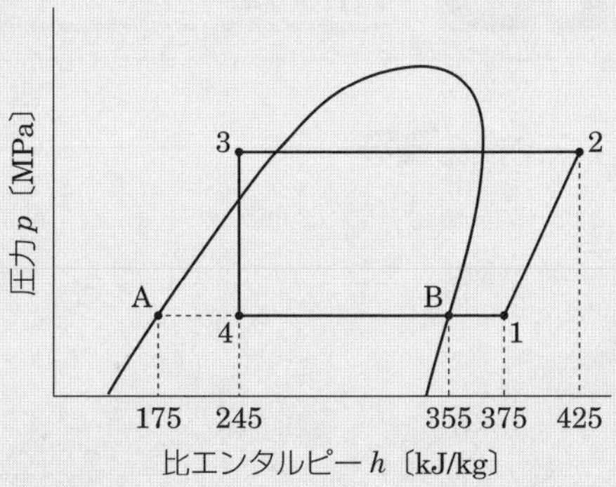

イ．冷凍能力は，25 JRt（日本冷凍トン）である．
ロ．凝縮負荷は，180 kW である．
ハ．冷凍装置の成績係数は，2.6 である．
ニ．蒸発器入口の冷媒乾き度は，0.39 である．

(1) イ，ロ　(2) イ，ハ　(3) ロ，ニ　(4) イ，ハ，ニ　(5) ロ，ハ，ニ

▶解説

イ：(正) 装置の冷媒循環量は 2 700 kg/h より，$q_{mr}=2\,700/3\,600=0.75$ kg/s

$$冷凍能力(日本冷凍トン)=\frac{\Phi_0}{3.861}=\frac{q_{mr}(h_1-h_4)}{3.861}=\frac{0.75\times(375-245)}{3.861}$$

$$=\frac{0.75\times130}{3.861}=\frac{97.5}{3.861}\fallingdotseq 25\ \mathrm{JRt}$$

ロ：(誤)

凝縮負荷　$\Phi_k=q_{mr}(h_2-h_3)=0.75\times(425-245)=0.75\times180=135$ kW

ハ：(正)

冷凍サイクルの成績係数

$$(\mathrm{COP})_{th\cdot R}=\frac{h_1-h_4}{h_2-h_1}=\frac{375-245}{425-375}=\frac{130}{50}=2.6$$

ニ：(正)

$$乾き度\quad x=\frac{h_4-h_A}{h_B-h_A}=\frac{245-175}{355-175}=\frac{70}{180}\fallingdotseq 0.39$$

[解答]　**(4)**

2-1 冷　媒

1　冷媒の種類

冷媒の種類は，フルオロカーボン冷媒（CFC，HCFC，HFC）と非フルオロカーボン冷媒（アンモニア，HC など）に分類される．

Point

冷媒は，冷凍装置内で熱を吸収して蒸気になったり，熱を放出して液になったりして，状態変化を繰り返す熱媒体（熱を運ぶ媒体）となる物質である．

- フルオロカーボン冷媒は，ふっ素，炭素，塩素，水素などの化合物で構成され，CFC（クロロフルオロカーボン）系冷媒，HCFC（ハイドロクロロフルオロカーボン）系冷媒，HFC（ハイドロフルオロカーボン）系冷媒に分類されるが，**CFC 系冷媒（特定フロン），HCFC 系冷媒（指定フロン）は，オゾン層破壊国際的規制対象**となっている．
- HFC 系冷媒には，R134a などの**単一成分冷媒**および複数の単一成分冷媒を混合した**混合冷媒**がある．
- 混合冷媒には，R404A，R407C，R410A などの**非共沸混合冷媒**と R507A などの**共沸混合冷媒**がある．
  ①　**共沸混合冷媒**　沸点の近い複数の単一成分冷媒をある一定の比率で混合したもので，一定の沸点をもち，気相，液相での成分比が同一で，混合冷媒の温度勾配がない．
  ②　**非共沸混合冷媒**　沸点差の大きな複数の単一成分冷媒を混合させたもので，相変化時（液体⇔気体）に，気相，液相での成分比が異なり，混合冷媒の温度勾配が大きい．

Point

温度勾配は，蒸発始めの温度（沸点）と蒸発終わりの温度（露点）との温度差である．

Point

冷媒の記号のうち，400 番台は非共沸混合冷媒，500 番台は共沸混合冷媒，600 番台は有機化合物，700 番台は無機化合物を示す．混合する冷媒の成分比が異なるものは，R407C のように番号の後に大文字のアルファベット A，B，C，…をつけて，成分比の違いを表す．

2　冷媒の一般的特性

各種冷媒の一般的な性質を表 2.1 に示す．

表 2.1　主な冷媒の性質

一般的な性質		単一成分	共沸混合	非共沸混合			R717（アンモニア）
		R134a	R507A	R404A	R407C	R410A	
沸点〔℃〕		−26.07	−46.65	−46.13	−43.57	−51.46	−33.33
露点〔℃〕				−45.4	−36.59	−51.37	
臨界温度〔℃〕		100.939	70.22	71.63	86.54	71.41	132.25
飽和圧力〔MPa〕	10℃	0.415	0.844	0.819	0.708	1.107	0.615
	45℃	1.16	2.101	2.047	1.859	2.719	1.783
環境	ODP	0	0	0	0	0	0.02
	GWP	1 300	2 199	3 784	1 325	1 975	0
安全性	毒性	弱	弱	弱	弱	弱	強
	燃焼性	不燃	不燃	不燃	不燃	不燃	微燃

・ODP（Ozone Depletion Potential）：R11 を 1 としたオゾン層破壊係数
・GWP（Global Warming Potential）：CO_2 を 1 とした地球温暖化係数
※毒性，燃焼性は，ASHRAE34 による．

・沸点（標準沸点）は，表 2.1 では R134a が最も高く，R410A が最も低い．
＜沸点の高い順＞

R134a＞R717（アンモニア）＞R407C＞R404A＞R507A＞R410A

Point

一般に，標準沸点（飽和圧力が大気圧に等しいときの飽和温度）を単に「沸点」と呼んでいる．

・**沸点の低い冷媒**は，同じ温度条件で比べると，一般に沸点の高い冷媒よりも飽和圧力が高い．
・単一成分冷媒，共沸混合冷媒の相変化中の温度は，一定である．
・**非共沸混合冷媒**は，相変化の過程で温度変化するので，蒸発開始の温度（沸点）と蒸発終了の温度（露点）とに違いがある（**沸点＜露点**）．
・**非共沸混合冷媒**が蒸発する場合は沸点の低い冷媒が早く蒸発し，凝縮する場合は沸点の高い冷媒が早く凝縮するので，**蒸気中の成分割合と液中の成分割合に差が生じる**．

3　冷凍サイクルと冷媒の性能

同じ運転条件下における冷媒の性能により，次のような傾向がある．

① **沸点の低い冷媒**は，沸点の高い冷媒と同じ温度条件で比較するとサイクルの凝縮温度および蒸発圧力が高く，蒸発温度が低いときでも負圧運転（**低圧側の圧力が大気圧以下になる運転**）になりにくい．そのため，**沸点の低い冷媒は，低温用に適している．**

② 沸点の低い冷媒は，**圧力比（凝縮圧力／蒸発圧力）が小さい．**

③ 冷媒ガスを断熱圧縮するときの温度上昇は，**比熱比**（定圧比熱と定積比熱の比）**の値が大きい冷媒ほど大きく**なり，圧縮機の吐出しガス温度も一般に高い（一般的に，沸点の低い冷媒の比熱比は大きい）．

④ 一般に，沸点の低い冷媒は臨界温度も低くなる．

⑤ **沸点の低い冷媒ほど体積能力（圧縮機の単位吸込み体積当たりの冷凍能力**〔**kJ/m^3**〕）**が大きく**なるので，同じ冷凍能力を得るための圧縮機ピストン押しのけ量が小さくてよい．すなわち，圧縮機ピストン押しのけ量が同じであれば，沸点の低い冷媒を用いた方が**一般に冷凍能力は大きい．**

表 2.2　冷媒の体積能力値

冷媒の種類	R22	R134a	R404A	R407C	R410A	R717
体積能力〔kJ/m^3〕	4 388	2 839	4 291	4 544	6 214	5 144

［設定条件］凝縮温度：45℃　過冷却度：0 K　蒸発温度：10℃　過熱度：0 K

要点整理

体積能力は，圧縮機の単位吸込み体積当たりの冷凍能力である．沸点の低い冷媒の体積能力は，沸点の高い冷媒に比べて大きくなる傾向にある．

⑥ **沸点の低い冷媒**は，臨界温度も低くなるので冷媒の蒸発潜熱が小さくなって冷凍効果が減少するため，**理論成績係数 COP が低い傾向にある．**

Point

一般に，沸点の低い冷媒ほど体積能力が大きくなり，圧縮機の必要ピストン押しのけ量や冷媒の流れの圧力損失が小さくなるが，理論成績係数は低下する傾向にある．したがって，使用する凝縮温度範囲により，適切な沸点や臨界温度の冷媒を選定する必要がある．

4　アンモニア冷媒とフルオロカーボン冷媒の特性比較

(1)　毒　性

・**アンモニア冷媒は可燃性および毒性ガス**である．

・フロオロカーボン冷媒は，ほとんど毒性はないが，火炎のような高温にさらされると熱分解や化学変化により有毒ガスを発生することがある．

> **Point**
> アンモニアは冷凍保安規則や一般高圧ガス保安規則では，可燃性ガスとして掲名されているが，米国の冷媒の安全規格である ASHRAE34 では微燃有毒性冷媒に分類されている．

(2)　金属材料への影響

・アンモニアは銅および銅合金に対して，とくに水分と共存するときに激しい腐食性を示すため，**アンモニア冷凍装置には銅および銅合金を使用することができない**．ただし，圧縮機の軸受など常時油膜に覆われ，液化アンモニアに直接接触することがない部分には，青銅類を使用できる．

・**フルオロカーボン冷媒は，2%を超えるマグネシウムを含むアルミニウム合金の配管や部品に対して腐食性がある**ので使用できないが，通常の金属材料であれば使用できる．

・フルオロカーボン冷媒は，化学的に安定した冷媒であるが，装置内に水分が混入し，温度が高いと冷媒が分解して金属を腐食することがある．

(3)　水分との関係

1. アンモニア冷媒と水分

　① **アンモニア液は水分とよく溶け合ってアンモニア水が生成される**ので，多少の水分が冷媒に混入しても冷凍装置においては問題がない．

　② 多量の水分がアンモニアに溶け込むと蒸発器に水分が滞留（水分の沸点が高い）し，同じ蒸発温度での蒸発圧が下がり，圧縮機の吸込み蒸気の比体積が大きくなり，冷媒循環量が減少して冷凍能力の低下を招く．また，冷凍機油の乳化や金属材料の腐食の原因となる．したがって，できるだけ水分の混入は避けるべきである．

2. フルオロカーボン冷媒と水分

　① フルオロカーボン冷媒の**水分溶解度は小さい**．

　② 溶解度以上に水分が混入すると水分が遊離する（遊離水分）．

> **Point**
> フルオロカーボン冷凍装置には，ドライヤ（シノカゲルやゼオライトなど）をつけて冷媒に混入した水分を吸着して除去する．

・低温では，水分が氷結して**膨張弁やキャピラリチューブなどを詰まらせ**て冷凍作用を妨げる．

・**高温では，**冷媒と水が加水分解（水による分解反応）で**酸性物質**（塩酸，フッ化水素）を生成して**金属腐食**の原因になる．

フルオロカーボン冷媒とアンモニア冷媒との特性比較を表 2.3 に示す．

表 2.3　冷媒の特性

特　性	アンモニア冷媒	フルオロカーボン冷媒
毒　性	毒性ガス	無害．ただし，裸火で毒性ガスを出す
可燃性	可燃性ガス	なし
爆発性	容積比でアンモニア 13 〜 27%と空気 87 〜 73%の混合で着火すると爆発を起こす	なし
水　分	水に容易に溶け，アンモニア水になる．微量の水が混入してもとくに差し支えない	水とはほとんど溶け合わない（ドライヤが必要）．装置内に浸入した水分は，低温で氷結し膨張弁を詰まらせたりする．高温でフルオロカーボン冷媒が分解（加水分解）して酸性の物質をつくり，金属を腐食させる
冷凍機油	冷凍機油（鉱油）とあまり溶け合わない（よく溶け合う合成油もある）	冷凍機油とよく溶け合う
金　属	銅および銅合金を腐食する．このため，鋼管や鋼板を使用する	水分がなければ金属を侵さないが，2%以上のマグネシウムを含むアルミニウム合金を侵す．したがって，鋼管，銅管を使用する
圧縮機の吐出し温度と過熱度	アンモニア冷媒はフルオロカーボン系冷媒に比べるとかなり高い吐出しガス温度になるので，過熱度なしで圧縮する	フルオロカーボン冷媒はアンモニア冷媒に比べるとかなり低い吐出しガス温度になるので，過熱度 5 〜 10℃にして圧縮する
比　重	水に対する比重は約 0.6（飽和水 30℃）で冷凍機油より軽い．空気に対する比重は約 0.6 で漏えいすると天井（上部）に滞留する	液の比重は 1 以上で冷凍機油より重く，ガスは空気より重い．したがって，漏えいすると床面（下部）に滞留し，人体に酸欠を起こすことがあるので，換気に十分気をつける

5　冷媒の環境問題

(1)　フルオロカーボン冷媒（ふっ素系冷媒）と環境問題

・CFC 系冷媒および HCFC 系冷媒は，表 2.4 に示すように，生産および使用が国際的に規制されている．

・HFC系冷媒はオゾン層を破壊しないものの，温暖化をもたらし地球規模の環境破壊の原因となるので，大気放出を防ぐなどの対策や規制が行われている．

表2.4 フルオロカーボン冷媒の種類

分類		代表的な冷媒	オゾン層破壊性	温暖化への影響	特徴
CFC（クロロフルオロカーボン）系		R11 R12	大	あり	塩素を含み水素を含まない分子構造で，オゾン層破壊への影響が最も大きいため，「特定フロン」として1995年末に全廃された
HCFC（ハイドロクロロフルオロカーボン）系		R22	小	あり	塩素の一部を水素に置換した分子構造で，オゾン層破壊はCFC冷媒ほどではないが，「指定フロン」として2020年に原則全廃された
HFC（ハイドロフルオロカーボン）系	単成分冷媒	R134a	なし	あり	塩素全部を水素に置換した分子構造で，「代替フロン」として使用されている．オゾン層破壊はないが，地球温暖化への影響が二酸化炭素に比べて大きい
	共沸混合冷媒	R507A	なし	あり	
	非共沸混合冷媒	R404A R407C R410A	なし	あり	

(2) 自然冷媒（非ふっ素系冷媒）と環境問題

自然冷媒には，アンモニア，炭化水素類（**プロパンやイソブタン**など），二酸化炭素などがある．

① **アンモニア**は，強い毒性と微燃性（冷凍則では可燃性）を有する欠点があるものの，体積能力が大きく，かつ，理論COPも高く，低圧蒸気配管での圧力損失も小さい．

② **プロパンやイソブタン**は，オゾン層破壊係数（ODP）がゼロで，かつ地球温暖化係数（GWP）が低いため，家庭用電気冷蔵庫に多用されている．しかし，炭化水素系冷媒は圧力損失がやや大きく，また，燃焼性が強いため火災や爆発の危険を有する．さらに，光化学スモッグの原因になるものが多いので，注意が必要である．

③ **二酸化炭素**は不燃で，アンモニアに比べると毒性が弱く，圧力比や圧力損失が小さいことや，地球温暖化係数（GWP）が1と低いことなどからヒートポンプ式給湯器などに利用されているが，空気中の濃度が上昇すると死に至る危険性を有する．

表 2.5　自然冷媒の特性

自然冷媒（非ふっそ系冷媒）	沸点〔℃〕	臨界温度〔℃〕	ODP（R11 比）	GWP（CO_2 比）	安全性	
					毒性	燃焼性
アンモニア（R717）	−33.3	132.2	0.02	0	強	微燃
二酸化炭素（R744）	−78.4	30.9	0	1	弱	不燃
プロパン（R290）	−42.1	96.6	0	3	弱	強燃

※毒性，燃焼性は，ASHRAE34 による．

Point

自然冷媒の GWP は，アンモニアは 0，二酸化炭素は 1，プロパンなどの炭化水素類は約 3 と非常に小さい数値となっている．

最近では**微燃性ガス**の **R32**，**R1234yf** や **R1234ze** の特定不活性ガスを使用した冷凍装置が増加しているが，冷媒ガスが漏えいしたときの燃焼を防止するための適切な措置を講じる必要性がある

表 2.6　特定不活性ガスの特性

特定不活性ガス	沸点〔℃〕	臨界温度〔℃〕	ODP（R11 比）	GWP（CO_2 比）	安全性	
					毒性	燃焼性
R32	−51.6	78.1	0	550	弱	微燃
R1234yf	−29.4	94.7	0	4	弱	微燃
R1234ze	−18.9	109.3	0	6	弱	微燃

※毒性，燃焼性は，ASHRAE34 による．

（3）　地球温暖化評価

地球温暖化の影響を評価する指標として，**総合的地球温暖化指数（TEWI）**がある．

総合的地球温暖化指数は，**直接効果と間接効果の和**として定義されている．

総合的地球温暖化指数（TEWI）＝直接効果＋間接効果

- **直接効果**：冷媒の温暖化係数（GWP）などの大気放出による直接的な影響分
- **間接効果**：機器を駆動する際のエネルギー消費に伴って排出される二酸化炭素による間接的な影響

地球温暖化を防止するには，冷媒の GWP 低減だけでなく，機器の効率向上，冷媒充填量の削減，冷媒漏えい量の低減，冷媒回収量の向上などの対策が必要とされる．

例題

次のイ，ロ，ハ，ニの記述のうち，冷媒について正しいものはどれか．

イ．沸点の低い冷媒は，蒸発温度の高い冷凍装置に適した冷媒であり，その装置の蒸発温度が低くなっても負圧運転になりにくい．

ロ．二酸化炭素は，ヒートポンプ式給湯器などに利用されている．これは，地球温暖化係数（GWP）がゼロであり，かつ，毒性がないためである．

ハ．一般に，低沸点冷媒は，高沸点冷媒と同じ温度条件で比較すると，サイクルの凝縮圧力および蒸発圧力が高くなり，圧縮機押しのけ量に対する冷凍能力が大きいものの理論成績係数は低下する傾向にある．

ニ．アンモニア冷凍装置の蒸発器内のアンモニア冷媒液への水分の溶込み量が多くなると，同じ蒸発温度で平衡する蒸気圧が下がり，圧縮機の吸込み蒸気の比体積が小さくなるので，装置の冷凍能力が低下する．

(1) イ　(2) ハ　(3) ロ，ハ　(4) イ，ロ，ニ　(5) ロ，ハ，ニ

▶解説

イ：（誤）沸点の低い冷媒は，蒸発温度の低い冷凍装置に適した冷媒である．沸点が低い冷媒ほど，同じ温度条件で比較するとサイクルの凝縮温度および蒸発圧力が高くなる．蒸発温度が低いときでも蒸発圧力が高いので低圧側の圧力が大気圧以下になる運転（負圧運転）になりにくい．

ロ：（誤）二酸化炭素は，ヒートポンプ式給湯機などに利用されている．これはオゾン破壊係数（ODP）がゼロで地球温暖化係数（GWP）が1と低く，かつ毒性が少ないためである．

ハ：（正）一般に，標準沸点が低い冷媒ほど理論成績係数は低下する．これは，標準沸点が低ければ，それに応じて臨界温度が低くなるとともに冷媒液の蒸発潜熱が小さくなり，冷凍効果が減少するためである．

ニ：（誤）同じ蒸発温度で蒸発圧が下がる→圧縮機の吸込み蒸気の比体積の増加→冷媒循環量の減少→冷凍能力の低下となる．

［解答］（2）

例題

次のイ，ロ，ハ，ニの記述のうち，冷媒について正しいものはどれか．

イ．地球温暖化を評価する指標である総合的地球温暖化指数（TEWI）は，直接効果と間接効果の和として定義されており，その直接効果は，その機器のエネルギー消費に伴って排出される二酸化炭素による直接的な影響分である．

ロ．非共沸混合冷媒は，一定圧力下で蒸発し始める温度（沸点）と，蒸発終了時の温度（露点）に差がある．この温度差は，R404A，R407C および R410A の中で R407C が最も大きい．

ハ．HFC 系冷媒は，HCFC 系冷媒よりも熱安定性が高いので，装置から漏えいした冷媒ガスが火炎のような高温にさらされても，熱分解や化学変化により有毒ガスを発生することはない．

ニ．フルオロカーボン冷媒は化学的安定性が高い冷媒なので，装置には銅や銅合金をはじめ，マグネシウムを含むアルミニウム合金の配管や部品の使用には制限がない．

(1) ロ　(2) ニ　(3) イ，ロ　(4) ロ，ハ　(5) ハ，ニ

▶解説

イ：(誤) 総合的地球温暖化指数（TEWI）は，直接効果（直接温暖化影響）と間接効果（間接温暖化影響）の和として定義されている．直接効果は，その機器のエネルギー消費に伴って排出される冷媒による直接的な影響分である．

ロ：(正) R404A，R407C，R410A などの非共沸混合冷媒は，一定圧力下で蒸発を始める温度（沸点）と蒸発終了の温度（露点）とに違いがあり，沸点よりも露点の方が温度が高い（沸点＜露点の関係）．この温度差は，R404A，R407C および R410A とを比べると R407C が最も大きい．

ハ：(誤) HFC 冷系媒は，HCFC 系冷媒よりも熱安定性が高いが，火炎のような高温にさらされると，**HCFC** 系冷媒と同様に，熱分解や化学変化により有毒ガスを発生することがあるため，注意が必要である．

ニ：(誤) フルオロカーボン冷媒は，**2%**を超えるマグネシウムを含むアルミニウム合金の配管や部品に対しては腐食性があるので，これらの材料は使用できない．

［解答］ **(1)**

2-2 冷凍機油（潤滑油）

1　冷凍機油の役割

冷凍機油（鉱油，合成油）は，冷凍装置の圧縮機に使用する潤滑油で，圧縮機の軸受，ロータやピストンなどの潤滑面に油膜をつくり，金属どうしの直接接触を避け，円滑なしゅう動と摩耗防止とともに，摩擦によって生じる熱を除去する潤滑作用や，密封（シール）作用，防錆作用などの役割がある．

2　冷凍機油の主な具備条件

冷凍装置の運転中，冷凍機油は圧縮機のシリンダから冷媒と一緒に凝縮器へ，さらに蒸発器へ入るため，以下の特性が要求される．

① 凝固点が低く，引火点が高い．

② 粘性が適当で，低温で十分な流動性がある．

③ 冷媒と化学反応を起こさない．

④ 熱安定性に優れている．

⑤ 酸に対する安定性がよい．

⑥ 電気絶縁性が高い（密閉圧縮機の場合）．

3　冷媒と冷凍機油

冷凍機に使用される冷凍機油として，**アンモニア冷媒には鉱油**，**HFC 系冷媒には合成油が使われる**（HCFC 系冷媒は，一般に鉱油が使用されていた）．

(1)　アンモニア冷媒と冷凍機油

・アンモニアは，通常使用されている鉱油とは相互に溶解しにくい．

・アンモニア液は冷凍機油（鉱油）よりも軽い（比重が小さい）．そのため，油は受液器などの容器の底部に溜まるので，**アンモニア冷凍装置からの冷凍機油抜きは受液器などの容器の底部から行う**．

・アンモニア冷凍装置では，**圧縮機の吐出しガス温度が高い**ため冷凍機油が劣化しやすい．したがって，冷凍機油の再利用をしないで，容器（油分離器，受液器など）の底部から冷凍機油を抜き取り**装置外に排出**し，新たな冷凍機油を補充する．

表 2.7　冷媒，冷凍機油の比重

冷媒名	飽和液の比重		空気に対するガスの比重	冷凍機油の比重
	0℃	30℃		
アンモニア	0.629	0.595	0.58	
R134a	1.294	1.187	3.5	
R407C	1.236	1.116	2.9	0.92 〜 0.96
R404A	1.149	1.019	3.3	
R410A	1.171	1.036	2.5	

要点整理

アンモニア冷媒の比重は，液は冷凍機油よりも軽く，また，装置から漏えいしたガスは空気よりも軽い．
フルオロカーボン冷媒の比重は，液は冷凍機油よりも重く，装置から漏えいしたガスは空気よりも重い．

(2)　フルオロカーボン冷媒と冷凍機油

・フルオロカーボン冷媒液と**冷凍機油は互いによく溶け合う**ため，圧縮機から吐き出された冷凍機油は冷媒とともに装置内を循環させる．

・フルオロカーボン冷媒液は，油を溶解すると粘度が高くなる．したがって，過度に油を溶解すると熱交換器における伝熱を阻害することになる．

・冷凍機油として，従来，CFC 系や HCFC 系冷媒には鉱油が使用されていたが，R404A，R407C などの HFC 系冷媒（CF_3 基や F 基という強い電子吸引基を有している）は，CFC 系や HCFC 系冷媒に比べて大きく分極しているため，極性のない鉱油に溶け合わない．そのため，相互溶解性を高めるため，**合成油**（ポリビニルエーテル（PVE）油またはポリオールエステル（POE）油など）が一般的に使用される．なお，HFO 系冷媒の R1234yf，R1234ze も HFC 系冷媒と同様である．

Point

極性とは，分子が電気的な正・負の極をもっていることである．HFC 系冷媒と鉱油の組合せでは，ほとんどの混合組成領域で溶解度が小さく冷媒と鉱油は分離するが，PVE 油または POE 油などの合成油とは広い混合組成領域で溶解する．

(3)　オイルフォーミング

・フルオロカーボン冷媒用の往復圧縮機では，圧縮機停止中のクランクケース内の油温が低いとき，油の中へ冷媒が多量に溶け込みやすくなる．この状態で圧縮機を始動すると，クランクケース内の圧力が急速に低下して，油中の冷媒が急激に気化し，**油が沸騰したような激しい泡立ちが発生する現象**（オイル

フォーミング）を起こす.

・冷媒が冷凍機油に溶け込む割合は，**圧力が高いほど，温度が低いほど大きくな**るため，**圧縮機停止時にクランクケースヒータを使用**して，冷凍機油を 20 ～ 40℃に保持し，**始動時のオイルフォーミング発生による潤滑不良を防止**する必要がある.

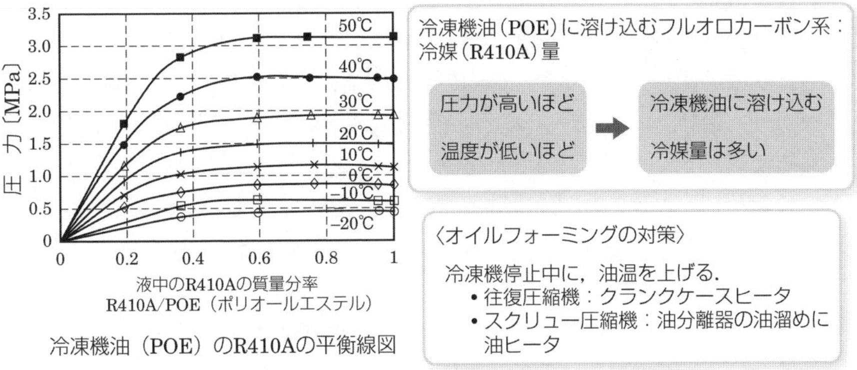

図 2.1 冷凍機油と冷媒の関係

4 冷凍機油の吸湿性

冷凍機油が長期間空気にさらされると，冷凍機油は大気中の湿気を吸収し，加水分解によるスラッジ（沈殿物）などの要因となるので，できるだけ密封された容器に入っている冷凍機油を使い，古い冷凍機油や長時間空気にさらされた冷凍機油の使用は避けるべきである．とくに，合成油は鉱油に比べて**水分の吸湿性**が格段に高い.

例題

次のイ，ロ，ハ，ニの記述のうち，冷媒および潤滑油について正しいものはどれか.

イ．HFC 系冷媒は，アルキルベンゼン系鉱油などの炭化水素系冷凍機油には溶解しないが．合成油であるポリオールエステル（POE）油などには相溶性がある.

ロ．多気筒圧縮機において，圧縮機が停止して長時間放置されて温度が低下した状態では，クランクケース内の冷凍機油に冷媒が多量に溶解することがあり，始動時にオイルフォーミングや粘度低下による潤滑不良を起こす可能性がある.

ハ．冷媒液は，アンモニア冷凍装置では通常使用されている鉱油より重く受液器などの底部に溜まり，フルオロカーボン冷凍装置では上部に溜まる．したがって，アンモニア冷凍装置の油抜きは受液器の上部より行う.

ニ．HFC 系冷媒用の冷凍機油はエーテル油（合成油）が使用されるが，鉱油に比べて吸湿性が高いので，水分が混入しないようにオイルチャージのときや保管時には十分な注意が必要である.

(1) イ，ロ　(2) イ，ロ，ニ　(3) イ，ハ，ニ　(4) ロ，ハ，ニ
(5) イ，ロ，ハ，ニ

▶解説

イ：（正）極性をもつ HFC 系冷媒である R134a，R404A などは極性をもたない鉱油を溶解しないため，極性をもつ合成油が使用される.

ロ：（正）圧縮機内の油溜まり中の油には，冷媒が粒状になって混じり込んでいる．油の温度が低いほど粘性が高いので，冷媒が油中に囚われやすい.

ハ：（誤）アンモニア冷凍装置では，冷媒液は**鉱油より軽い**ため，受液器などの**上部に溜まる**（冷凍機油は下部に溜まる），フルオロカーボン冷凍装置では**下部に溜まる**（冷凍機油上部に溜まる)．したがって，アンモニア冷凍装置の油抜きは**受液器の下部**より行う.

ニ：（正）合成油は鉱油に比べて水分の吸湿性が格段に高い.

［解答］ **(2)**

2-3 ブライン

冷媒が物質を直接冷やすのではなく，ブライン冷却器でブラインを冷却し凍結点が0℃以下の熱媒体をつくり，その顕熱で物質を冷却する．

Point

不凍液は英語で brine（ブライン）という．ブラインの本来の意味は塩水であるが，冷凍では間接冷却用の2次冷媒の呼び名として使われている．

1　ブラインの種類

・ブラインは大別すると，無機ブラインと有機ブラインとに分かれる．

表 2.8　ブラインの種類

種類	ブライン名	最低使用温度	共晶点（濃度）	主な用途
無機ブライン	塩化カルシウム	−40℃	−55℃（30 mass%）	製氷，冷凍，工業用
	塩化ナトリウム	−15℃	−21℃（23.3 mass%）	食品，冷凍用
有機ブライン	エチレングリコール	−30℃	−50℃（60 mass%）	冷凍，工業用
	プロピレングリコール	−30℃	−50℃（60 mass%）	食品用

2　無機ブライン

・**塩化カルシウムブライン**（塩化カルシウム水溶液）は製氷，冷凍，冷蔵用および一般工業用として，**塩化ナトリウムブライン**（塩化ナトリウム水溶液）は食品の凍結などに使用される．

・塩化カルシウムブラインの**共晶点**（**最低凍結点**）は，塩化ナトリウムブラインの共晶点よりも低い（塩化カルシウムブラインの共晶点：−55℃，塩化ナトリウムブラインの共晶点：−21℃）．実用上，塩化カルシウムブラインで−40℃，塩化ナトリウムブラインで−15℃くらいまでの温度範囲で使用している（図2.2）．

・食品に直接接触することがある場合には，特殊な場合を除き，塩化ナトリウムブラインが使われている．

3　有機ブライン

・エチレングリコールブラインおよびプロピレングリコールブラインの最低の凍

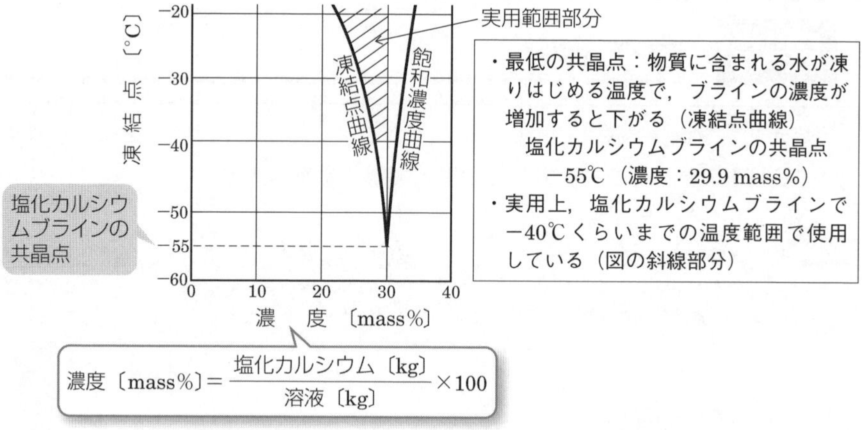

図 2.2　塩化カルシウムブラインの濃度と凍結点との関係

結温度は，ともに質量パーセント濃度 60 mass% で生じ，−50℃で実用温度範囲は−30℃までである．

・**プロピレングリコール**は人体に無害で，食品，飲料，医薬品の製造工程において多く用いられる．

・プロピレングリコールは，エチレングリコールに比べて熱通過率が悪いが凍結しても膨張しない．

4　ブラインの使用

・空気中の酸素がブラインに溶け込むと金属の腐食が進行する．とくに無機ブラインは，塩分を含むため**金属材料に対して腐食性が強く**，空気中の酸素を取り込むと腐食が進行するので，**腐食防止剤**を添加したり，空気に接触しないようにすることが必要である．なお，有機ブラインは，無機ブラインより金属材料に対して腐食性が低いので，**腐食抑制剤を適切に加えると金属に対しての腐食性がほとんどなくなる**．

・大気に接する状態で低温ブラインを使用すると，空気中の水分が凝縮して取り込まれ，溶液濃度が低下して凍結温度が上昇する（凍結点の濃度以下）．薄くなったブラインを除き，塩化カルシウムなどの溶質を補充するなど，濃度の調整（比重計で濃度測定）が必要になる．

Point

塩化カルシウムは入手性に優れ，ブラインとして優れた性能を有するので，最も多く使用されてきたが，現在，腐食の問題から有機系のグリコール系ブラインが使用されている．

例題

次のイ，ロ，ハ，ニの記述のうち，冷媒およびブラインについて正しいものはどれか．

イ．塩化カルシウムブラインは，製氷，冷凍，工業用として古くから利用されており，入手性やブラインとしての性能に優れるが，金属に対して腐食性が強いので，腐食防止剤を添加して使用する．

ロ．冷凍装置内に残留した切削加工油や防錆油は，HFC 系冷媒とよく溶け合い，装置内を循環するので，運転上支障はない．

ハ．塩化カルシウムブラインは，空気と接触すると空気中の酸素を溶かし込んで金属腐食を促進したり，空気中の水分を取り込んで濃度が低下することがある．

ニ．塩化カルシウム水溶液は，金属材料に対して腐食性が強い．このため，無機ブラインとして使用する場合には，腐食防止剤を加える必要がある．一方，エチレングリコール水溶液は．金属材料に対する腐食性がなく，有機ブラインとして使用する場合は．腐食抑制剤を加える必要はない．

(1) イ，ロ　(2) イ，ハ　(3) ロ，ハ　(4) ロ，ニ　(5) ハ，ニ

▶解説

イ：(正) 塩化カルシウムブラインは，金属に対する腐食性が強いので，腐食防止剤を加える．

ロ：(誤) 冷凍装置内に残留した切削加工油や防錆油（鉱油）は，極性をもたないので HFC 系冷媒とよく溶け合わないで分離する．これらの油は圧縮機の摺動部などの高温部に触れると粘着状のスラッジを生じ，膨張弁やキャピラリチューブに堆積するので，これらを詰まらせて冷凍能力低下や圧縮機故障の原因となる．

ハ：(正) ブライン（水溶液）は低温になるため，使用中に空気中の水分を凝縮して取り込み濃度が低下する．

ニ：(誤) 塩化カルシウム水溶液は，金属材料に対して腐食性が強い．このため，無機ブラインとして使用する場合には，腐食防止剤を加える必要がある一方，エチレングリコール水溶液は，腐食抑制剤を加えたものは金属材料に対する腐食性がほとんどない．したがって，エチレングリコール水溶液にも腐食抑制剤を加える必要がある．

[解答]　**(2)**

第3章 圧縮機

3-1 圧縮機の種類と構造

1 圧縮機の種類

圧縮機は，冷媒蒸気の圧縮の方法により，**容積式**と**遠心式**に大別される．

- **容積式**：機構内の体積変化により圧力を与える構造
- **遠心式**：外周部へ吐き出すことで圧力を与える構造

表 3.1 圧縮機の種類

圧縮機の種類		密閉構造	原理	備考
容積式	往復式（レシプロ式）	開放	ピストンの往復運動によるシリンダの容積変化で圧縮する	・使いやすく機種豊富 ・フルオロカーボン系冷媒を用いた小・中形の密閉圧縮機が多く使用される
		半密閉		
		全密閉		
	ロータリー式	開放	回転するピストンとシリンダの組合せにより圧縮する	・ルームエアコンなどの小形機器に広く用いられている
		全密閉		
	スクロール式	開放	1対の同一形状の渦巻き体で，一方を固定し，他方を円運動（相対的には揺動運動）させることにより圧縮室の体積を小さくし圧縮する	・比較的液圧縮に強く，トルクが変動，振動，騒音が小さく，高速回転に適している
		全密閉		
	スクリュー式	開放	オスロータとメスロータの二つのスクリュー形の溝を利用し体積を変化させる	・遠心式に比べて高圧力比に適している
		密閉		
遠心式		開放	外周部へ吐き出すことで圧力を与える	・大容量に適している ・高圧力比には不向きである
		密閉		

要点整理

圧縮機は，大きく分けて「容積式」「遠心式」に大別されるが，「遠心式」は，羽根車式（ターボ）の1種類だけで，ほかは「容積式」である．

密閉構造による分類として，駆動用の電動機（モータ）と圧縮機を別々に置いた開放圧縮機と電動機を内蔵した密閉圧縮機（**全密閉圧縮機**，**半密閉圧縮機**）に分けられる．

2　往復圧縮機（レシプロ圧縮機）

・往復圧縮機は，シリンダ（気筒）内をピストンがクランク機構により往復動運動し，シリンダ内に吸込み弁から吸い込まれた冷媒蒸気を圧縮し，吐出し弁より吐き出す構造である．

・往復圧縮機の大容量化において，比較的径の小さい気筒（シリンダ）数を多くするとともに，回転速度を高めた構造のものが**多気筒圧縮機**で，4 気筒 V 形，6 気筒 W 形，8 気筒 VV 形などがある．多気筒圧縮機は，**アンローダ機能**による容量制御を行うのが一般的である．

Point

容量制御機構は，冷凍装置の負荷が大きく減少した場合，圧縮機の所定の吸込み弁を機械的に開放し，気筒数を減少することにより能力を調整する機構，容量制御装置（アンローダ）という．

・気筒数が 1 ～ 2 の小形圧縮機には，開放形と密閉形があり，**はねかけ式**の潤滑方式を用いている．

・容量制御機能をもつ多気筒圧縮機（4 気筒以上の圧縮機の通称）は，開放形と半密閉形があり，**油ポンプによる強制給油式**の潤滑方式を用いている．

・往復圧縮機は，冷凍機油が吸込み側の低圧部にあるため，始動時や液戻り時にオイルフォーミングが発生しやすい．

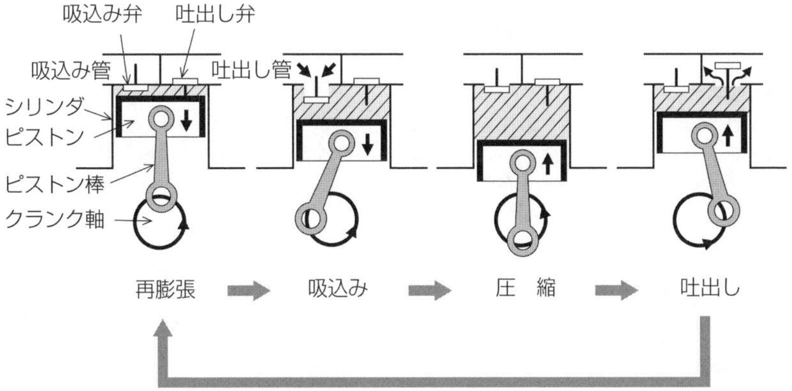

図 3.1　往復圧縮機の働き

（1）　開放圧縮機

・圧縮機と電動機を別々に置いて，それらを軸継手で直結駆動またはベルト掛け駆動する方式である．

・開放圧縮機は，内部部品の補修交換が可能であるため，主に大形の圧縮機に利用されている．

・開放圧縮機は，クランク軸（シャフト）が圧縮機ケーシングを貫通して外部に突き出ているため，**冷媒の漏止めのシャフトシール（軸封装置）が必要**である．

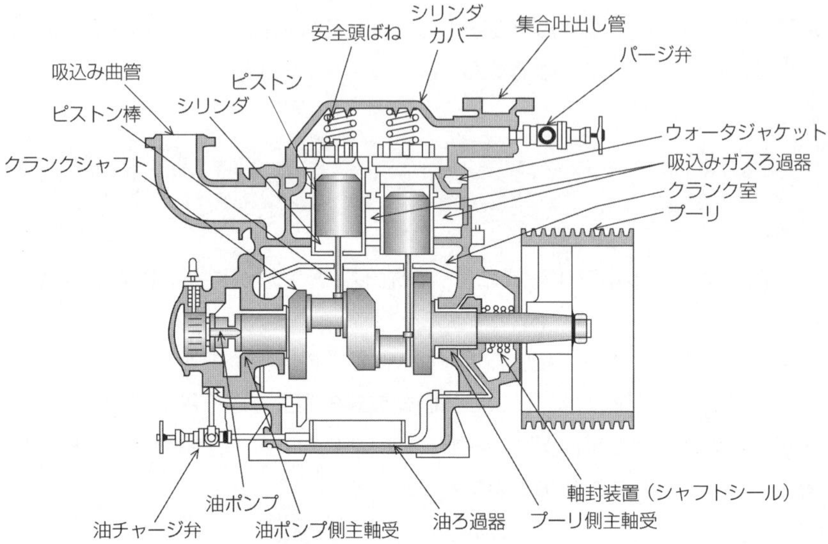

図 3.2 多気筒圧縮機（開放形）

要点整理

開放圧縮機は，冷媒，油が漏れないようにするためにシャフトシール（軸封装置）が必要であるが，全密閉圧縮機および半密閉圧縮機ではケーシング内に電動機が収納されているのでシャフトシールは不要である．

(2) 密閉圧縮機（全密閉圧縮機，半密閉圧縮機）

・密閉圧縮機は圧縮機と電動機を同じ軸上で直結して，一つのケーシングの中に収めた電動機内蔵式で，全密閉形と半密閉形がある．

　・**半密閉圧縮機**…ボルトを外すことで圧縮機内部の点検，修理ができる構造

　・**全密閉圧縮機**…電動機内蔵で一体構造とし，ケーシングを溶接密封して圧縮機内部の点検，修理ができない構造

Point

開放圧縮機および半密閉圧縮機は，圧縮機内部の点検，修理ができるが，全密閉圧縮機は，圧縮機内部の点検，修理ができない．

・**フルオロカーボン冷媒**は電動機巻線を侵さないので，冷媒蒸気で電動機を冷却する小・中形の密閉圧縮機に多く使用される．なお，**アンモニア圧縮機**は，冷媒が電動機の銅巻線を侵すので開放形が主に利用されている．

Point

近年は電動機巻線にアンモニア環境下で使用できる材質を用いることにより，半密閉圧縮機も使用されるようになってきた．

・冷媒ガス吸込み側に電動機を収めた**密閉圧縮機**では，電動機に発生する熱が冷媒に加えられ，吸込み蒸気の過熱度が大きくなるため，吐出しガス温度が高くなりやすい．

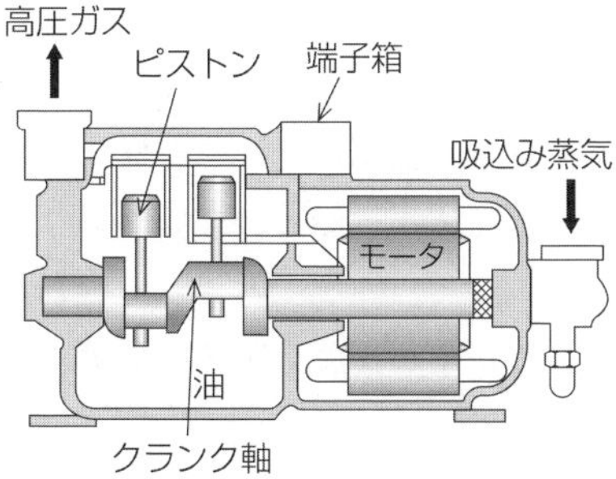

図 3.3　半密閉圧縮機

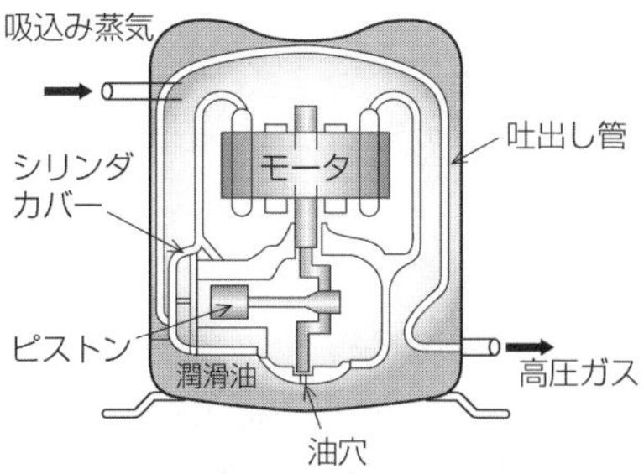

図 3.4　全密閉圧縮機

3　スクロール圧縮機

(1)　原理と構造

スクロール圧縮機は，渦巻き状の曲線で構成された**固定スクロール**と**旋回スクロール**とを組み合わせ，**両スクロールで形成された圧縮空間容積**を旋回に伴い減少させて圧縮する．冷媒蒸気を外周部より吸い込んだ圧縮空間を次第に減少しながら中心部へ移動し，中心部にある吐出し口から圧縮されたガスが吐き出す構造である（図 3.5）．

(2)　スクロール圧縮機の特徴

スクロール圧縮機には，次の特徴がある．

① スクロールの設計構造により，圧縮の始まりと終わりの内部容積比が決められ，圧力比が決定される．したがって，スクロール圧縮機を設計時の圧力比と大きく異なる運転条件で使用する場合は，スクロールを別設計した圧縮

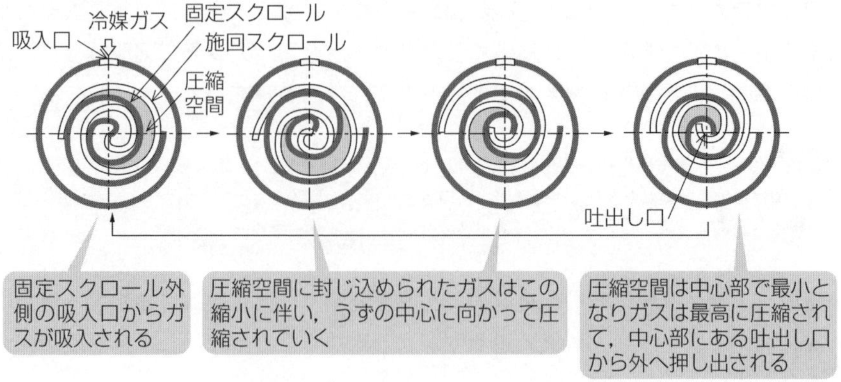

図 3.5　スクロール圧縮機の原理と構造

機を用いなければならない．

② **吸込み弁と吐出し弁を必要としない**が，吐出し側に**逆止め弁**を付けたものが多い．逆止め弁は，停止時に高・低圧の差圧による旋回スクロールの逆転防止用である．

③ 液圧縮に比較的強く，吸込みと吐出し動作が滑らかでトルク変動が非常に小さく，とくに振動・騒音が小さい．

④ 体積効率，断熱効率および機械効率が高く，**高速回転に適している．**

4　ロータリー圧縮機

カーエアコンディショナの開放形を除き，ルームエアコンディショナなどの小形機器に，全密閉ロータリー圧縮機が広く用いられている．

(1)　原理と構造

回転するピストンとシリンダの組合せにより圧縮するもので，**回転ピストン式**と**スライディングベーン式**，最近ではベーンとローラを一体化したスイング式が実用化されている．

- **回転ピストン式（ローリングピストン式）**：高圧側と低圧側とを仕切るベーン（羽根）がシリンダ側に取り付けられ，ピストン側と接している．
- **スライディングベーン式（ロータリーベーン式）**：ローラ側面に複数取り付けられた羽根（ベーン）が，シリンダ内壁と接している．

図 3.6 にローリングピストン式の動作原理を示す．

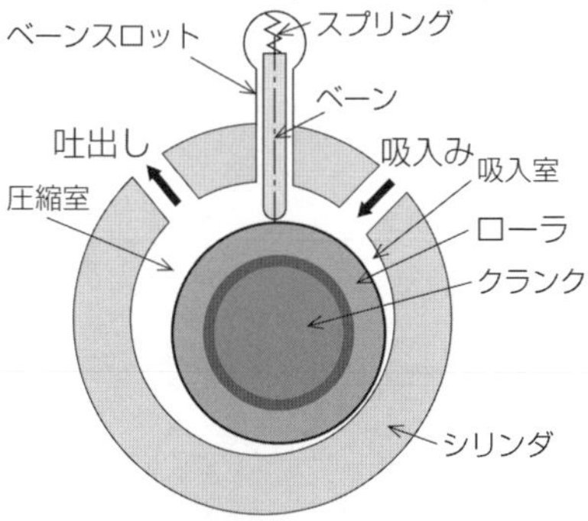

1. ローラが回転を始めると，ベーンの右側の吸入室の空間が広がり，吸入口から冷媒が吸入される
2. 一方ベーン左側の圧縮室の空間（すき間）に満たされた冷媒が狭くなっていく．このとき，ベーンの左側にある吐出し弁が閉じているため，圧縮機内部に満たされた冷媒は圧縮されていく
3. ローラがもとの位値に戻る直前，吐出し弁が開き，圧縮された冷媒が圧縮機から外に排出される

図 3.6　ロータリー圧縮機（ローリングピストン式）の動作原理

(2)　ロータリー圧縮機の特徴

全密閉ロータリー圧縮機には，次の特徴がある．

①　圧縮機の電動機は，密閉容器の高圧ガス内に置かれ，**吐出しガスによって冷却される構造**になっているので，電動機の温度は吐出しガス温度よりも高くなる．

②ヒートポンプエアコンディショナの暖房運転時には，電動機の発生熱は冷媒によって回収され，有効に利用できる．

③ローラ自身によって，シリンダへの吸込み口が閉じられる構造であるので，**吸込み弁は必要ない**．ただし，吐出し弁は必要である．

④吸込み蒸気配管が直接シリンダに接続されているので，**液圧縮を起こしやすい構造**となっている．そのために，吸込み側に**アキュムレータ**（液分離器）を付けて液圧縮を防止している．

Point

往復圧縮機，ロータリー圧縮機，スクロール圧縮機，スクリュー圧縮機および遠心圧縮機の中で，吸込み弁を必要とするのは往復圧縮機だけであるが，吐出し弁を必要とするのは往復圧縮機とロータリー圧縮機である．

5　スクリュー圧縮機

(1)　原理と構造

スクリュー圧縮機には，ツインスクリュー（2 軸形）とシングルスクリュー（1 軸形）がある．

- **ツインスクリュー式**（2 軸形）：二つのスクリュー型の回転体（一対のオスロータとメスロータ）の溝を利用し，体積変化させる．

・**シングルスクリュー式**（1軸形）：一つのスクリュー型の回転体と二つの樹脂製ゲートロータを利用し，体積変化させる．

図3.7にツインスクリュー式の動作原理を示す．

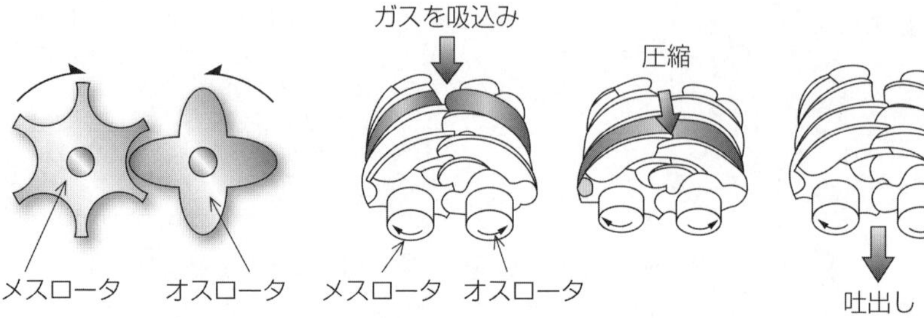

（a）ロータ　（b）ツインスクリュー圧縮機の動作

図3.7　スクリュー圧縮機

（2）　ツインスクリュー圧縮機の特徴

冷凍装置に用いる遠心圧縮機と往復圧縮機との中間の容量を埋める機種として，多用されているツインスクリュー圧縮機には，次の特徴がある．

① スクリュー圧縮機は，圧縮の機構上，**吸込み弁と吐出し弁を必要としない**ため部品点数が少なく，液圧縮に比較的強い．なお，停止時に高低圧の差圧でロータが逆回転するので，吐出し側に**逆止め弁**を必要とする（一般的には吸込み側にも逆止め弁を付ける）．

② 設計により適切な圧力比（内部容積比）が決まっている．また，スクリュー圧縮機の押しのけ量は，メスとオスのロータの歯数と形状（歯の形状，ロータ長など），回転速度などによって決まる．そのため，装置の仕様

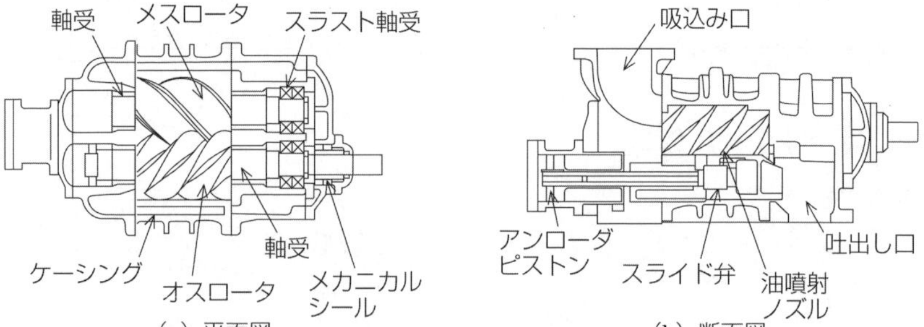

（a）平面図　（b）断面図

図3.8　スクリュー圧縮機

に見合ったものを使用する.

③　スクリュー圧縮機は，同じ容量の往復式よりも小形化でき，回転と往復の運動部分の不釣合いが小さいので，振動と騒音を小さくできる.

④　スクリュー圧縮機は多量の油噴射により，ロータ歯間，ロータ歯とケーシングの間のガス漏れ防止と潤滑を行い，ガスと圧縮機本体の冷却を兼ね，油噴射により**吐出しガス温度を断熱圧縮の場合よりも低くすることができる.** ただし，油分離器と油冷却器を必要とする.

⑤　圧縮機の容量制御は，**スライド弁によって無段階に制御**できるが，低容量の部分負荷では成績係数の減少を招く.

6　遠心圧縮機

遠心圧縮機（ターボ圧縮機）は，高速回転する羽根車（インペラ）によって，大量の冷媒蒸気を遠心力の作用で昇圧させる.

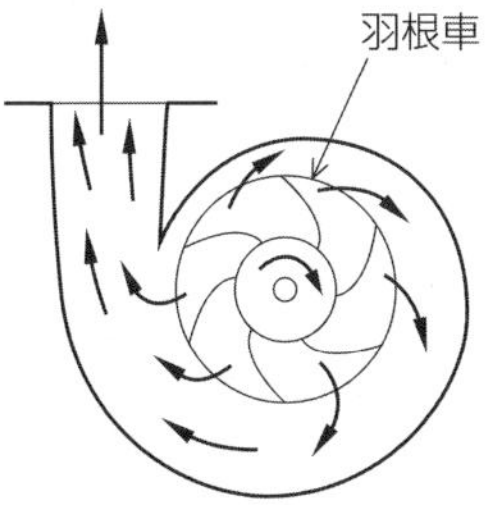

図 3.9　遠心圧縮機

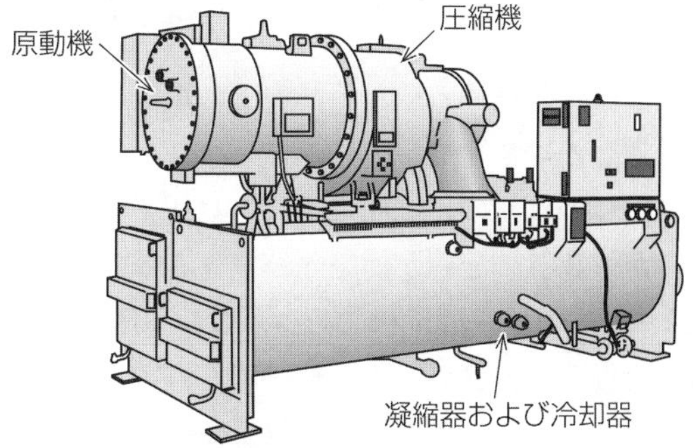

図 3.10　遠心式冷凍設備

7　コンパウンド圧縮機（二段圧縮機）

コンパウンド圧縮機は，二段圧縮の冷凍サイクルを実現するために1台の圧縮機に低段側と高段側の気筒を配置し，1台の電動機で駆動するようにした圧縮機で，装置の配管が簡略化できるので，往復圧縮機などで利用されている.

・単段圧縮機では蒸発温度 −30℃ くらいまで，それ以下の低温用としては二段圧縮機が用いられる.

・低温用冷凍装置で二段圧縮方式が採用される理由は，単段圧縮では吐出しガス温度が高くなりすぎたり，圧力比の増大により機械効率が低下したりするためであり，それらを避けるために低圧段と高圧段に分けて，その間に中間冷却器を設けて圧縮温度範囲を調整する．

・二段圧縮の冷凍サイクルを実現するには，低段側と高段側の2台の圧縮機を必要とするが，一つの圧縮機（駆動用電動機も1台）で低圧・高圧の二段圧縮を行う方式（コンパウンド圧縮機）がある．

(1)　多気筒圧縮機のコンパウンド圧縮機（コンパウンド多気筒圧縮機）

・多気筒圧縮機の気筒を高段用と低段用に配置し，駆動電動機を1台にした**コンパウンド圧縮機**である．

・**冷媒循環量〔kg/s〕は高段側よりも低段側のほうが少ない**が，低段圧縮機の**吸込み蒸気の比体積**が高段圧縮機の比体積よりもはるかに大きいので，一般に**低段側ピストン押しのけ量は高段側ピストン押しのけ量の2～3倍**になる．そこで，**低段側と高段側の気筒数は，高段側よりも低段側の気筒数を多くする．**

Point

コンパウンド圧縮機では，低段側と高段側の気筒数が固定される．一般に8気筒の圧縮機の低段側に6気筒，高段側に2気筒，6気筒の圧縮機の低段側に4気筒，高段側に2気筒とする．

・高低段の圧縮機のそれぞれの圧力比が，できるかぎり等しくなるようにピストン押しのけ量を選定する．コンパウンド圧縮機では，低段側と高段側のピストン押しのけ量の比は固定されており，中間圧力は最適値から若干のずれを生じるが，装置の配管が簡略化ができるのでよく使われている．

(2)　スクリュー圧縮機のコンパウンド圧縮機（コンパウンドスクリュー圧縮機）

・低段側と高段側の2台の圧縮機を直列に結合し，1台の電動機によって駆動できるようにしたコンパウンド圧縮機である．

・低段側と高段側の押しのけ量の比はスクリューロータの組合せから，使用する用途によって選ぶ．

例題

次のイ，ロ，ハ，ニの記述のうち，圧縮機について正しいものはどれか．

イ．中間冷却器を用いた二段圧縮一段膨張冷凍装置では，低段側冷媒循環量は高段側冷媒循環量よりも少ないが，低段側ピストン押しのけ量は高段側ピストン押しのけ量よりも多い．

ロ．ローリングピストン式ロータリー圧縮機の電動機は．密閉容器の高圧ガス内に置かれ，吐出しガスによって加熱される構造になっており，ヒートポンプエアコンディショナの暖房運転時には，電動機の発生熱も有効に利用できる．

ハ．スクリュー圧縮機は，吸込み弁と吐出し弁を必要としないために部品点数が少なく，液圧縮に比較的強いが，停止時に高低圧の差圧でロータが逆回転するので，逆回転防止のために吐出し側に逆止め弁を必要とする．

ニ．スクロール圧縮機は，渦巻き状の曲線で構成された固定スクロールと旋回スクロールを組み合わせ，中心部より吸い込み，圧縮空間を徐々に減少させながら，外周部の吐出し口から圧縮ガスが吐き出される．

(1) イ，ロ　(2) イ，ハ　(3) ロ，ハ　(4) ロ，ニ　(5) イ，ハ，ニ

▶解説

イ：(正) 一般に，低段側ピストン押しのけ量は，高段側ピストン押しのけ量の2～3倍になるので，コンパウンド多気筒圧縮機では低段側と高段側の気筒数は，高段側より低段側の気筒数を多くする．

ロ：(誤) ロータリー圧縮機のほとんどが全密閉圧縮機で，電動機は密閉容器の高圧ガス内に置かれている．電動機は吐出しガスによって**冷却**される構造になっているので，電動機の発生熱は吐出しガスを加熱することになり，有効に利用できる．

ハ：(正) スクリュー圧縮機は，圧縮の機構上，吸込み弁と吐出し弁を必要としないが，停止時に圧力差によりロータが逆回転するので，その防止のために，逆止め弁を設ける．

ニ：(誤) スクロール圧縮機は，渦巻き状の曲線で構成された固定スクロールと旋回スクロールを組み合わせ，**外周部より吸い込み**，圧縮空間を徐々に減少させながら，**中心部の吐出し口**から圧縮ガスが吐き出される．

[解答]　**(2)**

例題

次のイ，ロ，ハ，ニの記述のうち，圧縮機について正しいものはどれか．

イ．1台の圧縮機で二段圧縮を行うコンパウンド多気筒圧縮機では，高段用と低段用の気筒数を自動的に切り換えることにより，中間圧力を最適に制御する．

ロ．ロータリー圧縮機は，吸込み蒸気配管がシリンダに直接接続されているので，液圧縮を起こしやすい構造となっている．そのために，吸込み側にアキュムレータを付けて液圧縮を防止している．

ハ．スクロール圧縮機は，吸込み弁と吐出し弁を必要としないこと，液圧縮に比較的強いこと，振動や騒音が小さく吸込みと吐出しの動作が滑らかであること，体積効率，断熱効率，機械効率のいずれもが高いことなど，多くの優れた特徴をもっている．

ニ．スクリュー圧縮機のコンパウンド圧縮機は，二段圧縮の冷凍サイクルを実現するために低段側と高段側の2台の圧縮機を直列に結合し，1台の電動機によって駆動できるようにした圧縮機である．低段側と高段側の押しのけ量比はスクリューロータの組合せから，使用する用途によって選ぶことができる．

(1) イ，ロ　(2) イ，ハ　(3) ロ，ハ　(4) ハ，ニ　(5) ロ，ハ，ニ

▶解説

イ：(誤) コンパウンド圧縮機では，高段用と低段用の気筒数は自動的に切り換えることができない．高段用と低段用のピストン押しのけ量の比が気筒数比で定まることから，中間圧力は最適値から若干のずれを生じる．

ロ：(正) 吸込み蒸気配管が直接シリンダに接続されているので，液圧縮を防ぐために，液分離器（アキュムレータ）を設けている．

ハ：(正) スクロール圧縮機は，吸込み弁と吐出し弁を必要としないが，停止時に圧力差によりロータが逆回転するので，その防止のために，逆止め弁を設ける．比較的液圧縮に強く，振動や騒音が小さく，体積効率，断熱効率および機械効率が高く，高速回転に適している．

ニ：(正) 低段側と高段側の押しのけ量の比はスクリューロータの組合せ（3：1，2：1などの組合せ）から，使用する用途によって選ぶ．

[解答]　**(5)**

3-2 往復圧縮機の性能

1　ピストン押しのけ量と体積効率および冷媒循環量

(1)　理論ピストン押しのけ量

冷凍装置における冷凍能力の大小を決めるには，まず圧縮機のピストン押しのけ量を考えなければならない．

圧縮機の理論ピストン押しのけ量 V〔m^3/s〕は，1 秒間当たりにピストンの上下運動によって，冷媒を押しのけることができる量で，**気筒数**（シリンダ数），**シリンダ容積**および**回転速度**によって決まる．

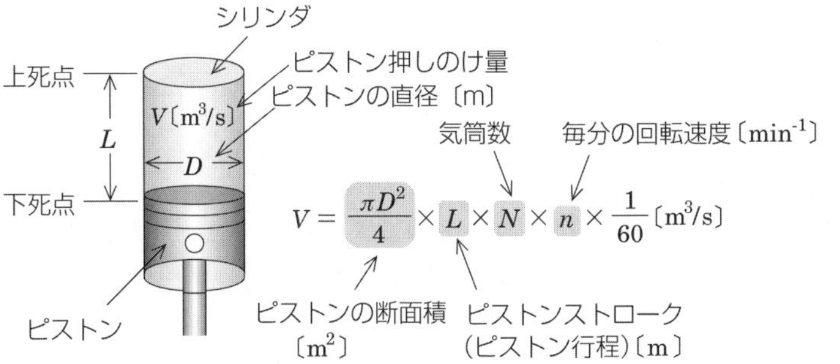

図 3.11　理論ピストン押しのけ量

(2)　体積効率

・圧縮機が蒸気をシリンダに吸い込んで圧縮し，吐き出す量は，実際には理論ピストン押しのけ量 V よりも小さくなる．

実際に圧縮機から吐き出されるガス量（＝実際吸込み蒸気量）

q_{vr}＝理論ピストン押しのけ量×体積効率＝$V \times \eta_V$〔m^3/s〕

この理由として，次のものがあげられる．

① 圧縮機が蒸気をシリンダに吸い込む際の蒸気の加熱と吸込み弁の絞り抵抗

② 蒸気を圧縮する際のピストンからクランクケースへの漏れ

③ 圧縮ガスが吐き出される際の吐出し弁の絞り抵抗

④ シリング上部すきま（**トップクリアランス**）内の圧縮ガスの再膨張

⑤ 吸込み弁と吐出し弁の開閉作動の遅れや漏れ

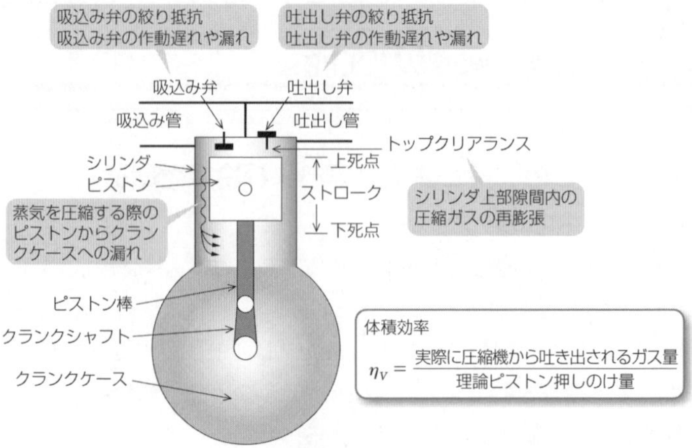

図 3.12　体積効率

・体積効率の値は，**圧力比とシリンダの容積比が大きいほど低下**する．

① **吸込み蒸気圧力が低くなる（圧力比が大きくなる）**と比体積が大きくなって**吸込み蒸気量が減少する**ので体積効率が小さくなる．

② **シリンダのすきま容積（クリアランスボリューム）比が大きくなるほど**，**この隙間に入るガスは，圧縮と膨張を繰り返すだけでロスになる**ので，体積効率が小さくなる．

(3)　冷媒循環量および冷凍能力

・冷媒循環量 q_{mr}〔kg/s〕は1秒間当たりの質量流量で，ピストン押しのけ量 V〔m^3/s〕，圧縮機の吸込み蒸気の比体積 v〔m^3/kg〕または密度 ρ（$=1/v$〔kg/m^3〕）および体積効率 η_V の大きさによって，次式で表される．

$$\text{冷媒循環量}\quad \boldsymbol{q_{mr}} = \frac{\textbf{実際の吸込み蒸気量}\ \boldsymbol{q_{vr}}\ 〔\mathbf{m^3/s}〕}{\textbf{吸込み蒸気の比体積}\ \boldsymbol{v}\ 〔\mathbf{m^3/s}〕} = \frac{V\cdot\eta_V}{v}$$

$$= V\cdot\eta_V\cdot\rho\ 〔\mathrm{kg/s}〕$$

・**冷凍能力 $\boldsymbol{\Phi_0}$〔kJ/s〕**は冷媒循環量 q_{mr}〔kg/s〕と冷凍効果 w_r〔kJ/kg〕の積で表されるので，次式の関係式になる．

$$\text{冷凍能力}\quad \Phi_0 = q_{mr}w_r = \frac{V\cdot\eta_V}{v}(h_A - h_D)$$

$$= V\cdot\eta_V\cdot\rho(h_A - h_D)〔\mathrm{kJ/s}〕$$

ここで，h_A：圧縮機の吸込み蒸気の比エンタルピー〔kJ/kg〕

h_D：蒸発器入口湿り蒸気の比エンタルピー〔kJ/kg〕

・圧縮機の吸込み蒸気の比体積は，吸込み圧力が低いほど，吸込み蒸気の過熱度が大きいほど大きくなる．圧縮機の吸込み蒸気の比体積が大きくなるため，冷媒循環量が減少し，冷凍能力が小さくなる．

Point

法定の冷凍能力は，蒸発温度が－15℃の運転条件で算定されているため，空調用圧縮機では，吸込み蒸気の比体積が小さい（＝冷媒循環量が大きくなる）ため，実際の冷凍能力は法定の冷凍能力よりはるかに大きい．

2　断熱効率，機械効率および圧縮機を駆動する軸動力

圧縮機を駆動するのに必要な実際の軸動力（実際に圧縮機のクランク軸に入力される動力）は，冷媒循環量とともに，圧縮作用などの原因による各種の損失にもとづく圧縮機の断熱効率と機械効率を考慮しなければならない．

(1)　断熱効率（圧縮効率）

・実際に圧縮機の蒸気を圧縮するのに必要な軸動力は，吸込み弁や吐出し弁の冷媒流の抵抗や作動の遅れ，シリンダとの熱交換などの損失などで理論断熱圧縮動力よりも大きくなる．

・理論断熱圧縮動力 P_{th} と実際の圧縮機での蒸気の圧縮に必要な圧縮動力 P_c の比を断熱効率 η_c とする．

$$\text{断熱効率（圧縮効率）}\quad \eta_c = \frac{\text{理論断熱圧縮動力}\ P_{th}}{\text{実際に蒸気を圧縮する動力}\ P_c}$$

・断熱効率は，**圧力比が大きくなるにつれて低下し，圧縮機の回転速度が大きい**

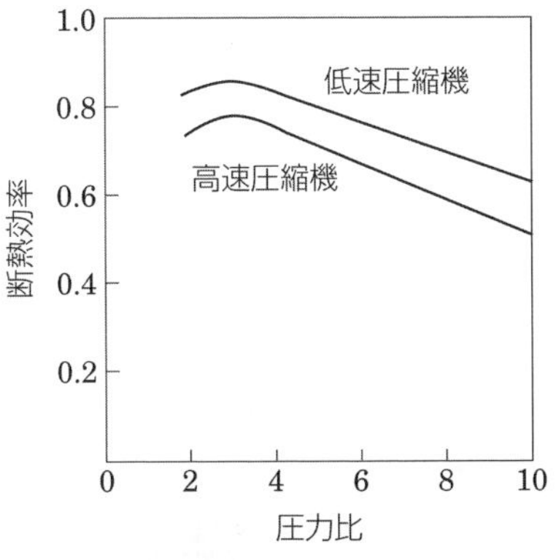

図 3.13　断熱効率

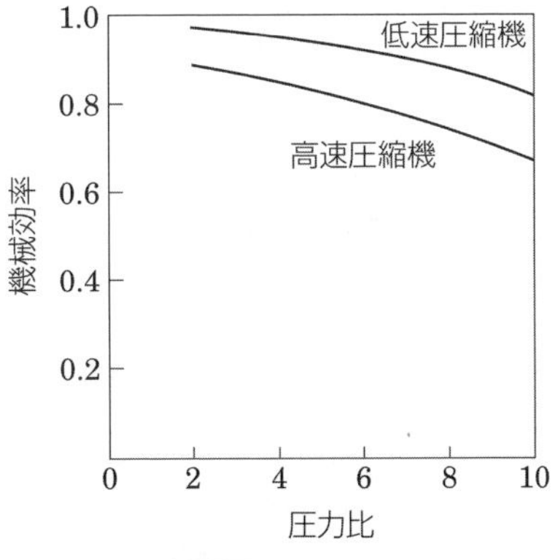

図 3.14　機械効率

ほど低下する．

(2) 機械効率

・圧縮機駆動の際，実際に圧縮機のクランク軸に入力される軸動力 P は，実際に蒸気を圧縮する動力 P_c に主に圧縮機の運転にともなう摩擦損失分の動力 P_m を加えたものになる．

$$\boldsymbol{P = P_c + P_m} \ \text{〔kW〕}$$

ここで，

P：実際に圧縮機駆動の軸動力〔kW〕

P_c：実際に蒸気を圧縮する動力〔kW〕

P_m：機械的摩擦損失動力〔kW〕

・機械的摩擦損失動力により圧縮機の効率に関係してくる．そこで，断熱圧縮動力 P_c と実際に圧縮機駆動の軸動力 P の比を機械効率 η_m とする．

$$\text{機械効率}\ \boldsymbol{\eta_m} = \frac{\text{実際に蒸気を圧縮する動力}\ \boldsymbol{P_c}}{\text{実際の圧縮機駆動の軸動力}\ \boldsymbol{P}}$$

・機械効率は，圧力比が大きくなると，若干小さくなるが，$\eta_m = 0.8 \sim 0.9$ 程度である．

(3) 実際の圧縮機駆動の軸動力（圧縮機のクランク軸を駆動するために必要な動力）

・実際の圧縮機駆動の軸動力 P は，理論断熱圧縮動力 P_{th} と断熱効率 η_c，機械効率 η_m から次式になる．

$$\text{実際の圧縮機駆動の軸動力}\quad P = \frac{P_{th}}{\eta_c \cdot \eta_m} = \frac{P_{th}}{\eta}\ \text{〔kW〕}$$

ここで，$\boldsymbol{\eta}$：全断熱効率（$= \boldsymbol{\eta_c \cdot \eta_m}$）

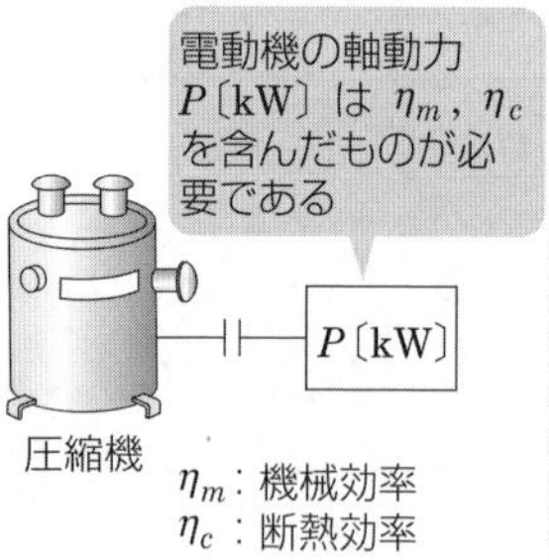

$$\text{断熱効率（圧縮効率）}\ \eta_c = \frac{\text{理論断熱圧縮動力}\ P_{th}}{\text{実際に蒸気を圧縮する動力}\ P_c}$$

$$\text{機械効率}\quad \eta_m = \frac{\text{実際に蒸気を圧縮する動力}\ P_c}{\text{圧縮機駆動の実際の軸動力}\ P}$$

$$\text{圧縮機駆動の軸動力}\quad P = \frac{P_{th}}{\eta_c \cdot \eta_m} = \frac{P_{th}}{\eta}\ \text{〔kW〕}$$

図 3.15 圧縮機駆動の軸動力

・p-h 線図で理論的断熱圧縮（$\eta_c = 1$, $\eta_m = 1$）とした場合の圧縮前後の冷媒の比エンタルピー差（$h_B - h_A$）は，実際には機械的摩擦損失などがあるため（$\eta_c < 1$, $\eta_m < 1$），圧縮機の機械的摩擦損失仕事が熱となって冷媒に加えられる．そのため，圧縮機の吐出しガスの比エンタルピーの値を $h_{B'}$ とすると圧縮前後の冷媒の比エンタルピー差（$h_{B'} - h_A$）になる．

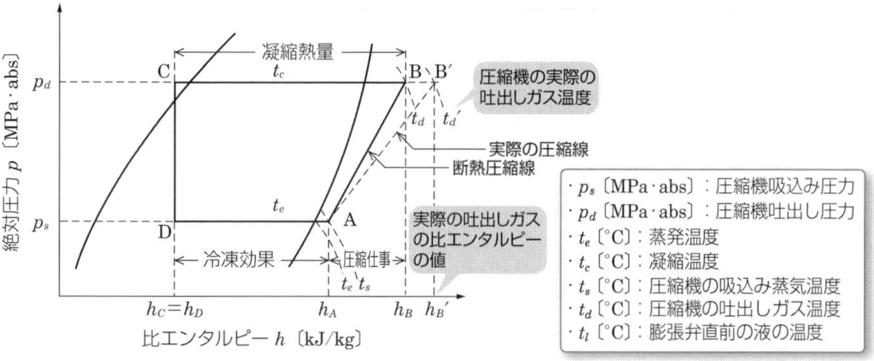

図 3.16　実際の p-h 線図

・p-h 線図で実際の圧縮機駆動の軸動力を求めるには，次式になる．

$$\text{実際の圧縮機駆動の軸動力}\quad P = q_{mr}(h_B' - h_A) = \frac{q_{mr}(h_B - h_A)}{\eta}$$

$$= \frac{V \times \eta_V \times (h_B - h_A)}{v \times \eta}\ \text{〔kW〕}$$

ここで，h_A：圧縮機の吸込み蒸気の比エンタルピー〔kJ/kg〕

h_B：圧縮機吐出しガスの比エンタルピー〔kJ/kg〕

V：ピストン押しのけ量〔m^3/s〕

v：圧縮機の吸込み蒸気の比体積〔m^3/kg〕

η_V：体積効率

η：全断熱効率（$= \eta_c \cdot \eta_m$）

Point

凝縮温度を高く，蒸発温度を低くして運転すると，圧力比が大きくなり全断熱効率 η が小さくなるので軸動力は大きくなる．

Point

実際の圧縮機駆動の軸動力 P を計算する場合は，機械的損失動力の熱が冷媒に加わるか加わらないかに関係なく，必ず断熱効率および機械効率で除して行う．

(4) 実際の装置の成績係数および圧縮機の吐出しガスの比エンタルピーの値 ($h_B{}'$)

1．圧縮機の機械的摩擦損失仕事が熱となって冷媒に加えられた場合

① 吐出しガスの比エンタルピーの値

$$h_B{}' - h_A = \frac{h_B - h_A}{\eta_c \eta_m} \quad \text{から} \quad \boldsymbol{h_B{}' = h_A + \frac{h_B - h_A}{\eta_c \eta_m}}$$

② 実際の冷凍装置の成績係数

$$\mathbf{(COP)}_{\boldsymbol{R}} = \frac{\text{冷凍能力}}{\text{圧縮機駆動の軸動力}} = \frac{\Phi_0}{P} = \frac{\Phi_0}{\dfrac{P_{th}}{\eta_c \eta_m}} = \frac{q_{mr}(h_A - h_D)}{q_{mr}(h_B - h_A)}\eta_c \eta_m$$

$$= \frac{q_{mr}(h_A - h_D)}{q_{mr}(h_B - h_A)}\eta_c \eta_m = \boldsymbol{\frac{h_A - h_D}{h_B - h_A}\eta_c \eta_m}$$

Point

実際の装置の成績係数は，理論成績係数より $\eta_c\eta_m$ の割合だけ小さくなる．

③ 実際のヒートポンプ装置の成績係数

ヒートポンプ装置の実際の成績係数（COP)$_H$ の値は，実際の冷凍装置の成績係数（COP)$_R$ よりも 1 だけ大きくなる．

$$\mathbf{(COP)}_{\boldsymbol{H}} = \mathbf{(COP)}_{\boldsymbol{R}} + \mathbf{1}$$

2．圧縮機の機械的摩擦損失仕事が圧縮機の外表面やウォータジャケット，油冷却器から熱となって外部に放出される場合

・圧縮機の機械的摩擦損失仕事が，熱となって外部に放出されても，実際の圧縮機駆動の軸動力は，機械的摩擦損失を含んだ軸動力が必要である（圧縮機の機械的摩擦損失仕事が熱となって冷媒に加えられた場合の軸動力と同じ）．ただし，圧縮機の吐出しガスは，機械的損失分の熱を除いた比エンタルピー値（$\eta_m = 1$）になる．

① 吐出しガスの比エンタルピーの値

$$h_B{}'' - h_A = \frac{h_B - h_A}{\eta_c} \quad \text{から} \quad \boldsymbol{h_B{}'' = h_A + \frac{h_B - h_A}{\eta_c}}$$

② 実際の冷凍装置の成績係数

$$(\mathrm{COP})_R = \frac{h_A - h_D}{h_B - h_A} \times \eta_c \times \eta_m$$

③　実際のヒートポンプ装置の成績係数

凝縮熱量　$\Phi_K = \Phi_0 + \dfrac{P_{th}}{\eta_c}$〔kW〕　より

$$(\mathrm{COP})_H = \frac{\text{凝縮熱量}}{\text{圧縮機駆動の軸動力}} = \frac{\Phi_K}{P} = \frac{\Phi_K}{\dfrac{P_{th}}{\eta_c \eta_m}}$$

$$= \frac{q_{mr}(h_A - h_D) + \dfrac{q_{mr}(h_B - h_A)}{\eta_c}}{\dfrac{q_{mr}(h_B - h_A)}{\eta_c \eta_m}} = \frac{h_A - h_D}{h_B - h_A}\eta_c \eta_m + \eta_m$$

$$= \boldsymbol{(\mathrm{COP})_R + \eta_m}$$

例題

下図は R410A 冷凍装置の理論冷凍サイクルである.

冷凍能力が 119 kW であるとき，次のイ，ロ，ハ，ニの記述のうち正しいものはどれか．ただし圧縮機の断熱効率 η_c を 0.70，機械効率 η_m を 0.85 とし圧縮機の機械的摩擦損失仕事は吐出しガスに熱として加わるものとする．また，配管での熱の出入りおよび圧力損失はないものとする．

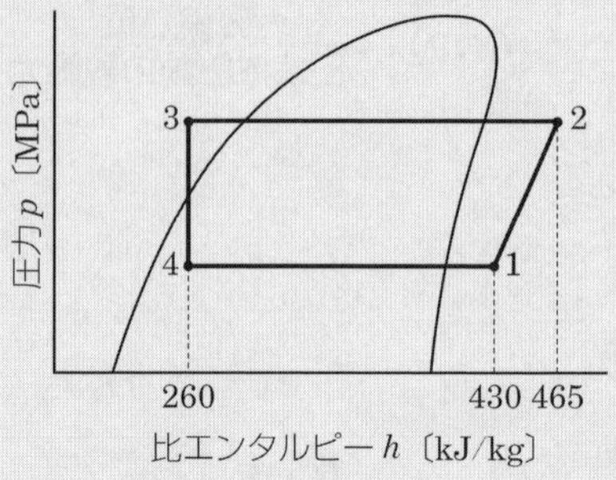

イ．冷媒循環量は 0.7 kg/s である．

ロ．この冷凍装置の実際の成績係数は 3.4 である．

ハ．実際の圧縮機吐出しガスの比エンタルピーは約 504 kJ/kg である．

ニ．実際の圧縮機軸動力は約 41 kW である．

(1) イ，ロ　(2) イ，ニ　(3) ロ，ハ　(4) ロ，ニ　(5) ハ，ニ

▶解説

イ：(正)

$$冷媒循環量\ q_{mr} = \frac{\Phi_0}{h_1 - h_4} = \frac{119}{430 - 260} = \frac{119}{170} = 0.7\ \mathrm{kg/s}$$

ロ：(誤) 実際の冷凍装置の成績係数

$$(\mathrm{COP})_R = \frac{q_{mr}(h_1 - h_4)}{\dfrac{q_{mr}(h_2 - h_1)}{\eta_c\eta_m}} = \frac{h_1 - h_4}{h_2 - h_1}\,\eta_c\eta_m$$

$$= \frac{430 - 260}{465 - 430} \times 0.7 \times 0.85 = \frac{170}{35} \times 0.7 \times 0.85 = 2.89$$

ハ：(誤) 機械的摩擦損失仕事は，熱となって冷媒に加えられるので，実際の圧縮機吐出しガスの比エンタルピー h_2' (kJ/kg) は，次のように求める．

$$h_2' = h_1 + \frac{h_2 - h_1}{\eta_c\eta_m} = 430 + \frac{465 - 430}{0.7 \times 0.85} = 430 + \frac{35}{0.7 \times 0.85} \fallingdotseq 489\ \mathrm{kJ/kg}$$

二：(正) 実際の圧縮機軸動力

$$P=\frac{q_{mr}(h_2-h_1)}{\eta_c\eta_m}=\frac{0.7\times(465-430)}{0.7\times0.85}=\frac{0.7\times35}{0.7\times0.85}\fallingdotseq41\ \mathrm{kW}$$

[解答] (2)

例 題

図はアンモニア冷凍装置の理論冷凍サイクルであり，実際には下記の運転条件で運転されている．このとき，実際の成績係数 $(\mathrm{COP})_R$ と実際の圧縮機軸動力 P はおよそいくらか．次の答えの (1)～(5) の組合せのうち，正しいものはどれか．ただし，圧縮機の機械的摩擦損失仕事は，熱として冷媒に加わるものとする．また，配管での熱の出入りおよび圧力損失はないものとする．

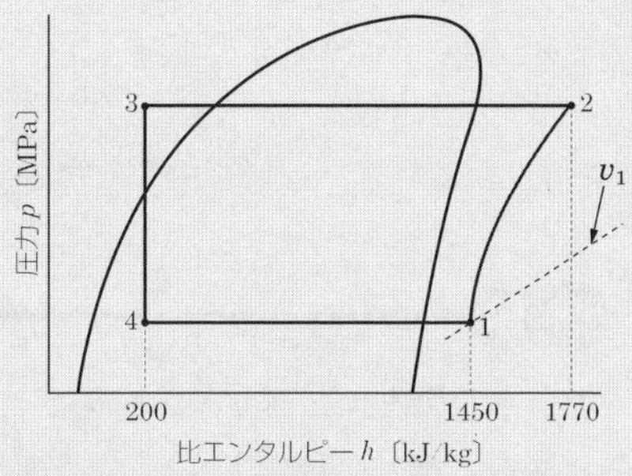

(運転条件)

圧縮機のピストン押しのけ量	$V=750\ \mathrm{m^3/h}$
圧縮機の吸込み蒸気の比体積	$v_1=1.1\ \mathrm{m^3/kg}$
圧縮機の体積効率	$\eta_V=0.70$
圧縮機の断熱効率	$\eta_c=0.80$
圧縮機の機械効率	$\eta_m=0.90$

(1) $(\mathrm{COP})_R=2.8$，$P=42\ \mathrm{kW}$　(2) $(\mathrm{COP})_R=3.9$，$P=42\ \mathrm{kW}$

(3) $(\mathrm{COP})_R=3.9$，$P=59\ \mathrm{kW}$　(4) $(\mathrm{COP})_R=2.8$，$P=59\ \mathrm{kW}$

(5) $(\mathrm{COP})_R=2.8$，$P=53\ \mathrm{kW}$

▶解説

・圧縮機のピストン押しのけ量 $V=750\ \mathrm{m^3/h}=750/3\,600\ \mathrm{m^3/s}$

・冷媒循環量

$$q_{mr}=\frac{V\cdot\eta_V}{v_1}=\frac{\dfrac{750}{3\,600}\times0.7}{1.1}\fallingdotseq0.133\ \mathrm{kg/s}$$

Point
圧縮機のピストン押しのけ量の単位に注意

・実際の成績係数

$$(\mathrm{COP})_R=\frac{q_{mr}(h_1-h_4)}{\dfrac{q_{mr}(h_2-h_1)}{\eta_c\eta_m}}=\frac{h_1-h_4}{h_2-h_1}\eta_c\eta_m=\frac{1\,450-200}{1\,770-1\,450}\times0.8\times0.9$$

$$=\frac{1\,250}{320}\times0.8\times0.9\fallingdotseq2.8$$

・実際の圧縮機軸動力

$$P=\frac{q_{mr}(h_2-h_1)}{\eta_c\eta_m}=\frac{0.133(1\,770-1\,450)}{0.8\times0.9}\fallingdotseq59\ \mathrm{kW}$$

[解答]　(4)

例題

アンモニア冷凍装置が，下記の条件で運転されている．このとき，圧縮機のピストン押しのけ量 V〔$\mathrm{m^3/h}$〕，実際の成績係数 $(\mathrm{COP})_R$ について，次の答の (1)～(5) の組合せのうち最も近いものはどれか．

ただし圧縮機の機械的摩擦損失仕事は吐出しガスに熱として加わるものとする．また，配管での熱の出入りおよび圧力損失はないものとする．

(運転条件)

冷凍能力	$\Phi_0=180\ \mathrm{kW}$
圧縮機の吸込み蒸気の比体積	$v_1=0.60\ \mathrm{m^3/kg}$
圧縮機の吸込み蒸気の比エンタルピー	$h_1=1\,480\ \mathrm{kJ/kg}$
断熱圧縮後の吐出しガスの比エンタルピー	$h_2=1\,750\ \mathrm{kJ/kg}$
蒸発器入口冷媒の比エンタルピー	$h_4=430\ \mathrm{kJ/kg}$
圧縮機の体積効率	$\eta_V=0.75$
圧縮機の断熱効率	$\eta_c=0.80$
圧縮機の機械効率	$\eta_m=0.90$

(1)　$V=492\ \mathrm{m^3/h}$　$(\mathrm{COP})_R=2.81$　(2)　$V=492\ \mathrm{m^3/h}$　$(\mathrm{COP})_R=3.12$

(3)　$V=0.14\ \mathrm{m^3/h}$　$(\mathrm{COP})_R=2.81$　(4)　$V=0.14\ \mathrm{m^3/h}$　$(\mathrm{COP})_R=3.12$

(5)　$V=0.14\ \mathrm{m^3/h}$　$(\mathrm{COP})_R=3.51$

▶解説

下図の p-h 線図上に，与えられた数値を代入する．

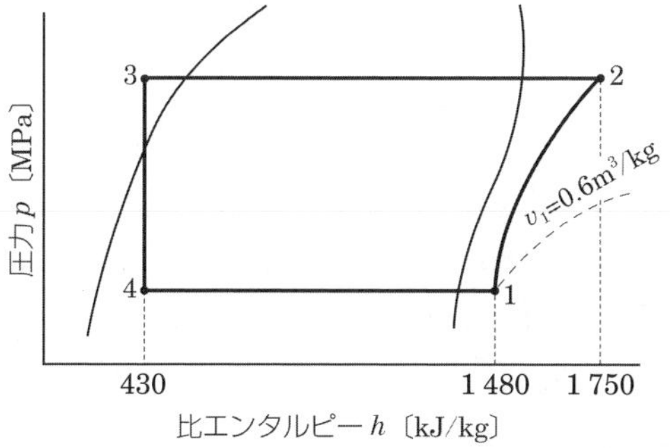

① 冷媒循環量

$$q_{mr}=\frac{\Phi_0}{h_1-h_4}=\frac{180}{1\,480-430}=\frac{180}{1\,050}\fallingdotseq 0.171\ \mathrm{kg/s}$$

② 圧縮機のピストン押しのけ量

$$V=\frac{q_{mr}v_1}{\eta_V}\times 3\,600=\frac{0.171\times 0.6}{0.75}\times 3\,600\fallingdotseq 492\ \mathrm{m^3/h}$$

③ 実際の成績係数

$$(\mathrm{COP})_R=\frac{q_{mr}(h_1-h_4)}{\dfrac{q_{mr}(h_2-h_1)}{\eta_c\eta_m}}=\frac{h_1-h_4}{h_2-h_1}\eta_c\eta_m=\frac{1\,480-430}{1\,750-1\,480}\times 0.8\times 0.9$$

$$=\frac{1\,050}{270}\times 0.8\times 0.9=2.80$$

[解答]（1）

例題

図は R134a 冷凍装置の理論冷凍サイクルである．

冷凍能力が 96 kW であるとき，次のイ，ロ，ハ，ニの記述のうち正しいものはどれか．ただし圧縮機の断熱効率 η_c を 0.70，機械効率 η_m を 0.9 とし圧縮機の機械的摩擦損失仕事は吐出しガスに熱として加わらないものとする．また，配管での熱の出入りおよび圧力損失はないものとする．

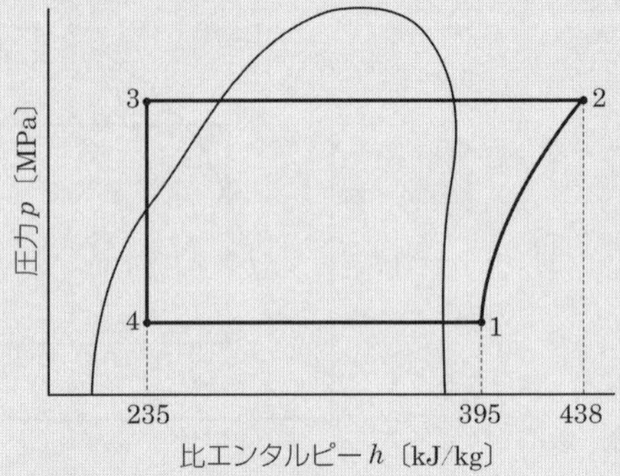

イ．冷媒循環量は 0.6 kg/s である．

ロ．実際の圧縮機軸動力は約 68.3 kW である．

ハ．この冷凍装置の実際の成績係数は約 1.4 である．

ニ．実際の圧縮機吐出しガスの比エンタルピーは約 456.4 kJ/kg である．

(1) イ　(2) イ，ニ　(3) ロ，ハ　(4) ロ，ニ　(5) ハ，ニ

▶解説

イ：（正）冷媒循環量　$q_{mr} = \dfrac{\Phi_0}{h_1 - h_4} = \dfrac{96}{395 - 235} = \dfrac{96}{160} = 0.6\ \mathrm{kg/s}$

ロ：（誤）実際の圧縮機軸動力

$$P = \frac{q_{mr}(h_2 - h_1)}{\eta_c \eta_m} = \frac{0.6(438 - 395)}{0.7 \times 0.9} = \frac{0.6 \times 43}{0.7 \times 0.9} \fallingdotseq 41\ \mathrm{kW}$$

ハ：（誤）実際の冷凍装置の成績係数

$$(\mathrm{COP})_R = \frac{q_{mr}(h_1 - h_4)}{\dfrac{q_{mr}(h_2 - h_1)}{\eta_c \eta_m}} = \frac{h_1 - h_4}{h_2 - h_1}\eta_c \eta_m = \frac{395 - 235}{438 - 395} \times 0.7 \times 0.9$$

$$= \frac{160}{47} \times 0.7 \times 0.9 \fallingdotseq 2.14$$

ニ：（正）「圧縮機の機械的摩擦損失仕事は吐出しガスに熱として加わらないものとする．また，配管での熱の出入りおよび圧力損失はないものとする．」となっているので，実際の圧縮機吐出しガスの比エンタルピー h_2'〔kJ/kg〕は，

次のように求める.

$$h_2' = h_1 + \frac{h_2 - h_1}{\eta_c} = 395 + \frac{438 - 395}{0.7} = 395 + \frac{43}{0.7} \fallingdotseq 456.4\ \mathrm{kJ/kg}$$

[解答]　**(2)**

3-3 冷凍装置の容量制御

冷凍装置にかかる負荷は，常に100％でなく変動する．熱負荷変動の大きな冷凍装置では，圧縮機の容量制御を行わないと蒸発圧力や凝縮圧力を所定の条件に保つことができないので，装置の経済的運転ができなくなるだけでなく，装置に不都合な問題を生じさせることもある．

冷凍装置の容量制御には，次の方法などがある．

1　圧縮機の運転のオン・オフする方法

圧縮機の吸込み側に接続された低圧圧力スイッチなどで圧縮機を発停させる方法である．小形冷凍装置に広く用いられているが，圧縮機が短時間で発停を繰り返すと，圧縮機駆動用電動機の焼損などの原因となることがある．

2　圧縮機の運転台数を変える方法

作動圧力に差をもたせた低圧圧力スイッチを用いて，吸込み圧力の上昇，下降に伴い，複数台の圧縮機を順次発停させる方法である．この方法では，複数台の圧縮機を同時には始動させないことと，圧縮機内のクランクケース内圧力が変動するため冷凍機油量が特定の圧縮機に片寄るので，均油管，均圧管などの油量変動対策が必要である．

3　圧縮機の回転速度を変える方法

インバータ装置（交流→直流→交流の変換で，無段階の周波数制御ができる電源装置）を用い，圧縮機駆動電動機の供給電源の周波数を変化させることで，負荷に合わせて圧縮機の回転速度を調整する容量制御方法である．

限定された回転速度の範囲内では，体積効率はあまり変わらず，圧縮機の回転速度と容量はほぼ正比例する．しかし，その範囲から外れた低速回転時と高速回転時のいずれの場合でも体積効率が低下し，圧縮機の回転速度と容量は比例しなくなり，冷凍能力も回転速度に比例しなくなる．また，クランク軸端に油ポンプを付けている構造の圧縮機では，低速すぎると適正な給油圧力が得られず，潤滑が悪くなるおそれがある．

4　蒸発圧力調整弁で吸込み蒸気を絞る方法

圧縮機の吸込み蒸気配管に蒸発圧力調整弁（EPR）を取り付けて，負荷が減少しても**蒸発圧力が所定の圧力以下に低下しないように**吸込み蒸気を絞る方法である．

蒸発圧力調整弁作動時には，圧縮機吸込み蒸気圧力が下がり，比体積が大きくなるので圧縮機の能力が低下するが，圧縮機の動力はそれほど下がらないが，**成績係数は全体として低下**する．また，蒸発圧力調整弁は，**温度自動膨張弁の感温筒と均圧管取付け位置よりも下流側の圧縮機吸込み蒸気配管に取り付け**なければならない．

5　吸込圧力調整弁で吸込み蒸気を絞る方法

圧縮機の吸込み蒸気配管に吸込み圧力調整弁（SPR）を取り付け，その弁の下流側，すなわち圧縮機の**吸込み圧力が所定の値以上にならないように**，吸込み蒸気を絞る方法である．これによって，容量制御を行うことで圧縮機始動時や除霜時の電動機の過負荷を防止できるが，圧縮機の能力を制御するわけではないので，成績係数は低下する．

6　圧縮機の容量制御

（1）　多気筒圧縮機の容量制御装置

・多気筒圧縮機の容量制御装置（**アンローダ**）により，吸込み弁を開放して作動気筒数を減らすことにより，容量を段階的に変えられる方法である．
　たとえば8気筒圧縮機の場合に，8気筒（100%）→6気筒（75%）→4気筒（50%）→2気筒（25%）と使用する気筒数を減らす方法は，蒸発器の負荷減少時に吸込み圧力が低下，冷凍トン当たりの消費電力の増加，成績係数の低下などの防止に有効である．

・圧縮機始動時には，容量制御装置（アンローダ）が付いた多気筒圧縮機では，冷凍機油の油圧が正常値に上がるまでは圧縮機がアンロード状態にあるので，圧縮機始動時の負荷軽減装置としても使用される．

Point

往復圧縮機では，1台当たりの気筒数が1～2の小形のものは，一般に容量制御機構を備えておらず，潤滑方式にはねかけ式や遠心式を用いている．気筒数が4，6，8のものは一般に容量制御機構をもった多気筒圧縮機で，潤滑方式は油ポンプによる強制給油式を用いている．

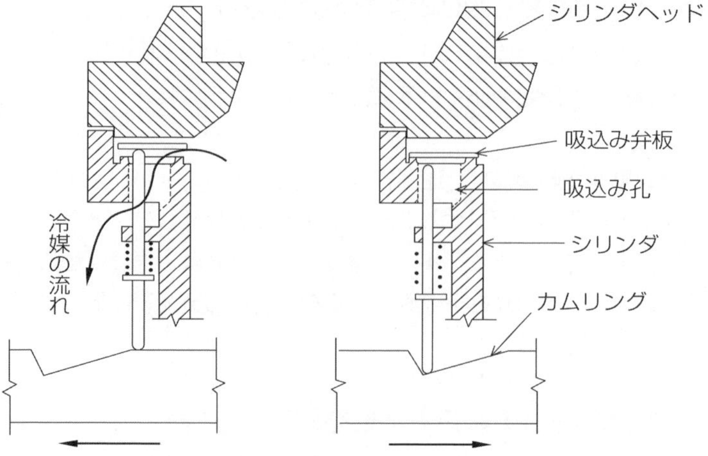

(a) アンローダ作動状態　　(b) ロード状態

図 3.17 多気筒圧縮機の容量制御機構

(2) スクリュー圧縮機の容量制御装置

スクリュー圧縮機は，**スライド弁**（バルブ）で圧縮する長さを変えて圧縮量を調整することにより，ある範囲内で無段階に容量制御することもできる．

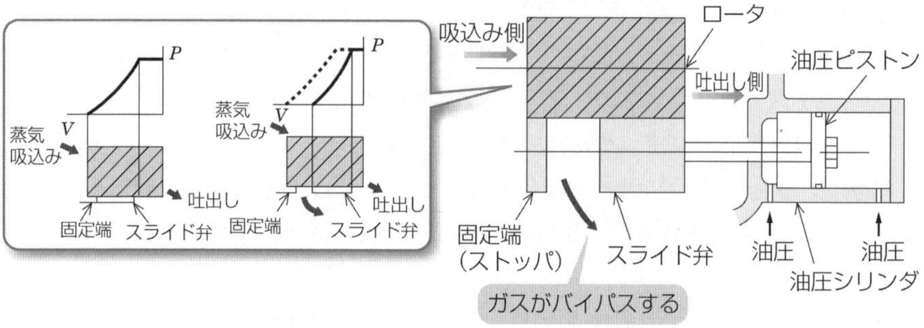

図 3.18 容量制御装置（スクリュー圧縮機）

(3) 遠心圧縮機の容量制御

遠心圧縮機の容量制御は，遠心圧縮機の**吸込み口**に多数の扇状の**羽根**（**ベーン**）で行うが，**低流量**になると不安定な運転による振動や騒音を発生する**サージング現象**を生じる．

7　ホットガスバイパスによる制御

- 定圧ホットガスバイパス弁を用いて，圧縮機の吐出しガスを一部凝縮させずに吸込み側にバイパスする方法である．バイパスされるガスは圧縮機で再圧縮されるので，圧縮機の軸動力は変わらない場合が多いが，膨張弁を通る冷媒循環量が減少するので冷凍能力は低下し，成績係数も低下する．
- 定圧ホットガスバイパス弁は，蒸発器の熱負荷に関係なしに圧縮機を連続運転するために，定圧ホットガスバイパス弁出口側圧力が設定圧力以下に低下すると，自動的に圧縮機吸込み管へホットガスをバイパスさせて，吸込み圧力を所定の圧力に戻す．
- バイパス先として，ホットガスを圧縮機近くの吸込み蒸気配管に吹き込むと，吸込み蒸気の過熱度が大きくなり吐出しガス温度が高くなるので，連続的な長時間運転ができない．この欠点を補う方法として，ホットガスを膨張弁出口側（蒸発器入口側）にバイアスする方法（図 3.19）がある．

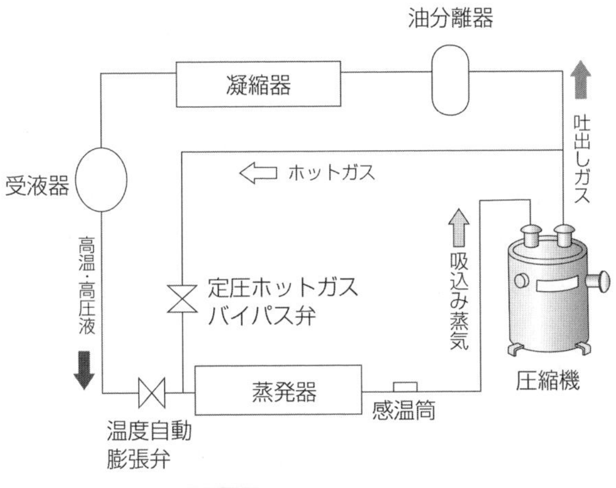

図 3.19　ホットガス方式

例題

次のイ，ロ，ハ，ニの記述のうち，圧縮機について正しいものはどれか．

イ．インバータを用い負荷に合わせて圧縮機の回転速度を調節する容量制御方法では，低速回転から高速回転まで回転速度の範囲を大きく変えると，体積効率は変化するが，冷凍能力は回転速度につねに比例する．

ロ．2 台以上の圧縮機をもった冷凍装置の容量制御では，吸込み圧力の上昇・下降にともなって，圧縮機を順次発停させて段階的に行うが，圧縮機の冷凍機油量が特定の圧縮機に片寄らないように均油と均圧のための配管に注意しなければならない．

ハ．スクリュー圧縮機は，スライド弁の使用によりある範囲内で容量制御を段階的にできるが，無段階にはできない．

ニ．遠心圧縮機の容量制御は，吐出し側にあるベーンによって行う．この場合，低流量になると運転が不安定となり，振動や騒音を発生する．

(1) イ　(2) ロ　(3) ハ　(4) ハ，ニ　(5) イ，ロ，ニ

▶解説

イ：(誤) インバータを用い負荷に合わせて圧縮機の回転速度を調節する容量制御方法では，低速回転から高速回転まで回転速度の範囲を大きく変えると，体積効率は変化するが，冷凍能力は回転速度に**比例しなくなる**．

ロ：(正) 複数台の圧縮機をもった冷凍装置で，低圧圧力スイッチによって容量制御を行う場合には，圧縮機を順次発停させて段階的に行う．圧縮機内のクランクケース内圧力が変動するため，冷凍機油量が特定の圧縮機に片寄るので，均油管，均圧管など油量変動対策が必要である．

ハ：(誤) スクリュー圧縮機は，スライド弁の使用により限定された範囲内で容量制御を**無段階にできる**．

ニ：(誤) 遠心圧縮機の容量制御は**吸込み側**にあるベーンによって行うが，低流量になると不安定な運転による振動や騒音を発生するサージング現象を生じる．

[解答] **(2)**

第4章 伝熱管の伝熱

熱の移動（伝熱）の作用には，熱伝導，熱伝達，放射伝熱（熱輻射）の三つの形式があるが，一般の冷凍装置における伝熱は，熱伝導や熱伝達による伝熱が支配的である．

1 熱伝導

熱伝導とは，物質内の高温端から低温端に向かって，熱が移動する現象である．

(1) 平板壁における熱伝導

単位面積に伝わる伝熱量である熱流束 ϕ〔kW/m^2〕は，物質の温度 t，熱の流れる方向を x 方向とすると，温度分布は直線状で負の勾配より

$$\text{熱流束}\quad \boldsymbol{\phi} = -\lambda\frac{dt}{dx} = -\lambda\frac{t_2 - t_1}{\delta} = \boldsymbol{\lambda}\frac{\boldsymbol{t_1 - t_2}}{\boldsymbol{\delta}}\ \text{〔kW/m}^2\text{〕}$$

ここで，δ：熱移動の距離（物体の厚さ）〔m〕

λ：比例係数（熱伝導率）〔kW/(m·K)〕

Point

単位時間に移動する熱量を伝熱量という．熱流束は，単位面積当たりの伝熱量である．

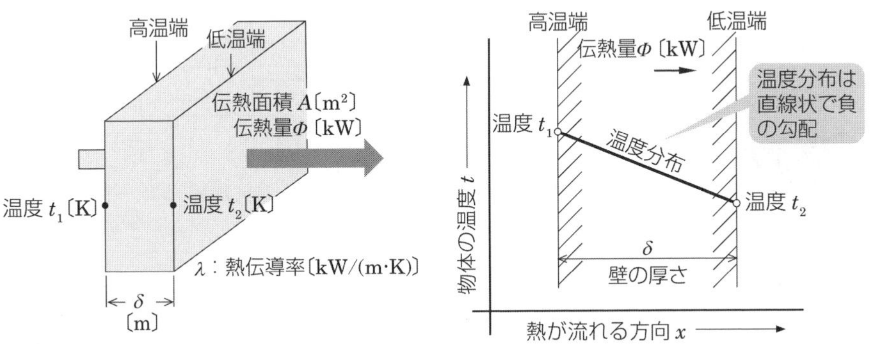

熱流束 ϕ，物体の温度，熱の流れる方向を x 方向とすると，x 方向に温度は低下するから，温度勾配の dt/dx は負となる．したがって，熱伝導を λ とすれば，$\Phi = -\lambda\,(dt/dx)$ の関係がある．これをフーリエの冷却則という．

$$\text{熱伝導による伝熱量}\quad \Phi = -\lambda A\frac{dt}{dx} = \lambda A\frac{t_1 - t_2}{\delta}\ \text{〔kW〕}$$

図 4.1 熱伝導

定常状態での伝熱量 Φ〔kW〕は，伝熱面積 A〔m^2〕とすると

熱伝導による伝熱量（平板壁の場合） $\boldsymbol{\Phi = \lambda A \dfrac{t_1 - t_2}{\delta}}$〔kW〕

・比例係数の λ〔kW/(m·K)〕は，**熱伝導率**といい，物質内の熱の流れやすさを表している．

・$\dfrac{\delta}{\lambda \cdot A}$〔K/kW〕を**熱伝導抵抗**といい，熱の流れにくさを表している．

表 4.1　物質の熱伝導率

物質名	熱伝導率 λ〔W/(m·K)〕	備考
鋼	35 ～ 58	配管材料
アルミニウム	230	
銅	370	
ポリウレタンフォーム	0.023 ～ 0.035	防熱材料
グラスウール	0.035 ～ 0.046	
空気	0.023	—
水	0.59	
氷	2.2	
水あか	0.93	管付着物
油膜	0.14	
雪層	0.1 ～ 0.49	

要点整理

常温，常圧において，鉄鋼，空気，グラスウールのなかで，熱伝導率の値が一番小さいのは空気である．

(2)　円筒壁における熱伝導

図 4.2 に示す円筒壁を半径方向（r 方向）にのみ一様に熱が流れる（一次元的に熱が流れる）場合，円筒の内壁面（半径 r_1）および外壁面（半径 r_2）における温度をそれぞれ t_1，t_2 を与えると長さ L〔m〕の円筒の伝熱量 Φ は次式で表される．

熱伝導による伝熱量（円筒壁の場合）

$$\boldsymbol{\Phi = \frac{2\pi\lambda L}{\ln r_2 - \ln r_1}(t_1 - t_2) = \frac{2\pi\lambda L}{\ln \dfrac{r_2}{r_1}}(t_1 - t_2)}\text{〔kW〕}$$

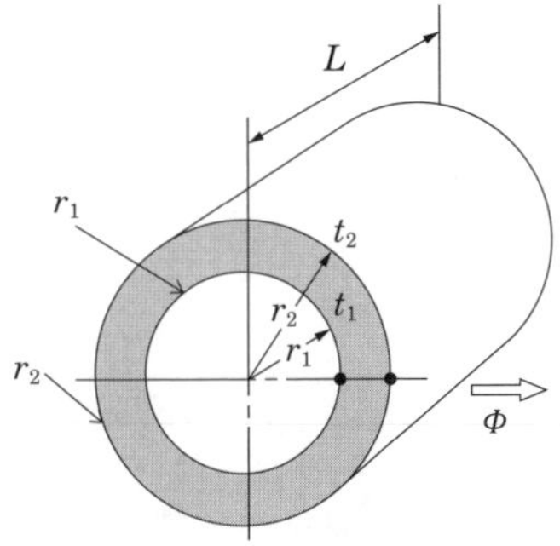

伝熱量

$$\Phi=\frac{2\pi\lambda L}{\ln\frac{r_2}{r_1}}(t_1-t_2)\ \text{〔kW〕}$$

t_1：円筒の内壁面の温度〔K〕
t_2：円筒の外壁面の温度〔K〕
r_1：円筒の内壁面の半径〔m〕
r_2：円筒の外壁面の半径〔m〕
L：軸方向の長さ〔m〕

図 4.2　円筒壁の熱伝導による伝熱量

Point

In は e を底とする自然対数で，10 を底とする常用対数との関係は，In x≒2.303 $\log_{10}x$ である.

2　熱伝達

(1)　熱伝達の種類

熱伝達とは，流体と物体間の熱移動のことで，対流熱伝達，沸騰熱伝達，凝縮熱伝達などがある.

① **対流熱伝達**：固体壁の表面とそれに接して流れている空気や水などの流体との間に温度差があるときの熱の移動である．ポンプや送風機による強制的な流れ場における**強制対流熱伝達**と，流体内の温度差による密度差から発生する流れ場における**自然対流熱伝達**とがある.

② **沸騰熱伝達**：液相から気相へと流体の相変化を伴う熱移動である．具体的には，蒸発器内の冷媒液が蒸発管に触れて沸騰して気化するとともに熱が蒸発管から冷媒に伝わる場合である.

③ **凝縮熱伝達**：気相から液相へと流体の相変化をともなう熱移動である．具体的には，凝縮器内の冷媒蒸気が冷却管に触れて液化するとともに，熱が冷媒から冷却管に伝わる場合である.

Point

沸騰熱伝達や凝縮熱伝達などの相変化を伴う熱移動は，潜熱の吸収あるいは放出を伴うことに特徴がある.

(2)　熱伝達の伝熱量

・固体壁から十分に離れた位置の流体の温度を t_1〔K〕，固体壁表面の温度を t_2〔K〕（$t_1>t_2$）とすると，流体から固体壁に向かって熱が流れる．固体壁表面での熱伝達による伝熱量 Φ〔kW〕は，次式で表される.

コラム

沸騰曲線

沸騰熱伝達における熱流束を加熱面の過熱度に対して示した曲線で，以下の領域に大別できる．

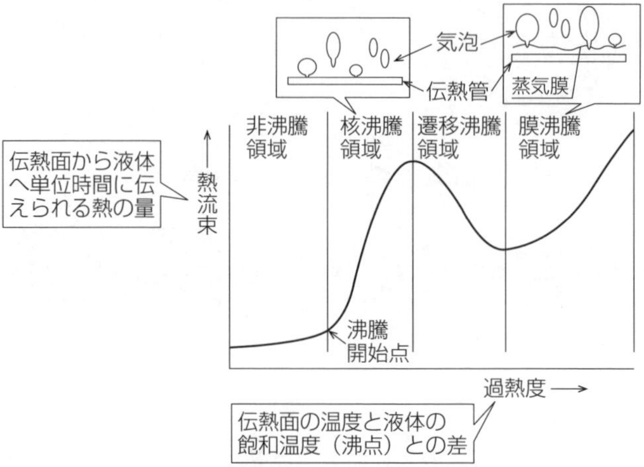

図 4.3　沸騰曲線

① **非沸騰領域**：加熱初期で伝導面温度が低い間は，液体には沸騰が起こらず**自然対流による熱伝導**の状態．

② **核沸騰領域**：液体の温度が上昇して**部分的に沸点に達した点**（発泡核）から蒸気泡が発生した状態．**急激に熱流束が高まる**．

③ **遷移沸騰領域**：発泡核の数が増えて蒸気の発泡周期も短くなり，伝熱面を覆う点状の沸騰は激しくなり，**部分的に蒸気の膜**となってつながった状態．

④ **膜沸騰領域**：伝導面の全面を沸騰した蒸気が膜となって覆い，やがてその**蒸気膜と液体との接触面から直接に沸騰**する状態．

熱伝達による伝熱量　$\Phi=\alpha\cdot A\cdot\Delta t$〔kW〕（ニュートンの冷却則）

熱伝達による伝熱量は伝熱面積 A〔m^2〕と温度差 $\Delta t=(t_1-t_2)$ に正比例する．

・比例係数 α〔$kW/(m^2\cdot K)$〕は**熱伝達率**といい，熱の伝わりやすさを表している（対流熱伝達，沸騰熱伝達，凝縮熱伝達など，流体と物体間の熱移動を扱うための係数）．

・熱伝達率 α の値は，流体の種類，流体の流動状態，固体表面の形状などにより影響を受ける（表 4.2）．

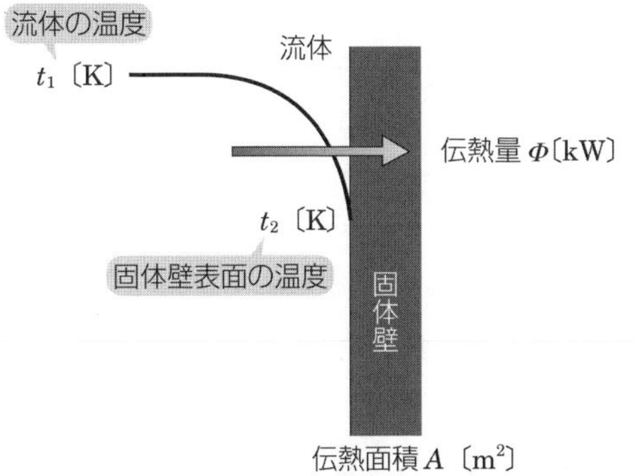

$\Phi = \alpha A \Delta t$〔kW〕
α：熱伝達率〔kW/($m^2 \cdot$K)〕
A：伝熱面積〔m^2〕
Δt：温度差（$=t_1-t_2$）〔K〕

図 4.4 固定壁近くの流体内部温度分布

表 4.2 熱伝達率

流体の種類とその状態		熱伝達率 α〔kW/($m^2 \cdot$K)〕	流体の種類とその状態		熱伝達率 α〔kW/($m^2 \cdot$K)〕
気体	自然対流	0.005 ～ 0.012	蒸発面	アンモニア	3.5 ～ 5.8
	強制対流	0.012 ～ 0.12		R22	1.7 ～ 4.0
液体	自然対流	0.08 ～ 0.35	凝縮面	アンモニア	5.8 ～ 8.1
	強制対流	0.35 ～ 12.0		R22	2.9 ～ 3.5

自然対流：流体内の温度差による密度差から発生する流れ場における熱移動
強制対流：ポンプ，送風機などによる強制的な流れ場における熱移動

要点整理

熱伝達率の値は，強制対流熱伝達率のほうが自然対流熱伝達率よりも大きい．
一般に，気体より液体のほうが熱伝達率が大きい．

・$\dfrac{1}{\alpha \cdot A}$〔K/kW〕を**熱伝達抵抗**といい，熱の流れにくさを表している．

3 放射伝熱

ある物質から空間を隔てて離れている物質間で，**電磁波の形で内部エネルギーを相互にやりとりし，それらのエネルギーの差引きの形で行われる熱移動**（伝送媒体の存在を必要としない）が放射伝熱である．放射による伝熱量は，両物体の**絶対温度の 4 乗の差に比例**する．ただし，通常の冷凍装置の伝熱では，放射伝熱の影響をほとんど考慮しなくてよい．

放射エネルギー　$E=\varepsilon\sigma T^4$

ε：物体の放射率(黒体では 1)，T：絶対温度〔K〕

σ：ステファン・ボルツマン定数(5.67×10^{-11} kW/m^2·K^{-4})

4　熱通過（熱貫流）

高温流体から固体壁で隔てられた低温流体へ熱が流れる作用である.

(1)　平板壁で隔てられた流体間の熱交換と熱抵抗

①　流体Ⅰ（温度 t_a）から固体壁で隔てられた流体Ⅱ（温度 t_b）に熱が移動する場合，定常状態では図 4.5 に示すような温度分布となる.

- 高温である流体Ⅰに触れている固体壁の伝熱面積に熱伝達により熱が伝わる(熱伝達率：α_1〔kW/(m^2·K)〕).
- 固体壁内では，熱伝導により，固体壁 a 面から b 面に熱が移動する（熱伝導率：λ〔kW/(m·K)〕，δ：壁の厚さ）〔m〕).
- 固体壁 b 面から低温の流体Ⅱへ熱伝達により熱が移動する（熱伝達率：α_2〔kW/(m^2·K)〕).

②　流体Ⅰと流体Ⅱの間の温度差を $\Delta t=t_a-t_b$〔K〕，伝熱面積を A〔m^2〕としたときの伝熱量 Φ（kW）は，次式になる.

熱通過による伝熱量　$\Phi=K\cdot A\cdot\Delta t$〔kW〕

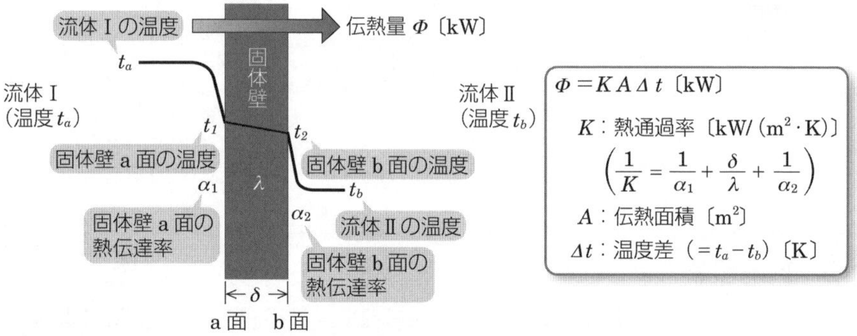

要点整理

水冷凝縮器内での熱交換を考える場合，熱は冷媒蒸気から冷却水へと伝えられるが，冷媒蒸気から冷却管表面へは凝縮熱伝達，冷却管内では熱伝導，冷却管表面から冷却水へは対流熱伝達によって熱が伝えられる.

図 4.5　熱通過（単層平面壁）

③　比例係数 K は**熱通過率**といい，熱の通り抜けやすさをを表し，その値は熱交換器の伝熱性能の良否を示している．

熱通過率 K〔kW/(m^2·K)〕は，図 4.5 の場合，次式で表される．

$$\text{熱通過率}\quad K=\frac{1}{\dfrac{1}{\alpha_1}+\dfrac{\delta}{\lambda}+\dfrac{1}{\alpha_2}}\quad〔\mathrm{kW/(m^2\cdot K)}〕$$

④　$\dfrac{1}{K\cdot A}$〔K/kW〕を**熱通過抵抗**といい，固体壁を隔てて流体の熱の通り抜けにくさを表している．

(2)　実際のフィン付伝熱管の熱通過

・凝縮器や蒸発器の伝熱管には熱伝達率の小さい面にフィンを付け，有効伝熱面積を拡大することで熱効率の向上を図る場合が多い．フィン付伝熱管を使用したときの熱通過量は，次式のように表せる．

$$\Phi=\frac{t_1-t_2}{\dfrac{1}{\alpha_1(A_p+\eta A_f)}+\dfrac{\delta}{\lambda A}+\dfrac{1}{\alpha_2 A}}\quad〔\mathrm{kW}〕$$

ここで，A：平面壁(流体Ⅱ側)の伝熱面積〔m^2〕

A_p：裸表面(流体Ⅰ側)の伝熱面積〔m^2〕

A_f：フィン表面(流体Ⅰ側)の伝熱面積〔m^2〕

η：**フィン効率**(フィンの全表面がフィン根元温度に等しいと仮定したときのフィン部の伝熱量に対する実際のフィンの伝熱量の比で，この値は，フィン材の熱伝導率，フィンの形状，熱伝達率などによって変わる)

Point

フィンを付けた実際の熱交換器では，フィンの全表面温度がフィン根元温度と等しくならないため，フィン効率は必ず 1 以下となる．

・フィンを付けた側の伝熱面積とフィンが付いていない側の伝熱面積との比として，**有効内外伝熱面積比**が用いられる．

$$\text{有効内外伝熱面積比}\quad m=\frac{\text{拡大面有効伝熱面積(フィン側)}}{\text{平面壁伝熱面積(フィンなし側)}}$$

$$=\frac{A_p+\eta A_f}{A}$$

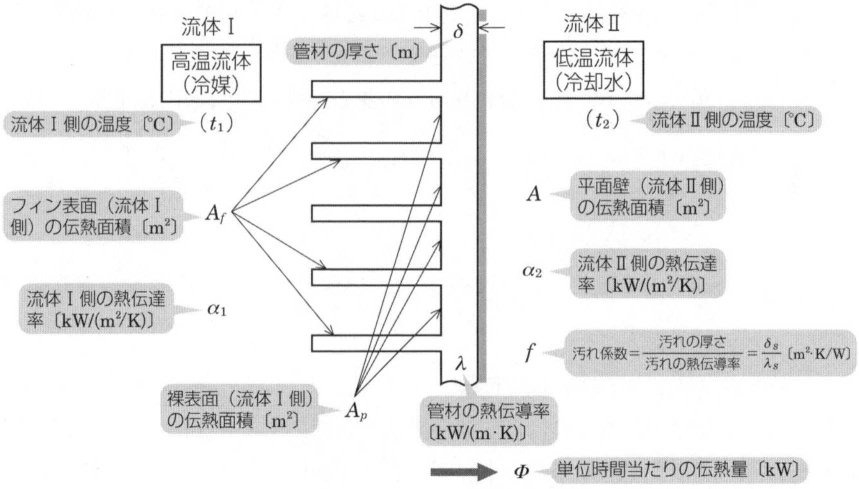

図 4.6 熱通過（単層平面壁）

水冷凝縮器に用いる冷却管のローフィンチューブでは，有効内外伝熱面積比（管外のフィン側有効伝熱面積と管内側伝熱面積との比）m**＝3.5～4.2 の値**である（空冷凝縮器では $m = 18 \sim 22$）．

・伝熱面に水あかなどの汚れが付着し，熱抵抗が増加し，伝熱管の熱通過率は低下する．水あかなどの汚れによる熱抵抗を**汚れ係数** f といい，汚れの厚さを汚れの熱伝導率で除した値で表す．

$$\text{汚れ係数}\quad f = \frac{\text{汚れの厚さ}}{\text{汚れの熱伝導率}} = \frac{\delta_s}{\lambda_s}\ 〔\mathrm{m^2 \cdot K/W}〕$$

いま，汚れが流体Ⅱ側の伝熱面に付着しているとすると，熱通過抵抗に汚れによる熱伝導抵抗 $\frac{f}{A}$〔K/kW〕を加えることになる．

$$\boldsymbol{\Phi} = \frac{\boldsymbol{t_1 - t_2}}{\dfrac{1}{\alpha_1(A_p + \eta A_f)} + \dfrac{\delta}{\lambda A} + \dfrac{1}{\alpha_2 A} + \dfrac{f}{A}}\ 〔\mathbf{kW}〕$$

・空冷凝縮器における平均熱通過率の値は，一般に，冷却管壁の熱伝導抵抗や汚れなどの項の影響が小さい．

・水冷凝縮器における冷却管の熱通過抵抗は，熱伝達抵抗と汚れ係数の値の影響が大きく，管材の熱伝導率の値の影響は小さい（管材の熱伝導率の値が大きく，かつ，薄い金属であるので，それの熱伝導抵抗は小さくなる）．

Point

フィン付伝熱管の熱通過率の計算問題は，1種冷凍試験で出題されている．2種冷凍試験では，有効内外伝熱面積比や汚れ係数などの用語や式の理解を問う文章問題の出題が多い．

・フィン付伝熱管の熱通過の伝熱量 Φ および熱通過率 K は，伝熱面積基準としてフィン側（流体Ⅰ側）にとる場合とフィンの付いていない壁面側（流体Ⅱ側）にとる場合とがある．水冷凝縮器に用いる冷却管のローフィンチューブでは，一般に外表面にフィンがあるので外表面積基準（次の①の場合）を用いる習慣になっている．

① フィン側（流体Ⅰ側）の有効伝熱面積（$A_P+\eta A_f$）を基準とした場合（外表面基準）

・伝熱量　$\Phi = K_o(A_p+\eta A_f)(t_1-t_2)$〔kW〕

・熱通過率

$$K_o = \frac{1}{\dfrac{1}{\alpha_1}+\left(\dfrac{A_p+\eta A_f}{A}\right)\left(\dfrac{\delta}{\lambda}+\dfrac{1}{\alpha_2}+f\right)}$$

$$= \frac{1}{\dfrac{1}{\alpha_1}+m\left(\dfrac{\delta}{\lambda}+\dfrac{1}{\alpha_2}+f\right)} \text{〔kW/(m}^2\cdot\text{K)〕}$$

② フィンが付いていない側（流体Ⅱ側）の伝熱面積 A を基準とした場合（内表面基準）

・伝熱量　$\Phi = K_i A(t_1-t_2)$〔kW〕

・熱通過率

$$K_i = \frac{1}{\dfrac{A}{\alpha_1(A_p+\eta A_f)}+\dfrac{\delta}{\lambda}+\dfrac{1}{\alpha_2}+f}$$

$$= \frac{1}{\dfrac{1}{m\alpha_1}+\dfrac{\delta}{\lambda}+\dfrac{1}{\alpha_2}+f} \text{〔kW/(m}^2\cdot\text{K)〕}$$

なお，伝熱面 A（流体Ⅱ側）を基準とした熱通過率 K_i とフィン側（流体Ⅰ側）の有効伝熱面積を基準とした熱通過率 K_o とには，$K_i=mK_o$ の関係がある．

5　算術平均温度差と対数平均温度差

・蒸発器や凝縮器の熱交換器では，高温流体と低温流体の温度は熱交換によって，伝熱面に沿って流れ方向に変化するので，交換熱量計算の温度差は平均温度差を使用する．

・平均温度差の求め方として，**算術平均温度差**と**対数平均温度差**がある．

Point
算術平均温度差と対数平均温度差で求められた伝熱量の誤差は4%以内である.

熱交換器における伝熱量の計算では，正確に求める場合には対数平均温度差を用いるが，冷凍装置の熱交換器である凝縮器あるいは蒸発器のように Δt_1 と Δt_2 との差がほとんどない場合には，**近似式の算術平均温度差が多用**される．

図 4.7 において，高温流体入口における両流体の温度差を Δt_1，出口における温度差を Δt_2 としたときの算術平均温度差は次式になる．

$$\text{算術平均温度差}\quad \boldsymbol{\Delta t_m = \frac{\Delta t_1 + \Delta t_2}{2}}\ \text{〔K〕}$$

$$= \frac{t_k - t_{w1} + t_k - t_{w2}}{2} = \boldsymbol{t_k - \frac{t_{w1} + t_{w2}}{2}}\ \text{〔K〕}$$

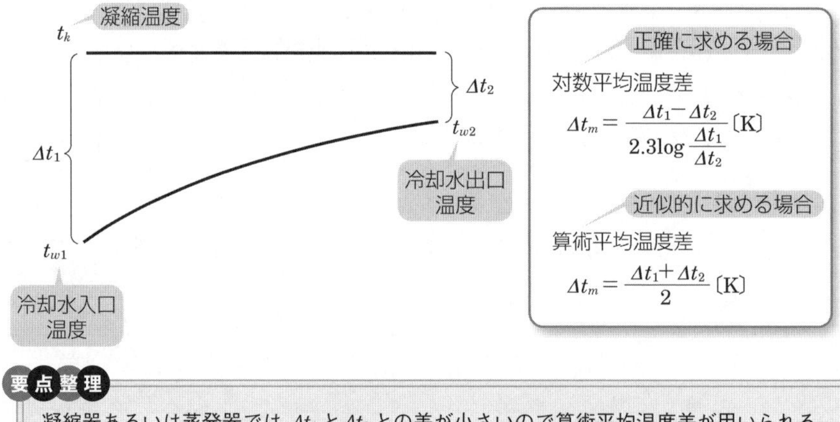

要点整理
凝縮器あるいは蒸発器では，Δt_1 と Δt_2 との差が小さいので算術平均温度差が用いられる.

図 4.7　平均温度差

コラム

熱抵抗と電気抵抗

電気の場合，電圧（電位差）と電流，抵抗の関係は，オームの法則で表される．熱の場合には，電位差→温度差，電流→熱流束，電気抵抗→熱抵抗，というように置き換えることで，「オームの法則」と同じように熱抵抗の計算が可能になる．

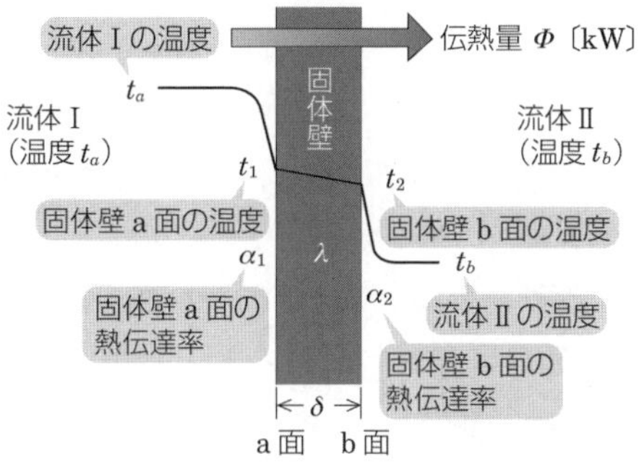

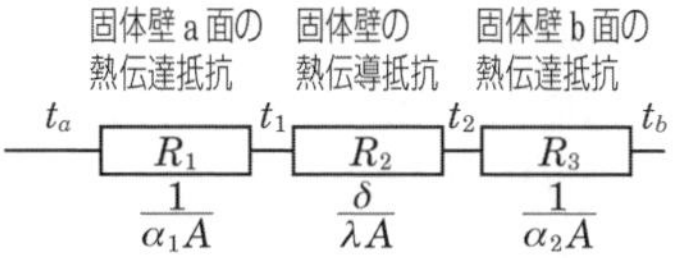

熱通過抵抗　$R = R_1 + R_2 + R_3$

$$= \frac{1}{KA} = \frac{1}{\alpha_1 A} + \frac{\delta}{\lambda A} + \frac{1}{\alpha_2 A}$$

熱通過率 K の値は，熱伝達率の α_1 と α_2，熱伝導率 λ，固体壁の厚さ δ の値が与えられれば，次式から算出できる．

$$\frac{1}{K} = \frac{1}{\alpha_1} + \frac{\delta}{\lambda} + \frac{1}{\alpha_2}$$

図 4.8　熱通過率の算出

例 題

次のイ，ロ，ハ，ニの記述のうち，伝熱について正しいものはどれか．

イ．固体壁を介して一方の流体から他方の流体へ熱が伝わる際の熱通過量は，両壁面における熱伝達率の和に，流体間の温度差と伝熱面積を乗ずることで求められる．

ロ．流体と固体壁面との間の熱移動現象が対流熱伝達であるが，その流体の種類により熱の伝わりやすさを示す熱伝達率の大きさが異なる．一般的な流動状態では，自然対流より強制対流のほうが，また液体よりも気体のほうが熱伝達率は大きい．

ハ．相変化をともなう熱移動現象は，気相から液相に相変化する場合の凝縮熱伝達や，液相から気相に相変化する場合の沸騰熱伝達などがある．

ニ．フィン付伝熱面の伝熱について，平面壁の面積を基準にした熱通過率を K_i，フィン側の面積を基準とした熱通過率を K_o，有効内外伝熱面積比を m とすると，これらの量の間に $K_i = mK_o$ の関係がある．

(1) イ，ハ　(2) ロ，ニ　(3) ハ，ニ　(4) イ，ロ，ハ　(5) イ，ロ，ニ

▶解説

イ：(誤) 固体壁を介して一方の流体から他方の流体へ熱が伝わる熱通過量は，流体間の温度差，伝熱面積および熱通過率の積で求められる．熱伝達率の和ではない．

ロ：(誤) 流体と固体壁面との間の熱移動現象が対流熱伝達であるが，その流体の種類により熱伝達率の大きさが異なる．一般的な流動状態では，自然対流よりも強制対流のほうが，気体よりも液体のほうが熱伝達率は大きい．

ハ：(正) 蒸発器内で，冷媒液が沸騰して気化するとともに熱が蒸発管から冷媒に伝わる沸騰熱伝達や凝縮器内で，冷媒蒸気が液化するとともに，熱が冷媒から冷却管に伝わる凝縮熱伝達などがある．

ニ：(正) 平面壁の面積を基準にした熱通過率 K_i とフィン側の面積を基準とした熱通過率 K_o の量の間に次式の関係がある．

$$K_i = \frac{1}{\dfrac{1}{m\alpha_1} + \dfrac{\delta}{\lambda} + \dfrac{1}{\alpha_2} + f} = \frac{m}{\dfrac{1}{\alpha_1} + m\left(\dfrac{\delta}{\lambda} + \dfrac{1}{\alpha_2} + f\right)} = mK_o$$

[解答]　**(3)**

例題

次のイ，ロ，ハ，ニの記述のうち，伝熱について正しいものはどれか．

イ．空冷凝縮器の熱交換では，熱は冷媒蒸気から空気へと伝えられる．その熱交換の過程は，冷媒蒸気から冷却管内表面へは凝縮熱伝達によって，冷却管材内では熱伝導によって，冷却管外表面から空気へは対流熱伝達によってそれぞれ熱が伝えられる．

ロ．フィン効率は，フィンの全表面がフィン根元温度に等しいと仮定したときのフィン部の伝熱量に対する実際のフィンの伝熱量の比である．この値は，フィン材の熱伝導率，フィンの形状，熱伝達率などによって変わる．

ハ．円筒壁を半径方向（r 方向）にのみ一様に熱が流れる場合，円筒の内壁面（半径 r_1）および外壁面（半径 r_2）における温度をそれぞれ t_1，t_2 とすると，半径 r が大きくなる方向への円筒壁の熱伝導による伝熱量 Φ は，$(t_1-t_2)/(\mathrm{In}r_2-\mathrm{In}r_1)$ に比例する．

ニ．実際の熱交換器では，伝熱管に水あかなどの汚れが付着し，熱伝導抵抗が増大する．この汚れ係数は，汚れの熱伝導率を汚れの厚さで除して求めることができる．

(1) イ，ロ　(2) イ，ニ　(3) ロ，ハ　(4) ロ，ニ　(5) イ，ロ，ハ

▶解説

イ：（正）相変化をともなう熱移動現象は，気相から液相に相変化する場合（凝縮器内）の凝縮熱伝達や，液相から気相に相変化する場合（蒸発器内）の沸騰熱伝達などがある．

ロ：（正）フィンからの実際の伝熱量と，フィン全体が根元の温度としたときの伝熱量の比をフィン効率と定義している．

ハ：（正）円筒壁を半径方向（r 方向）にのみ一様に熱が流れる場合，位置 r における温度を t とすると，熱流束は温度勾配（dt/dr）に比例する．この式を積分し，円筒壁の伝熱量を求める．

ニ：（誤）汚れ係数は，汚れの厚さを汚れの熱伝導率で除して求める．

$$汚れ係数\quad f=\frac{汚れの厚さ}{汚れの熱伝導率}=\frac{\delta_s}{\lambda_s}\ 〔\mathrm{m}^2〕$$

[解答]　**(5)**

第5章　凝縮器

5-1　凝縮器の凝縮負荷と伝熱作用

1　凝縮器の凝縮負荷（凝縮器で放出する凝縮熱量）

・凝縮器は，圧縮機で圧縮された高温・高圧の冷媒ガスを，水や空気で冷却して凝縮し，高温・高圧の冷媒液にする熱交換器である．

・凝縮器において，冷媒から熱を取り出して凝縮させるとき，取り出さなければならない熱量（凝縮負荷）$\boldsymbol{\Phi_k}$ は，冷凍能力（冷凍負荷）$\boldsymbol{\Phi_o}$ に圧縮機の入力に相当する熱量 $\boldsymbol{P}$ を加えたものである．

凝縮負荷　$\Phi_k = \Phi_o + P$〔kW〕

・圧縮機の入力 P は，圧縮機の構造により次の値を用いる．

① 開放圧縮機の場合は，圧縮機の軸動力を用いる．

② 密閉圧縮機の場合は，圧縮機の軸動力と電動機での発熱量の和を用いる．

③ 圧縮室に油噴射を行うスクリュー圧縮機は，圧縮機の入力に相当する熱量を加え，冷凍機油の噴霧によって冷媒ガスから除去した放熱量を減じた値を用いる．

・凝縮負荷 Φ_k と冷凍能力 Φ_o の比（＝凝縮負荷／冷凍負荷）$\Phi_k／\Phi_o$ の値は，凝縮温度を高く，また蒸発温度を低く設定するほど大きくなる．冷凍・冷蔵の運転条件の場合には 1.3 ～ 1.5 程度の値である（通常の空調の場合は，1.1 ～ 1.2）．

・凝縮負荷は，冷房や冷凍の場合には，凝縮器で水，空気の冷却媒体によって外部に放出される熱量となるが，ヒートポンプサイクルにおける暖房の場合には，空気や水を加熱するための出力となる（ヒートポンプ装置の**加熱入力**と呼ばれる）．

> **Point**
> 密閉圧縮機は，電動機巻線が冷媒蒸気で冷却されているので，電動機の入力（消費電力）のすべてが熱として冷媒に加えられる．

> **Point**
> スクリュー圧縮機は，ロータとケーシングの隙間などをシールするため，冷凍機油を圧縮機内に噴霧して，吐出し冷媒ガスを 80 ～ 90℃に冷却している．

> **Point**
> 冷凍装置の効率のよい運転は，できるだけ凝縮温度は低く，蒸発温度は高くすればよい．

2　凝縮器の伝熱作用

・熱交換器である凝縮器（蒸発器も熱交換器である）では，冷媒と冷却媒体（冷却水または空気）との間で熱交換が行われる．

・凝縮熱量（凝縮負荷）Φ_k は，次式で表される．

凝縮熱量　$\Phi_k = K \cdot A \cdot \Delta t_m$

K：熱通過率〔$\mathrm{kW/(m^2 \cdot K)}$〕

A：伝熱面積〔$\mathrm{m^2}$〕

Δt_m：算術平均温度差〔K〕

Point

水冷凝縮器では冷媒と冷却水との間の算術平均温度差が 5 ～ 6 K 程度になるように，空冷凝縮器では入口空気温度よりも 12 ～ 20 K 程度高い凝縮温度になるように，それぞれ伝熱面積が選ばれる．

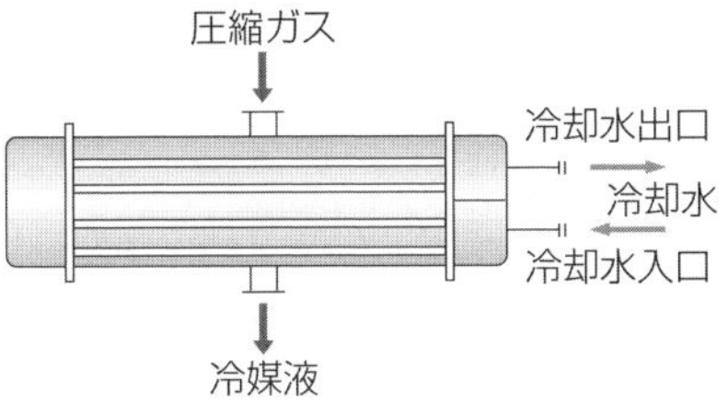

上部から圧縮ガスが凝縮器の中に入り，冷却管の中を通る冷却水に熱を放出（冷媒→配管→冷却水と熱が通過）して凝縮し，冷媒液となって下部から出ていく．

図 5.1　水冷凝縮器

3　利用形態による凝縮器の分類

凝縮器は，その利用形態により大きく空冷式，水冷式，蒸発式の三つに分けられる．

表 5.1　凝縮器の種類

種　類	形　式	冷媒など
空冷式	プレートフィン	フルオロカーボン
水冷式	横形シェルアンドチューブ	フルオロカーボン，アンモニア
	立形シェルアンドチューブ	アンモニア
	二重管（ダブルチューブ）	フルオロカーボン
	ブレージングプレート	フルオロカーボン，アンモニア
蒸発式	裸鋼管	アンモニア

4　空冷凝縮器

- 空冷凝縮器とは，**外気の顕熱を利用**して冷媒を冷却して液化させる凝縮器で，伝熱管とファン（送風機）で構成されている．冷却塔や水配管が不要でメンテナンス作業をあまり必要としないのため，中・小形のフルオロカーボン冷凍装置で広く使用されている．
- 冷媒を凝縮させるのに外気の顕熱を利用しているので，外気温度が高くなると凝縮温度も高くなり，圧縮機の軸動力が大きくなる．また，冬期に凝縮圧力が異常に低下するのを防止するために，**凝縮圧力調整弁**を使用する場合が多い．
- 空冷凝縮器は，冷却管に導かれた冷媒過熱蒸気を外面から大気で冷却し凝縮させるが，空気側の熱伝達率が冷媒側に比べて小さいため，これを補うのに**空気側（冷却管外側）**にアルミニウム製の薄板でつくられた**フィン**を付けた内面溝付管（冷却管内面にも微細な溝加工した管）を使用して，冷却管の単位長さ当たりの伝熱面積を増大している（内外面積比は通常 18 ～ 22）．
- 冷却管の総管長は相当長くなるので，冷媒の圧力降下が許される範囲内になるよう，一般に総管長を複数に分割し，これらを並列に接続している．
- 空冷凝縮器に入る空気の流速（前面風速）を大きくすると，空気側の熱伝達率は向上するが，空気抵抗が増大してファン動力は大きくなる．また，風速が大きくなれば騒音も高くなる．

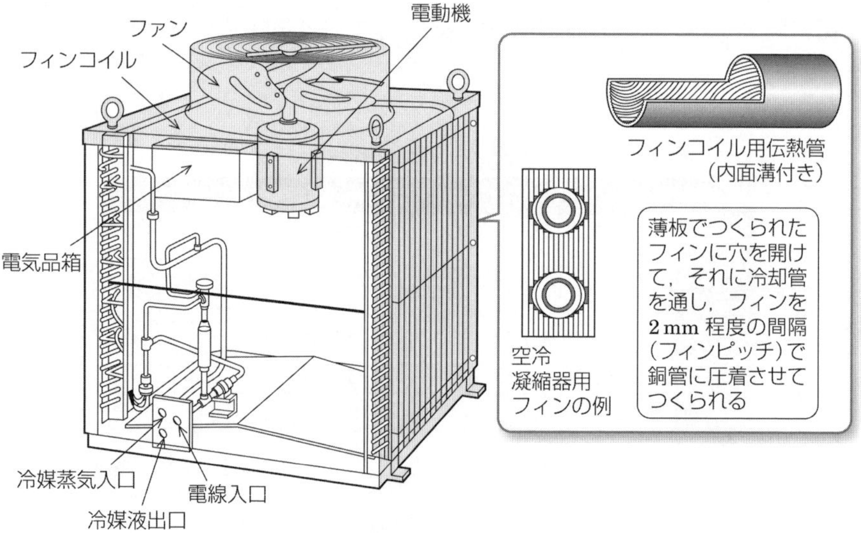

図 5.2　空冷凝縮器

・空冷凝縮器の熱伝達率を大きく確保しながら騒音を低く抑えるなどのために，一般に，**前面風速は 1.5 ～ 2.5 m/s**，ファン回転速度は 1 000 min^{-1} 程度としている．

5　水冷凝縮器

水冷凝縮器は，**冷却水の顕熱を利用**して凝縮負荷を取り去る凝縮器で，横形，立形のシェルアンドチューブ凝縮器や二重管（ダブルチューブ）凝縮器などがある．一般に冷却塔と組み合わせて使用する．

(1)　横形シェルアンドチューブ凝縮器

・シェル（鋼板製または鋼管製の円筒胴）とチューブプレート（管板）に拡管して圧着（あるいは溶接）されたチューブ（冷却管），および取外し可能な構造になっている水室カバーから構成されている．

・冷却管の中を冷却塔からの冷却水が流れ，円筒胴の内側と冷却管の間の空間を圧縮機からの冷媒蒸気が流れる．高温高圧の冷媒蒸気が冷却管外表面で接触して凝縮し液化する．冷媒液は凝縮器の底部に溜まり，液出口から受液器または膨張弁に向かって送り出される．

・管板の外側に取り付けた水室に冷却水通路の仕切りを設け，冷却水が冷却管内を数回往復する**多通路式**（冷却水が 2 往復する場合は 4 パス）が多く，パス数（冷却水の折返しの数）を多くすると，水速が速くなり，熱通過率は増大する．

・冷却水の冷却管流速が速いほど冷却水側の熱伝達率は大きくなり，熱通過率が大きくなるが，管内面の腐食（乱流腐食）や水の流れの抵抗による冷却水ポンプの所要動力が大きくなるので，**適切な流速として 1 ～ 3 m/s の範囲**になるようにしている．

・**フルオロカーボン用水冷凝縮器**では，管外表面における冷媒側の熱伝達率が管内面の水側の熱伝達率よりかなり小さいため，冷媒側の管外表面に**フィン（ひれ）をつけた銅製のローフィンチューブ**を使用して伝熱面積（冷媒に接する冷却管全体の外表面）を大きくしている（**有効内外伝熱面積比 m＝3.5 ～ 4.2 の範囲**）．

> **Point**
> 水＞冷媒＞空気の順に熱伝達率が小さくなる．

・**アンモニア用水冷凝縮器**では，銅系材料が腐食されることと，冷媒側の熱伝導率がフルオロカーボンに比べて 2 ～ 3 倍大きいことから**鋼管の平滑管**（裸管：特に加工をしていない管）が使用されてきたが

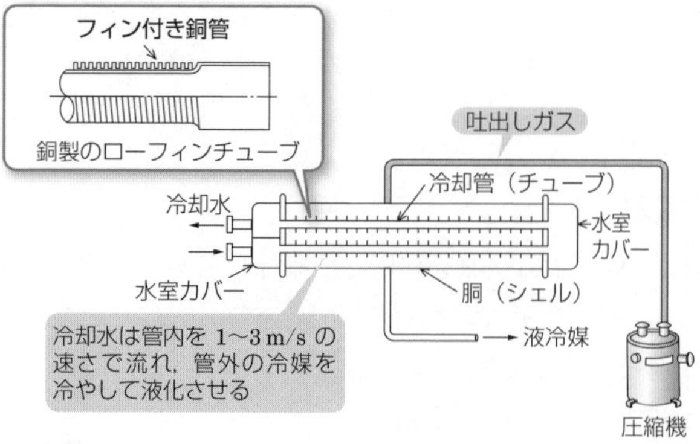

図 5.3　シェルアンドチューブ凝縮器（フルオロカーボン冷媒）

最近，小形化のために鋼管のローフィンチューブを使用するようになってきた．

(2)　立形シェルアンドチューブ凝縮器

立形シェルアンドチューブ凝縮器は，主として**アンモニア冷媒を用いた大形の冷蔵庫用凝縮器**に用いられている．立形凝縮器は，冷却水が上部の水受スロットを通り，重力でチューブ内を落下して，下部の水槽に落ちる構造で，据付面積が少なく，多少汚れた冷却水でも使用でき，運転中に掃除ができるなどの特徴をもっている．

(3)　二重管（ダブルチューブ）凝縮器

・二重管凝縮器は，主として**フルオロカーボン冷媒**を使用した小形・小容量の冷

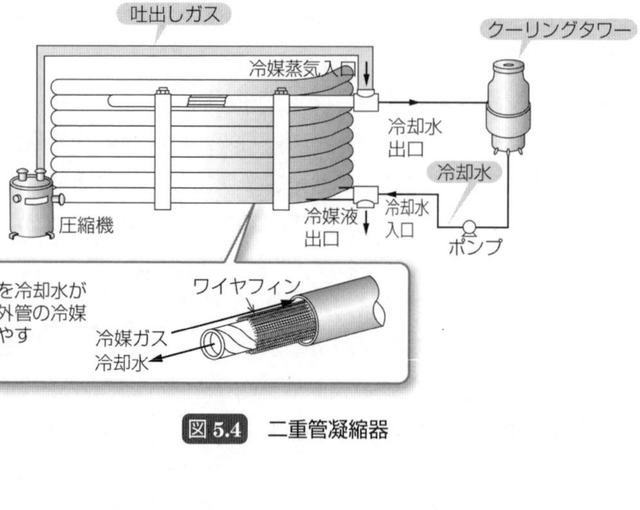

図 5.4　二重管凝縮器

凍装置に使用されている．

・同心の二重構造の管で，**フルオロカーボン冷媒蒸気は内管と外管との間を上から下へ流れ，冷却水は内管を下から上へ流れる**．なお，内管の外表面には，冷媒側の熱伝達が悪いため**ワイヤフィン**が付いている．

(4)　ブレージングプレート凝縮器

・最近，小形で高性能な熱交換器として，板状の**ステンレス製の伝熱プレート**を多数に積層し，プレートの端面を相互に銅やニッケルで全周ブレージング（ろう付け）して密封したブレージングプレート凝縮器が広く用いられている．

・伝熱プレートは，ステンレスの薄板に凹凸の波形パターンをプレス加工により施し，伝熱性能を高めている．

・ブレージングプレート凝縮器は，小形で高性能であり，装置への冷媒充填量が少ない特長があるが，冷却水側のスケール付着や詰まり，応力集中による疲労割れなどのおそれがある．

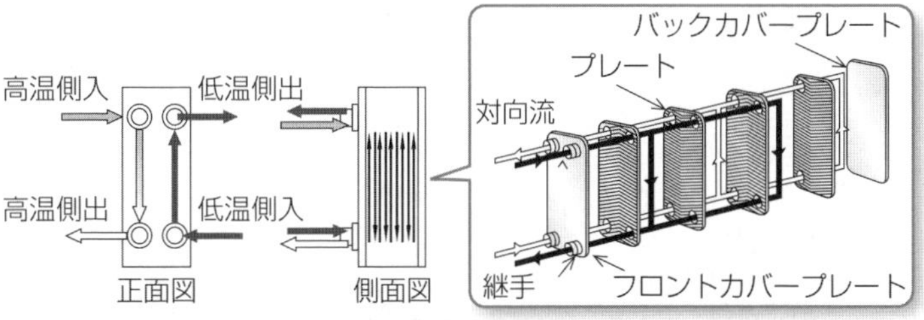

流体は，各プレート間にできた通路を 1 枚おきに高温流体と低温流体が対交流となって交互に流れ熱交換する．

図 5.5　ブレージングプレート凝縮器の冷媒と冷水の流れ

6　冷却塔（クーリングタワー）

・開放形冷却塔では，水冷凝縮器で使用されて温度の高くなった冷却水を，冷却塔の上部の散水ヘッダから充填材に散水し，ファンにより冷却塔下部から吸い込んだ空気と充填材の表面で接触させる．そして，散水された冷却水の一部が蒸発し，その**蒸発潜熱**で冷却水が**冷却**されるので，凝縮器用冷却水として再使用することができる．

・密閉形冷却塔の場合は，冷却水を管の中に通し，管の外側に水（散布水）を散水し，これに空気を送って冷却する．密閉形，開放形とも，水の蒸発潜熱で冷却水を冷やすという原理は同じである．

・**冷却塔の性能は，水温，水量，風量，および湿球温度で決まる．**冷却塔の出入口冷却水の温度差を**クーリングレンジ**といい，通常５Ｋ程度である．

> **Point**
> 冷却塔の出口水温と周囲空気の湿球温度との差をアプローチといい，通常５Ｋ程度である．

冷却塔から流下する水の表面からの蒸発量は，ファンによって吸い込まれる入口空気の湿球温度が低いほど多くなり，冷却塔の性能が向上する．

・冷却塔の水の単位時間当たりの蒸発量は**空気と接する面積に比例**するため，大きな表面積をもつ充填材に均一に水を散布し，その表面をゆっくり流下させることにより，水と空気との接触を十分に行えるようになっている．

・冷却塔では冷却水の一部が常に蒸発しながら運転されるため，少なくともその蒸発分の水は補給しなければならない．また余分の水量（ブロー水量）と蒸発量のほかに飛沫による損失を含めて，**冷却塔の補給水量**は，通常の場合，循環水量の２%前後である．

・冷却塔の水質を管理するには，補給水の水質と併せて，大気中の有害なガスなどが溶け込む循環水の水質を定期的に確認する必要がある．

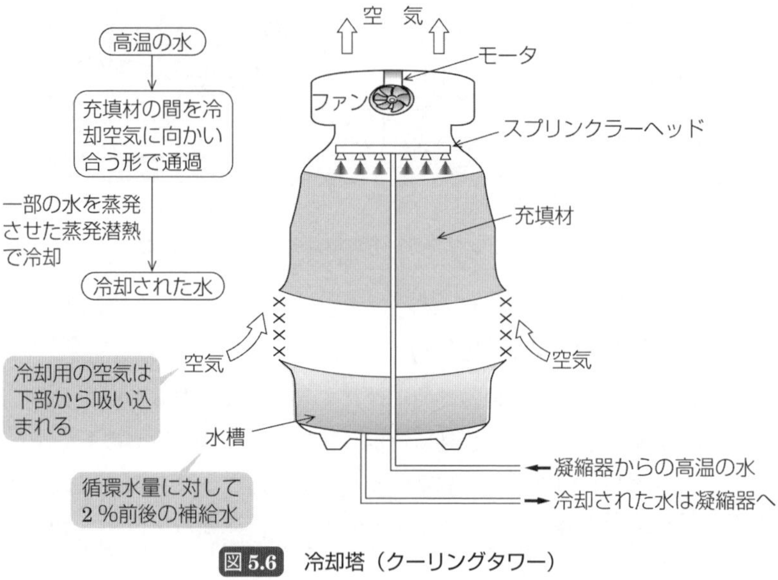

図 5.6 冷却塔（クーリングタワー）

7　蒸発式凝縮器

・蒸発式凝縮器は，冷却コイル外面に散水ヘッダから水を散布して，ブロワ（送風機）で下から送風する．冷媒蒸気は冷却コイル上部から入り，散布される水の一部を蒸発させ，主に水の**蒸発潜熱**により凝縮してコイル下部から冷媒液となって受液器へ向かって流れる．

・蒸発式凝縮器は，凝縮温度を低くできるので，アンモニア冷凍装置に多く使用されているが，フルオロカーボン冷凍装置にも使用されることがある．

・蒸発式凝縮器は，冷却作用のほとんどは水の蒸発潜熱によって行われるので，ほぼ同じ温度で循環する．したがって，冷却塔を使用する水冷凝縮器に比べて，凝縮温度を低く保つことができる．

・水の**蒸発潜熱**を利用して冷却するので，**外気の湿球温度が低いほど**凝縮のための冷却性能が向上し，冷媒の凝縮温度は低下する．冬期に凝縮温度が下がり過ぎる場合には，散水を止めて空冷凝縮器として使用することもある．

・補給水を注入し，良質な水質を維持するため，少量ずつ連続的に水の入れ替えを行う．消費された冷却水の補給量は，蒸発によって失われた水量と不純物の濃縮防止のための水量および飛沫となって失われた水量の和で，冷却塔と同じくわずかな量である．

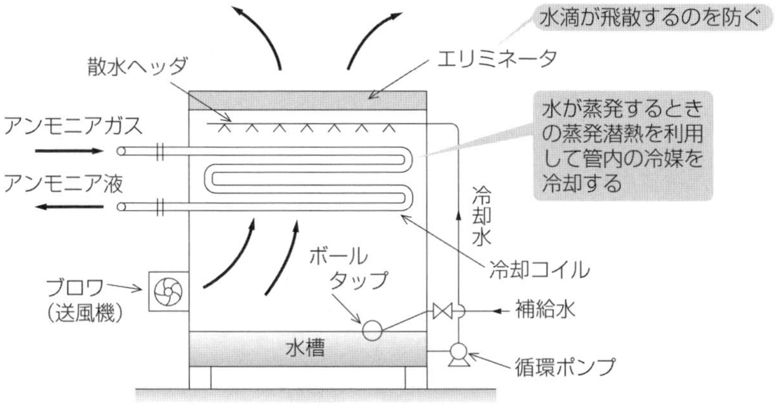

図 5.7　蒸発式凝縮器

例題

次のイ，ロ，ハ，ニの記述のうち，凝縮器について正しいものはどれか．

イ．空冷凝縮器は，冷却管内に導かれた冷媒過熱蒸気を外面から大気で冷却し凝縮させるが，冷媒側の熱伝達率が空気側に比べて小さいので，これを補うために冷却管にフィンをつけて伝熱面積を拡大している．

ロ．横形シェルアンドチューブ凝縮器は，横置きされた鋼板製の円筒胴内に多数の冷却管を配置したもので，冷却管はその両端を鋼製管板に拡管して圧着されている．冷却水は冷却管の外側を流れる．

ハ．水冷横形シェルアンドチューブ凝縮器では，一般に，冷却水側の熱伝達率が冷媒側の熱伝達率より大きいので．管外面の冷媒蒸気側にフィン加工して伝熱面積を拡大する工夫をしている．その代表的な冷却管がローフインチューブである．

ニ．蒸発式凝縮器では，冷却管内に冷媒蒸気を流し，外面に冷却水を散布しながら送風すると，冷媒蒸気から熱を奪って冷却水の一部が蒸発し，主としてその蒸発潜熱で冷媒蒸気が凝縮する．

(1) イ，ロ　(2) イ，ハ　(3) ロ，ハ　(4) ロ，ニ　(5) ハ，ニ

▶解説

イ：（誤）空冷凝縮器は，空気側の熱伝達率が冷媒側に比べて小さいので．これを補うために空気側にフィンをつけて伝熱面積を拡大している．

ロ：（誤）横形シェルアンドチューブ凝縮器の冷却水は，冷却管の内側を流れる．

ハ：（正）水冷横形シェルアンドチューブ凝縮器では，冷却水側の熱伝達率が冷媒側より大きいので，冷媒側にフィン加工したローフィンチューブなどで伝熱面積を拡大している．

ニ：（正）蒸発式凝縮器では，冷却コイルに散水ヘッダから水を散布して，主として水の蒸発潜熱を利用して，冷媒を凝縮させる．

［解答］ **(5)**

例題

次のイ，ロ，ハ，ニの記述のうち，凝縮器について正しいものはどれか．

イ．空冷凝縮器では，空気側の熱伝達率が小さいため，空気側に伝熱面積拡大のためのフィンを設け，適切な風速と空気量を得られるような通過面積（正面面積）を確保し，空気抵抗と騒音にも配慮して通過風速を適切に決めている．

ロ．空冷凝縮器の凝縮熱量の計算に用いる温度差として，実用的には，対数平均温度差の代わりに，冷媒と空気の算術平均温度差を用いることができる．

ハ．蒸発式凝縮器は，主として冷却水の蒸発潜熱で冷媒蒸気を凝縮している．冷却水の補給量は，一般に蒸発によって失われる量と飛沫となって失われる量の和に等しい．

ニ．水冷横形シェルアンドチューブ凝縮器は，冷却管内の冷却水の流速を適切な範囲に保ち，水側の熱伝達率を計画どおりに確保するために管板の外側に取り付けた水室に冷却水通路の仕切りを設けることが多い．これは，多通路式と呼ばれ，冷却管内を冷却水が数回往復する．二往復する場合を2パスと呼ぶ．

(1) イ，ロ　(2) イ，ハ　(3) ハ，ニ　(4) イ，ロ，ニ　(5) ロ，ハ，ニ

▶解説

イ：（正）空冷凝縮器の熱伝達率を大きく確保しながら，騒音を低く抑えるなどのために，一般に前面風速は1.5～2.5 m/sにする．

ロ：（正）空冷凝縮器の凝縮熱量の計算に用いる温度差として，実用的には冷媒と空気の算術平均温度差を，対数平均温度差の代わりに用いることができる．

ハ：（誤）蒸発式凝縮器の冷却水補給量は，一般的には蒸発によって失われる量，**不純物の濃縮防止のための量**および飛沫となって失われる量の和である（冷却塔の場合と同じ）．

ニ：（誤）横形シェルアンドチューブ凝縮器では，管板の外側に取り付けた水室に冷却水通路の仕切りを設け，冷却水が冷却管内を数回往復するものが多く，冷却水が二往復する場合を**4パス**と呼ぶ．

[解答]　(1)

例題

次のイ，ロ，ハ，ニの記述のうち，凝縮器について正しいものはどれか．

イ．冷却塔は，水冷凝縮器において冷媒蒸気から熱を奪って温度の高くなった冷却水を冷却塔内に導き，その一部を蒸発させ，水の蒸発潜熱によって冷却水自身を冷却する．

ロ．二重管凝縮器では，冷媒蒸気は二重管のすきまを下から上へ流れ，冷却水は内側の冷却管内を上から下へ流れる．

ハ．凝縮負荷は，凝縮器において冷媒から放出される単位時間当たりの熱量であり，冷凍負荷と圧縮機駆動の軸動力との和となる，圧縮機内に冷凍機油の噴射を行うスクリュー圧縮機の場合には，この値から油冷却器における放熱量を引いたものが凝縮負荷となる．

ニ．ブレージングプレート凝縮器は，板状のステンレス製伝熱プレートを多数積層し，これらを，ろう付けによって密封した熱交換器である．この凝縮器は，小形高性能であり，冷媒充填量が少なくて済むことなどが特徴である．

(1) イ，ロ　(2) イ，ハ　(3) ハ，ニ　(4) イ，ロ，ハ　(5) イ，ハ，ニ

▶解説

イ：(正) 冷却塔では，冷媒蒸気から熱を奪って温度が高くなった冷却水の一部を蒸発させて，その蒸発潜熱によって冷却水自身を冷却する．

ロ：(誤) 二重管凝縮器では，冷媒蒸気は内管と外管との間を上から下へ流れ，冷却水は内管を下から上へ流れる（冷却水は冷媒の流れ方向と逆向きに流れる）．

ハ：(正) スクリュー圧縮機は，ロータとケーシングの隙間などをシールするため，冷凍機油を圧縮機内に噴霧して，吐出し冷媒ガスを冷却する．冷凍機油によって冷媒ガスが除去した熱は，油冷却器から外部に放出される．

ニ：(正) ブレージングブレート凝縮器は，一般的に小形高性能であり，冷媒充填量が少なくて済むが，冷却水側のスケール付着や詰まりに弱いこと，応力集中による疲労割れなどの欠点がある．

[解答]　**(5)**

6-1 蒸発器の種類

1　蒸発器の分類

蒸発器は，冷媒の蒸発形態によって，乾式蒸発器と満液式蒸発器に大別される（表 6.1）．

表 6.1　蒸発器の種類（冷媒の蒸発形態による）

冷媒の蒸発形態	乾式蒸発器	満液式蒸発器		
	冷却管内蒸発	冷却管外蒸発	冷却管内蒸発	
			自動循環式	強制循環式
代表的な蒸発器の種類	・プレートフィン ・シェルアンドチューブ ・ブレージングプレート	シェルアンドチューブ	・プレートフィン ・ヘリングボーン形	プレートフィン

要点整理

蒸発器は空気や液体，あるいはこれらを介して物体を冷却するのに使用するため，空気を冷却する空気冷却器または，水（ブライン）を冷却する水（ブライン）冷却器と呼ぶことも多い．

2　乾式蒸発器

・乾式蒸発器に供給される冷媒液は，**膨張弁などの絞り膨張機構**で減圧されて湿り蒸気の状態で冷却管入口に入り，伝熱管内を流れながら外面に接した被冷却物から熱を奪って冷媒液が蒸発し，蒸発器を出るときは若干過熱状態となる．

・乾式蒸発器では，**温度自動膨張弁**により感温筒取付け部の冷媒蒸気出口管の温度と圧力を検知して，**出口冷媒の過熱度を一定（3 ～ 5 K）に保つように冷媒流量を調節**している．

・乾式蒸発器には，空気冷却用のプレートフィン（フィンコイル）蒸発器と水（ブライン）冷却用のシェルアンドチューブ蒸発器がある．

（1）　乾式プレートフィン蒸発器（フィンコイル乾式蒸発器）

・乾式プレートフィン蒸発器は，裸管の表面にアルミニウムのプレートフィンを取り付けた構造で，空冷凝縮器と同様のものが使用されている．なお，空調用

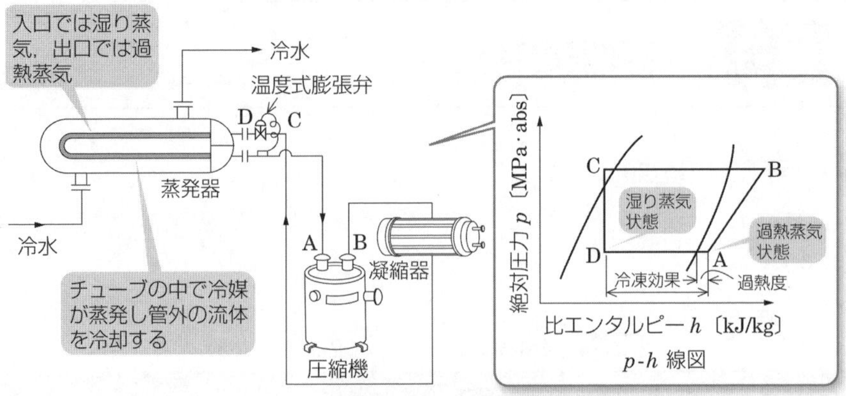

図 6.1　乾式蒸発器

のフィンピッチは 2 mm であるが，**冷凍・冷蔵庫用のユニットクーラのフィンピッチ**は，着霜することを考慮して **6 ～ 12 mm** の間で選ばれる．

・乾式プレートフィン蒸発器では，蒸発部の伝熱に比べて過熱部の伝熱が悪く，冷却にあまり寄与しない過熱部の管長をできるだけ短くすることが望ましい．そのため蒸発器の**冷媒出口側から入口側**に向かって空気を吹き込むように，冷媒と空気とを**向流（対向流）方式**にする（過熱部における冷媒と空気の温度差が大きくなり，過熱部の管長を短くできる）．

・大容量の乾式プレートフィン蒸発器の管群は多数の管路の集合であり，冷媒の

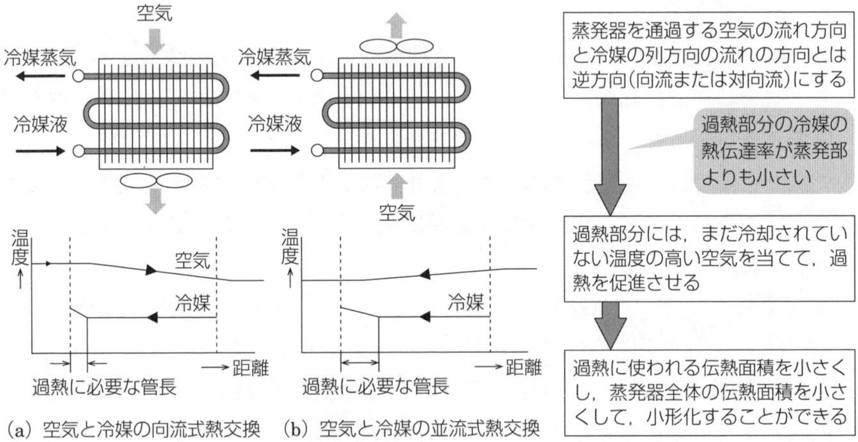

(a) 空気と冷媒の向流式熱交換　(b) 空気と冷媒の並流式熱交換

図 6.2　空気と冷媒の熱交換

圧力損失を減少させるために分割数を増して，1パス当たりの管長を短くするが，各パスを流れる冷媒量が不均一にならないように**ディストリビュータ（冷媒分流器）を膨張弁の出口（蒸発器の入口側）**に取り付ける．なお，ディストリビュータの圧力低下があるので，その分，**膨張弁の容積は小さく**なる（膨張弁前後の圧力差が小さくなる）．なお，冷媒の制御には，内部均圧形温度自動膨張弁では過熱度が適切に制御できないため，外部均圧形温度自動膨張弁を使用する．

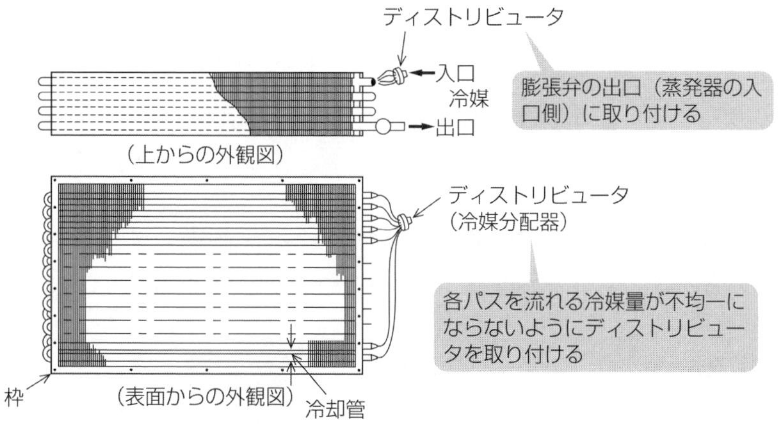

図 6.3　乾式プレートフィン蒸発器

Point

各々のパスへの冷媒供給量がアンバランスになった場合，蒸発しきれなかった冷媒液を感温筒が感知して，膨張弁は閉じるほうに働き，冷媒量を減少させるので，適正な場合に比べて冷却能力は減少する．

(2)　乾式シェルアンドチューブ蒸発器

・水やブラインなどの液体を冷却する**乾式シェルアンドチューブ蒸発器**は，シェルアンドチューブ凝縮器に似た形であるが，冷媒が冷却管（チューブ）内を流れ，水やブラインが胴体（シェル）と冷却管の間を通る構造となっている．

・シェルアンドチューブ乾式蒸発器は，水やブラインの側の熱伝達率を向上させるために胴体側に**バッフルプレート**を設け，水流を冷却管に対してできるだけ直角になるようにする．

・冷媒側熱伝達率は水などの被冷却物側に比べて小さいので，伝熱促進のために，**インナフィンチューブ**，内面溝付き管，らせん形の溝を付けたコルゲートチューブなどが一般に使用される．

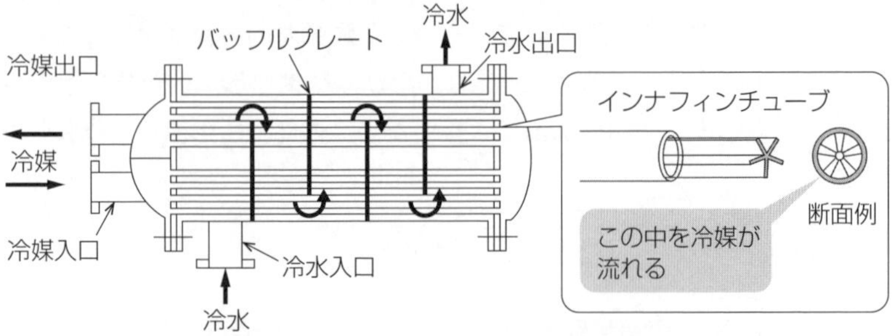

図 6.4　乾式シェルアンドチューブ蒸発器

3　満液式蒸発器

満液式蒸発器は，冷媒が冷却管の外側で蒸発する冷却管外蒸発器と内側で蒸発する冷却管内蒸発器とに大別され，冷却管内蒸発器には自然循環式と強制循環式がある．

(1)　満液式シェルアンドチューブ蒸発器

・満液式シェルアンドチューブ蒸発器は，胴体（シェル）の冷媒中に，水またはブラインが流れる伝熱管群が絶えず浸っている構造の蒸発器で，蒸発した冷媒蒸気は，ほぼ飽和蒸気の状態で圧縮機に吸い込まれる．

・一般に冷却管内を水やブラインが流れ，**冷媒は胴体の下部**から供給される．この方式の特徴は，蒸発器内の冷媒が**核沸騰熱伝達**で蒸発するために**乾式蒸発器に比べて伝熱性能がよく，圧力降下も小さい**．

・冷却管には，一般に**ローフィンチューブ**を用いる．蒸発器内の冷媒の流速がほかの方式に比べて小さいにもかかわらず，**平均熱通過率**は乾式蒸発器よりも大きく，器内冷媒の圧力損失も少なくて済むという特徴がある．

Point

満液式シェルアンドチューブ蒸発器は，乾式シェルアンドチューブ蒸発器よりも器内の冷媒量が多い．

Point

核沸騰とは，液体の温度が上昇して部分的に沸点に達すると気泡が発生する沸騰で，核沸騰熱伝達では，冷媒の飽和温度と冷却管表面温度との温度差が大きいほど沸騰が激しくなり，熱伝達率は大きくなる（p.70 コラム参照）．

Point

ローフィンチューブは，外面に螺旋状のフィンをつくり，表面積を増加させることにより，熱伝達性能を 1.6～2 倍に高める構造である．

・蒸発器出口でほぼ飽和蒸気であり，フロート弁またはフロートスイッチと電磁弁の組合せにより液面レベルの検知により膨張弁開度を調整し，液面位置が一定となるように冷媒流量を制御している．

・冷媒とともに流れ込んだ大部分の油は，蒸発しないため圧縮機に戻らず器内に濃縮されていく．冷媒液面の油濃度の高い冷媒液を処理する必要がある．

> **Point**
> インナフィンチューブ，コルゲートチューブは乾式蒸発器に，ローフィンチューブは満液式シェルアンドチューブ蒸発器や水冷シェルアンドチューブ凝縮器に用いられ，伝熱性能の向上を図っている．

・**油戻しの方法**としては，次の方法などがとられる．

・**フルオロカーボン冷凍装置**では，蒸発器内の冷媒液面近くの，油の濃度の高くなった冷媒液を吸込み蒸気配管へ徐々に返したり，油を含んだ冷媒液を少しずつ抜き出し，液ガス熱交換器などで冷媒液を気化した後，吸込み蒸気配管や圧縮機に油を戻している．

・**アンモニア冷凍装置**では，蒸発器の下部に溜まった油（鉱油）を抜き取り，油溜器などに回収し，廃油としている．

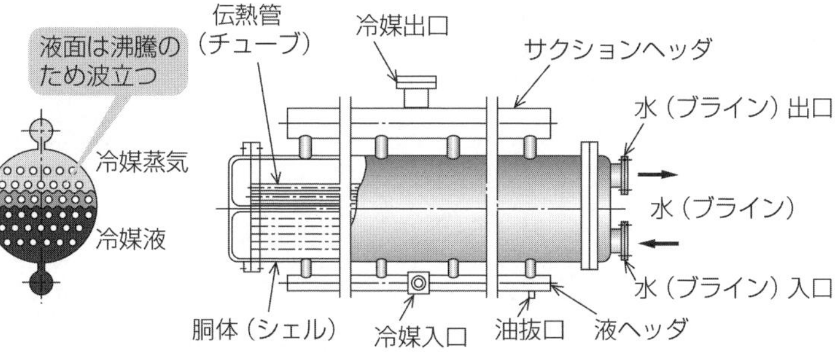

図 6.5　満液式シェルアンドチューブ蒸発器

(2)　満液式プレートフィン蒸発器

・満液式プレートフィン蒸発器は，液集中器（ドラム）で蒸気を分離し，冷媒液面位置を一定に保つようにしている．

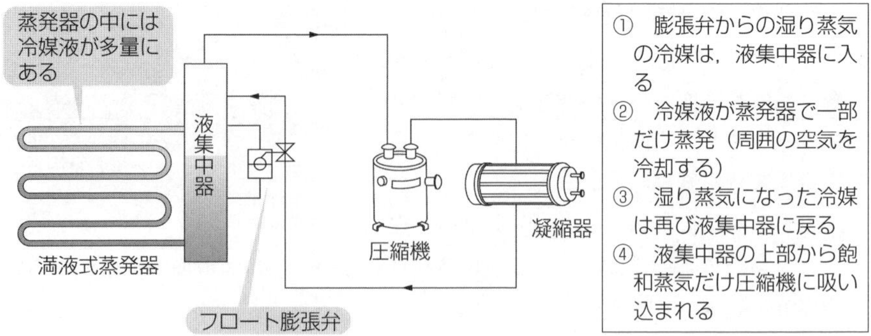

図 6.6 満液式プレートフィン蒸発器

(3) ヘリングボーン形満液式蒸発器

液集中器に連結された下部の冷媒液ヘッダと上部の蒸気ヘッダとの間に「く」の字形の冷却管を多数取り付けた構造で，このヘッダや冷却管部を大きなタンク内に設置し，水やブラインを冷却する目的で用いられる．

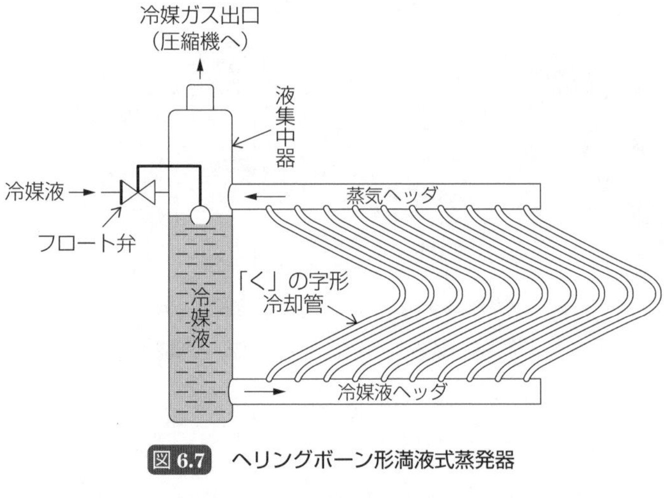

図 6.7 ヘリングボーン形満液式蒸発器

(4) 冷媒液強制循環式（液ポンプ方式）蒸発器

低圧受液器から蒸発器内で蒸発する**冷媒液量の 3 ～ 5 倍の冷媒液**を，**冷媒液ポンプで強制的**に冷却管内に送り，未蒸発の液は気化した蒸気とともに低圧受液器へ戻す方式である．

・冷凍負荷が変動しても液ポンプが**冷媒蒸気を吸い込まないようにする**．

・低圧受液器では，高圧受液器からの冷媒液の流入量をフロートスイッチ，電磁弁および流量調整弁で液面制御する．
・冷媒液ポンプは，低圧受液器の液面より低い位置に置いて，低圧受液器からの飽和状態の冷媒液がポンプ入口までに気化することを防ぐ．
・多数の冷却器を設置しても，離れた場所にある冷却器にまで十分な冷媒液を供給できるが，しかし，低圧受液器，ポンプなど装置は複雑になり，冷媒保有量も多いので**大形の冷凍装置に用いられる**（小形の装置には用いられない）．

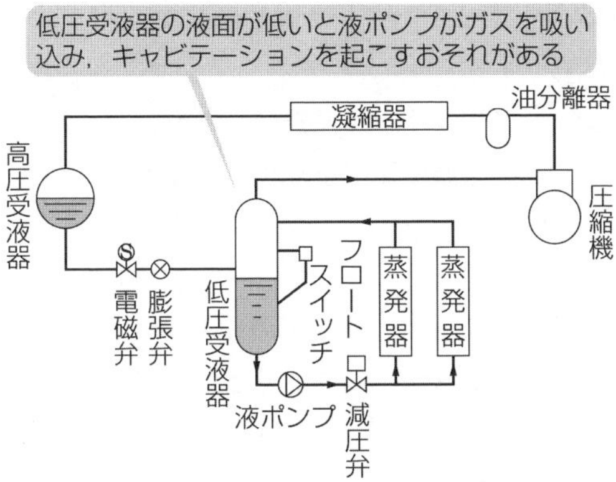

図 6.8　冷媒液強制循環式冷却装置

・冷凍負荷の変動があっても，低圧受液器が蒸発器内の冷媒の状態変動の緩衝器の役割をし，冷凍装置全体への運転状態の影響は少ない．
・冷却管内面の大部分が冷媒液であるから，良好な熱伝達率が得られる．
・冷媒液を液ポンプで強制的に循環させるため，冷凍機油も冷媒液とともに運び出され，蒸発器内に油が滞留することはない．
・冷却管を流れる冷媒流量が多く，圧力降下が大きいので，蒸発器内で冷媒温度が変化（入口から出口に向かって温度が低くなる）するため注意を要する．

Point

冷媒液強制循環式蒸発器では，蒸発器から冷媒液とともに油が低圧受液器に戻るので，冷凍機油の処理は低圧受液器まわりで行う．

例題

次のイ，ロ，ハ，ニの記述のうち，蒸発器について正しいものはどれか.

イ．フィンコイル乾式蒸発器において，冷媒の過熱領域の伝熱面積はほとんど蒸発器の熱交換に寄与しない．過熱領域の伝熱面積を小さくするためには，被冷却物と冷媒は並流（平行流）で熱交換するのが有利である.

ロ．フィンコイル乾式蒸発器の管群は多数の管路の集合であり，各々の管路への冷媒の供給量がなるべく同じ量になるように，ディストリビュータを用いることが多い．各々の管路への供給量がアンバランスになった場合，蒸発器の能力が減少する.

ハ．満液式シェルアンドチューブ蒸発器は，蒸発器内の冷媒が核沸騰状態で蒸発するため，乾式蒸発器に比べ伝熱性能がよく，かつ，圧力降下が少ない．冷却管には，ローフィンチューブが使用されるが，高性能の沸騰伝熱促進管も使用されている.

ニ．冷媒液強制循環式蒸発器は，低圧受液器と液ポンプを備え，蒸発量の3～5倍の冷媒液量を冷却管内に循環させる．冷媒循環量が多く，冷却管内面の大部分が冷媒液でぬれた状態のため，高い熱伝達率が得られる.

(1) イ，ハ　(2) イ，ニ　(3) ロ，ハ　(4) ロ，ニ　(5) ロ，ハ，ニ

▶解説

イ：(誤) フィンコイル乾式蒸発器の冷媒の過熱領域の伝熱面積を小さくするためには，被冷却物と冷媒を向流（対向流）で熱交換させるほうが，並流（平行流）の場合よりも有利である.

ロ：(正) フィンコイル乾式蒸発器は，多数の管路の集合体の管群を構成している．そのため各々の管路への冷媒の供給はできるだけ同じ量になるように，分配器（ディストリビュータ）を用いることが多い．各々のパスへの冷媒供給量がアンバランスになった場合，適正な場合に比べて冷却能力は減少する.

ハ：(正) 満液式シェルアンドチューブ蒸発器の特徴は，蒸発器内の冷媒液が核沸騰熱伝達で蒸発するため，乾式蒸発器に比べて伝熱性能がよく，圧力降下も小さいことである.

ニ：(正) 冷媒液が蒸発器内を強制的に循環し，蒸気の過熱部分がないので，冷媒側熱伝達率は大きい.

[解答]　**(5)**

6-2 蒸発器の能力と伝熱

1 蒸発器の能力

(1) 蒸発器の冷凍負荷

・膨張弁などの絞り膨張機構によって低圧・低温になった冷媒液は，蒸発器（冷却器）の中で被冷却物（空気や水，ブライン）から熱を奪って蒸発し，若干過熱した状態で圧縮機に吸い込まれる．

・冷凍負荷（冷凍能力）Φ_0 は次式によって表される．

$$\boldsymbol{\Phi_0 = K\,A\,\Delta t_m}\ \text{〔kW〕}$$

K：蒸発器の平均熱通過率〔kW/(m^2·K)〕

A：蒸発器の伝熱面積〔m^2〕

Δt_m：冷媒と被冷却物との算術平均温度差〔K〕

・冷却される空気や水などとの冷媒管の算術平均温度差 Δt_m の値は，冷蔵用の空気冷却器では，通常 5 ～ 10 K 程度にし，空調用では，15 ～ 20 K 程度にする．

Point

空気冷却器の熱通過率 K の値と伝熱面積 A が変わらなければ，空気と冷媒との算術平均温度差 Δt_m が大きくなると伝熱量（冷凍能力（Φ_o））は増大する．

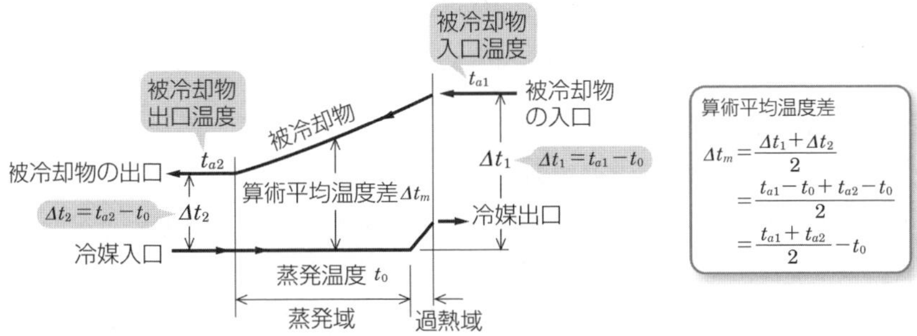

要点整理

正確に平均温度差を求める場合には対数平均温度差を用いるが，実用的には被冷却物が入口から出口に向かって直線的に温度降下すると仮定して，算術平均温度差を用いる．

図 6.9　蒸発器における算術平均温度差

・蒸発器の冷凍能力は，熱通過率，伝熱面積，蒸発温度と被冷却物との算術平均温度差の積になるので，冷凍能力一定の場合，**蒸発温度と被冷却物との温度差が小さい**と大きな伝熱面積の蒸発器が必要となる．また，**蒸発温度と被冷却物との温度差を大きくする場合**は，蒸発温度を下げなければならない．蒸発温度（蒸発圧力）が低下すると，比体積が大きくなって（密度が小さくなる）体積効率が低下する．結局，冷凍能力は低下し成績係数が低下するようになる．

(2)　蒸発器と圧縮機の能力適合化

・蒸発器の能力と圧縮機の能力がアンバランスであると，圧縮機の吸込み状態における冷媒蒸気の比体積が変化して（吸込み圧力が変化して），バランスした運転状態に移り変わる．**圧縮機の吸込み蒸気の比体積 $\boldsymbol{v}$ は**，次式になる．

$$\text{冷媒循環量}\quad q_{mr}=\frac{\text{実際の吸込み蒸気量 } q_{vr}\ 〔\mathrm{m^3/s}〕}{\text{吸込み蒸気の比体積 } v\ 〔\mathrm{m^3/kg}〕}=\frac{V\cdot\eta_V}{v}\ 〔\mathrm{kg/s}〕\ \text{より，}$$

$$\textbf{吸込み蒸気の比体積}\quad \boldsymbol{v}=\frac{\boldsymbol{V\cdot\eta_V}}{\boldsymbol{q_{mr}}}\ 〔\mathbf{m^3/kg}〕$$

・冷凍負荷一定の状態で，かつ，q_{mr} も一定であるとすると，

① 設計の**冷凍負荷よりも大きな容量の圧縮機を使用する**と，圧縮機のピストン押しのけ量 V が過大となり，吸込み状態における**冷媒蒸気の比体積 $\boldsymbol{v}$ も大きく**なる．したがって蒸発圧力が低くなり，圧力比の増大により電動機軸動力の増加となる．

② 設計の**冷凍負荷よりも小さな容量の圧縮機を使用する**と，圧縮機**吸込み蒸気の比体積が小さく**なり，蒸発圧力が上昇し，蒸発温度の上昇による冷却不足を引き起こす．

2　蒸発器の伝熱作用

(1)　乾式プレートフィン蒸発器の伝熱

乾式プレートフィン蒸発器の**熱通過率**は，冷却管材の熱伝導抵抗が無視できる場合，被冷却物側熱伝達率，冷媒側熱伝達率，有効内外伝熱面積比が支配的であるが，霜や氷が付着した場合は霜や氷の厚さと熱伝導率を考慮する必要がある（フィンの汚れは，熱伝導抵抗が小さいため無視する）．

また，乾式プレートフィン蒸発器の熱通過率は，フィンを含む冷却管外表面の空気側伝熱面を基準として，次式の近似式で表される．

$$\textbf{熱通過率（管外表面基準）}\quad \boldsymbol{K}=\frac{1}{\dfrac{1}{\alpha_a}+\dfrac{\delta}{\lambda}+\dfrac{m}{\alpha_r}}\ \text{〔kW/(m}^2\cdot\text{K)〕}$$

ここで，α_a：空気側熱伝達率〔kW/(m^2·K)〕

δ：霜の厚さ〔m〕

λ：霜の熱伝導率〔kW/(m/K)〕

m：有効内外伝熱面積比（＝有効外表面積／内表面積）

α_r：冷媒側熱伝達率〔kW/(m^2·K)〕

(2)　乾式シェルアンドチューブ蒸発器の伝熱

乾式シェルアンドチューブ蒸発器では，冷却管内面にフィンを付けた**インナフィンチューブ**を使用することが多いので，管外表面積を基準とした熱通過率は近似的に次式で表される．

$$\textbf{熱通過率（管外表面基準）}\quad \boldsymbol{K}=\frac{1}{\dfrac{1}{m\alpha_r}+\dfrac{1}{\alpha_w}+f}\ \text{〔kW/(m}^2\cdot\text{K)〕}$$

ここで，m：インナフィンチューブの有効内外伝熱面積比（m＝2.2 ～ 3.4）

α_r：冷媒側（内面）熱伝達率〔kW/(m^2·K)〕

α_w：被冷却物（水，ブライン）側熱伝達率〔kW/(m^2·K)〕

f：被冷却物側の汚れ係数〔m^2·K/kW〕

Point

インナフィンチューブの場合，フィンが冷却管の内側にあるため，管外表面積を基準とした熱通過率の近似式で管の内側の熱伝達抵抗が$\dfrac{1}{m\alpha_r}$になる．

例題

次のイ，ロ，ハ，ニの記述のうち，蒸発器について正しいものはどれか．

イ．冷凍負荷および冷媒循環量が一定の場合に冷凍負荷よりも小さな容量の圧縮機を使用すると，圧縮機吸込み蒸気の比体積が大きくなり，蒸発圧力が上昇し，蒸発温度の上昇による冷却不足を引き起こす．

ロ．満液式蒸発器は，蒸発器出口では飽和蒸気であり，フロートなどでの液面レベルの検知により膨張弁開度を調整し，液面位置が一定となるように冷媒流量の制御を行う．

ハ．フィンコイル乾式蒸発器の熱通過率は，冷却管材の熱伝導抵抗が無視できる場合，被冷却物側熱伝達率，冷媒側熱伝達率，有効内外伝熱面積比が支配的であるが，霜や氷が付着した場合は霜や氷の厚さと熱伝導率を考慮する必要がある．

ニ．フィンコイル乾式蒸発器の熱通過率は，冷却管外表面（フィンを含む）の空気側を基準伝熱面とし内外表面積の違いによる熱通過率への影響を考慮して，有効外表面積を有効内表面積で除した有効内外伝熱面積比を熱通過率の計算に使用する．

(1) イ，ロ　(2) イ，ハ　(3) ロ，ハ　(4) ロ，ニ　(5) ロ，ハ，ニ

▶解説

イ：（誤）冷凍負荷よりも小さな容量の圧縮機を使用すると，圧縮機吸込み蒸気の比体積は小さくなり，蒸発圧力が上昇して蒸発温度の上昇による冷却不足を引き起こす．

ロ：（正）満液式蒸発器の液面制御は，フロート弁またはフロートスイッチと電磁弁の組合せにより膨張弁開度を調整し，満液式蒸発器の液面が一定の範囲内になるように冷媒流量を制御している．

ハ：（正）フィンコイル乾式蒸発器のフィン表面に霜が厚く付着すると，空気の通路が狭くなって風量が減少し，霜の熱伝導率が小さいため伝熱が妨げられ，蒸発圧力，蒸発温度が低下する．

ニ：（正）フィンコイル乾式蒸発器の熱通過率は，冷却外表面（フィンを含む）の空気側を基準伝熱面とする．熱通過率を求めるにあたって用いる有効内外伝熱面積比は，有効外表面積を有効内表面積で除したものである．

[解答]　(5)

6-3 着霜と除霜

1　着霜の影響

・フィンの表面温度が氷点下になる冷蔵室での空気冷却用プレートフィン蒸発器では，**フィン表面**に空気中の水分が凝縮・氷結して**霜が付着**（**着霜**，霜付き，フロスト）する．

・冷却器の外表面に厚く付着した霜は，風の通路の邪魔になるとともに，空気から冷却管に流れる熱の移動も邪魔をする．そのため風量が減少し，**冷媒の蒸発圧力および蒸発温度は低下**するため，さらに霜の成長を促進する．

Point

圧縮機の動力も小さくなるが，冷凍能力の低下の割合の方が大きいので，装置の成績係数が低下する．

・着霜が進むと蒸発圧力の異常低下，圧縮機への冷媒液の戻りといった異常運転に発展することになる．

冷却管のフィン表面に着霜 → 空気側の熱伝導抵抗が大 → 熱通過率低下
→ 熱交換量の低下 → 冷媒の蒸発量の減少 → 蒸発圧力の低下・冷却能力低下
→ 液滴が多くなる → 液戻り

2　除霜方法

着霜した蒸発器から霜を除去するために以下の方法が採られる．

(1)　ホットガスデフロスト方式

・圧縮機から吐き出される高温の冷媒ガスを蒸発器（**除霜中は送風機は停止状態**）に送り込み，蒸発器の霜を**圧縮機吐出しガス（ホットガス）の顕熱と凝縮の潜熱で融かす方式**である．

Point

ホットガスデフロスト方式では，送風を停止しないと冷却庫内の温度が上がってしまう．

・**ホットガスデフロスト方式**の例には次のようなものがある．

① 蒸発器が2台以上ある場合に，除霜しようとする蒸発器を凝縮器の一部とし圧縮機の吐出しガスをその蒸発器に送り込んで除霜を行う．

② 空気熱源ヒートポンプ暖房装置で冷房運転に切り替えることにより除霜を

行う.

・ホットガスデフロスト方式では，蒸発器に霜が厚く付いていると融けにくくなり，除霜の時間が長くなるため，霜が厚くならないうちに早めに行うようにする.

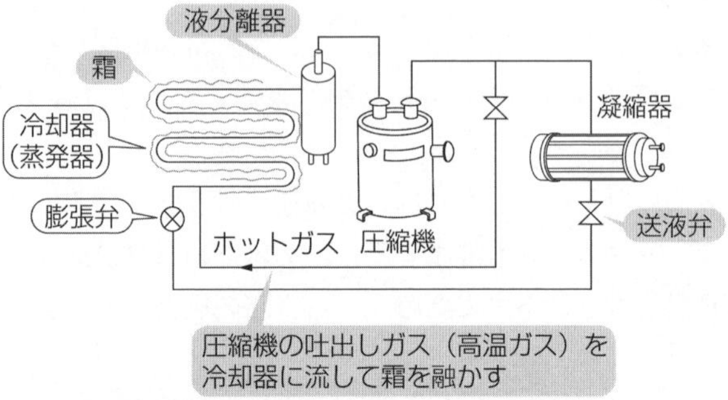

図 6.10 ホットガスデフロスト方式

(2) 散水除霜方式

水を蒸発器に散布して霜を融解させる方法である.

① 除霜の作業

・除霜しようとする蒸発器への冷媒の送り込みを止め，蒸発器中の冷媒を圧縮機で吸引してから，**送風機を停止**して適温の水を蒸発器に散水する.

・**散水と融解した水**は，内部に残留して凍結しないように**ドレンパン**に流し落して，排水管から冷蔵庫の外に排出する．排水管は氷結しないように防熱するか，**ヒータで加熱**する．また，庫外の排水配管には，庫外にトラップを設けて庫内への外気の侵入を防止する.

・蒸発器内に冷媒液が多量に残っていると散水中に冷却管内の冷媒が蒸発し，急激な圧力上昇を生じるので注意を要する.

・冷却の再開は，水滴が水になり，次の除霜のときに融けにくくなるので，十分に蒸発器の水切りが終わってから行う.

② 水温の管理

水の温度が低すぎると霜を融かす能力が不足し，温度が高すぎると冷蔵庫内に霧が発生し，それが再冷却時に霜付きの原因になるので，水温を適切に管理する（**水温は 10 ～ 15℃がよい**）.

Point

散水温度が 25℃以上になると，庫内に霧を発生させ庫内空気温度を高める．また，10℃以下になると水量が多くなり飛散しやすくなり，除霜時間が長くなる.

(3)　不凍液散布除霜方式（ブライン散布除霜方式）

・運転中，常にエチレングリコール水溶液などの不凍液を蒸発器に散布することで，着霜そのものを防止する方法である．

・回収された不凍液は水分を吸収して濃度が下がるので，濃度を上げる**再生処理が必要**になる．

> **Point**
> 空気中の水分は不凍液の氷結点が低いので氷結せず，不凍液と一緒に回収される．

(4)　電気ヒータ除霜方式

・空気蒸発器の冷却管配列の一部にフィンチューブ状の電気ヒータ（シースヒータ）を組み込んで，除霜時に送風機を停止してから**電気ヒータに通電し，加熱除霜する**．

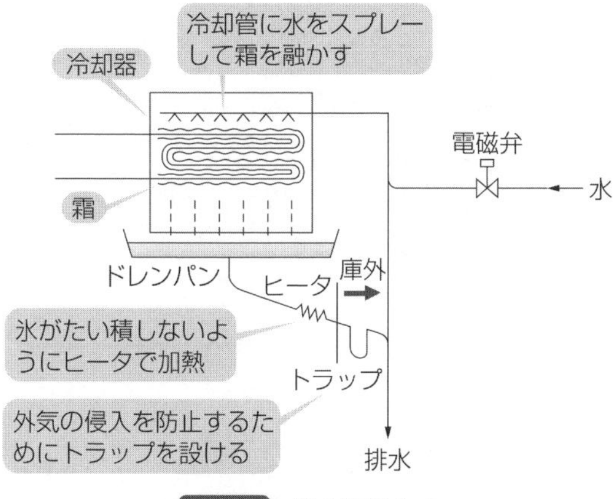

図 6.11　散水除霜方式

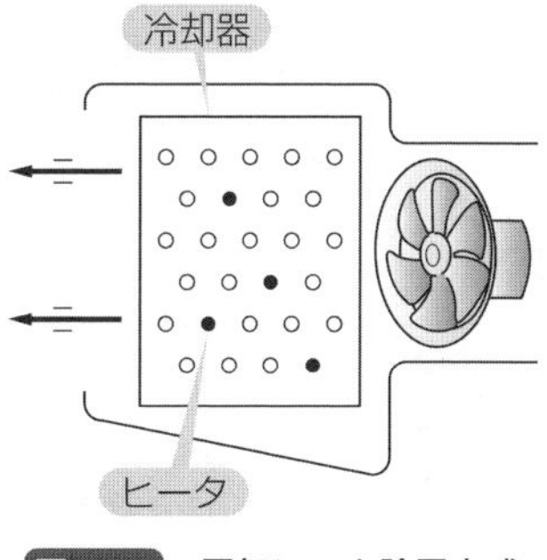

図 6.12　電気ヒータ除霜方式

・除霜時に庫内温度の上昇を防止するため，**送風機を停止**してから電気ヒータに通電する．

(5)　オフサイクル方式

庫内温度が5℃程度の冷蔵庫では，圧縮機を停止して冷媒の供給を止めた状態で庫内の送風機を運転して，大量の庫内空気で霜を融かす方式が用いられている．

> **Point**
> 乾式空気冷却器の除霜方法として，オフサイクル方式は送風機を運転して行うが，電気ヒータ方式とホットガスデフロスト方式は送風機を止めて除霜する．

例題

次のイ，ロ，ハ，ニの記述のうち，蒸発器について正しいものはどれか．

イ．フィンコイル乾式蒸発器の外表面に厚く付着した霜は，風の通路の邪魔になるとともに，空気から冷却管に流れる熱の移動も邪魔をする．そのため風量が減少し，蒸発圧力は上昇する．

ロ．蒸発器が 2 台以上ある場合には，圧縮機の吐出しガスを除霜しようとする蒸発器に送り込み，その顕熱と凝縮の潜熱で霜を融かすことができる．このような方式をホットガスデフロスト方式という．

ハ．ブライン散布方式による除霜は空気中の水分を冷却器表面で不凍液に吸収し，水分は不凍液とともに回収されるが不凍液の濃度が低下しているので，回収した不凍液の水分を除去して不凍液の濃度を維持しなければならない．

ニ．フィンコイル乾式蒸発器に用いる主な除霜方法には，ブライン散布方式，散水方式，ホットガスデフロスト方式，電気ヒーク方式，オフサイクル方式がある．庫内温度が 5℃ 程度の冷蔵庫では，庫内の空気を熱源として霜を融かすオフサイクル方式が使われる．一般に，オフサイクル除霜では，庫内温度が上昇するのを防止するために送風機を停止する．

(1) イ　(2) ロ　(3) イ，ハ　(4) ロ，ハ　(5) イ，ハ，ニ

▶解説

イ：(誤) フィンコイル乾式蒸発器のフィン表面に霜が厚く付着すると，空気の通路が狭くなって風量が減少し，霜の熱伝導率が小さいため伝熱が妨げられ，**蒸発圧力，蒸発温度が低下**する．

ロ：(正) この方式の除霜は，冷媒回路を切り替えるので操作が複雑になるが，現在ではタイマ設定による自動除霜運転が行われている．

ハ：(正) 回収された不凍液は水分を吸収して濃度が下がるので，濃度を上げる再生処理が必要になる．

ニ：(誤) オフサイクル除霜は，庫内の空気を熱源として霜を融かすため，**送風機を運転して**大量の空気を送り込んで除霜を行う．

[解答]　**(4)**

第7章 制御機器

7-1 自動膨張弁

1 自動制御機器の概要

冷凍装置の熱負荷は，周囲の外気温度の時間的な変化などにより刻々と変化する．このように熱負荷に応じて冷凍装置が自動的に効率よく冷凍作用を行うためには，自動膨張弁（冷媒流量の調節），圧力制御弁（蒸発圧力や凝縮圧力などの制御）などの自動制御機器を取り付ける．また，装置の保安の面からは圧力スイッチ（圧力変化を検知）や断水リレー（断水や循環水量の低下を検知）なども必要である．

2 自動膨張弁の種類

蒸発器の熱負荷変動に応じて冷媒流量を適切に調節する自動膨張弁として，一般に次のものが使用されている．

① **温度自動膨張弁，電子膨張弁**：乾式蒸発器で蒸発器出口の過熱度を一定にする．

② **定圧自動膨張弁**：蒸発圧力（蒸発温度）を一定にする．

③ **キャピラリチューブ**：小容量の冷凍装置（家庭用のエアコンや電気冷蔵庫など）には，膨張弁の代わりに使用する．

④ **フロート弁**：満液蒸発器や低圧受液器などの液面制御に使用する．

3 温度自動膨張弁

(1) 温度自動膨張弁の役割

温度自動膨張弁には，次の役割がある．

① 高圧の冷媒液を低圧部に絞り膨張させる機能（絞り膨張作用の機能）

② 蒸発器の熱負荷に応じて冷媒流量を自動的に調整する機能（冷媒流量の調整の機能）

(2) 温度自動膨張弁の作動

・温度自動膨張弁における弁の開閉する圧力は，次の状態でバランスしている．

感温筒の圧力 $\boldsymbol{P_1}$＝蒸発器の圧力（蒸発圧力）$\boldsymbol{P_2}$＋スプリングの圧力 $\boldsymbol{P_3}$

P_1：感温筒チャージ媒体の飽和圧力（蒸発器出口の過熱蒸気温度に相当する飽和圧力）〔MPa〕

P_2：膨張弁ダイアフラム下面に作用する冷媒圧力（内部均圧形は蒸発器入口冷媒圧力，外部均圧形は蒸発器出口冷媒圧力）〔MPa〕

P_3：過熱度設定値調整用のばね圧力〔MPa〕

・蒸発器の熱負荷が増大すると，過熱度が大きくなり $P_1>P_2+P_3$ の状態になり，弁開度が増大して，弁通過冷媒量が増すので，過熱度がもとの適正な状態に戻される．

熱負荷が増大 → 過熱度：大 → 感温筒内の冷媒：膨張 → P_1：大 →
$P_1>P_2+P_3$ → **弁開度：増大** → 冷媒量：増大 → 過熱度：適正な状態

・蒸発器の熱負荷が減少すると，過熱度が小さくなり $P_1<P_2+P_3$ の状態になり，弁開度が減少して，弁通過冷媒量が減少するので，過熱度がもとの適正な状態に戻される．

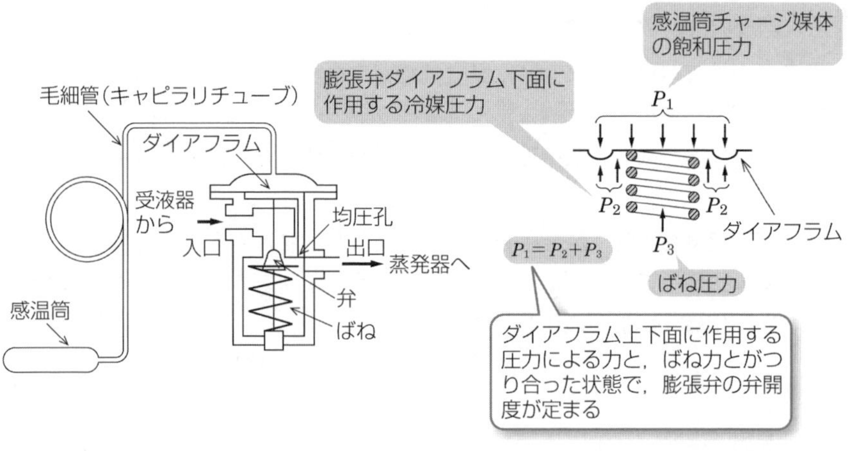

(a) 内部均圧形（温度自動膨張弁の構造）　(b) ダイアフラムに作用する圧力のつり合い

図 7.1 温度自動膨張弁

(3) 温度自動膨張弁の容量

Point

メーカカタログなどの膨張弁定格容量は，特定の凝縮温度と蒸発温度における弁開度 80％のときの値としている．

・**温度自動膨張弁の容量は，弁オリフィス口径**（弁ケージ）**と弁開度**でほぼ決まるが，そのほかに，凝縮圧力と蒸発圧力との圧力差や過冷却度によっても変わるので，良好な過熱度制御特性を得るためには，蒸発器の熱負荷容量特性と適合した弁容量特性の膨張弁を選定しなければならない．

・膨張弁の選定には，標準運転条件だけでなく蒸発器の大きさ，負荷変動，蒸発温度設定値の変更なども考慮して，膨張弁容量，チャージ方式，均圧形式などを選択する．

・蒸発器の容量に対して，**過大な弁容量**にすると，冷媒流量と過熱度が周期的に変動する**ハンチング現象**が発生し，冷媒液配管，膨張弁のキャピラリチューブ，均圧管などの亀裂事故につながることがある．逆に，**小さすぎる弁容量**にすると，熱負荷が大きくなったときに冷媒流量不足による**冷却不良**，**過熱度の増大**などの不都合をもたらす．

(4)　内部均圧形と外部均圧形

・温度自動膨張弁のダイアフラム下面に作用する冷媒圧力を，蒸発器の入口側から導入する場合を**内部均圧形**，蒸発器の出口側から外部均圧管を用いて導入する場合を**外部均圧形**という．なお，内部均圧形では，蒸発器内の冷媒の圧力降下相当分だけ過熱度が設定値より増大する．

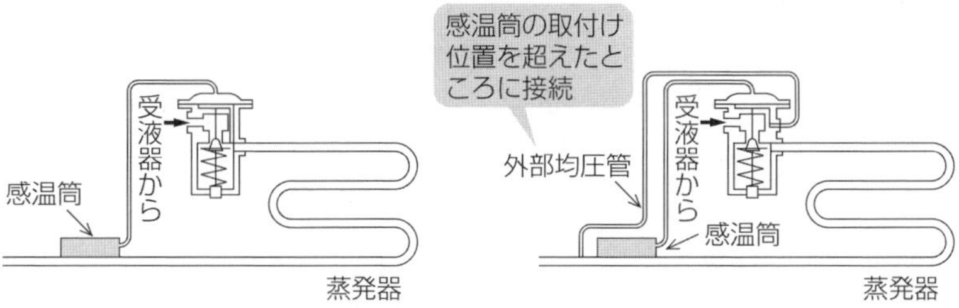

(a)　内部均圧形　　　　(b)　外部均圧形

要点整理

内部均圧形は，弁本体内部の均圧孔を通ってダイアフラム下面に弁出口から冷媒圧力を伝えるようになっている．
外部均圧形は，膨脹弁本体の内部に均圧孔がなく，蒸気器出口と膨脹弁本体の均圧管接続部との間を均圧管で連結している．

図 7.2　温度自動膨張弁の種類

・一般に，**小形の冷凍装置**には膨張弁から蒸発器出口に至る圧力降下が小さいので，**内部均圧形**が使用されるが，**大形の冷凍装置**には膨張弁から蒸発器出口に至る圧力降下が大きいので，**外部均圧形**が使用される．

Point

蒸発器内の冷媒の流れの圧力降下の大きさは，冷媒流量が増すほど大きくなる．

・蒸発器が複数パスの冷媒回路において，膨張弁と蒸発器の間に冷媒の均等分配の目的で**ディストリビュータ**を用いると，冷媒の流れの圧力降下が大きくなり過熱度が過大になるので，必ず**外部均圧形**にしなければならない．

(5) 感温筒のチャージ方式

温度自動膨張弁の感温筒のチャージ方式には次のものがある．

① 液チャージ方式

・感温筒内のチャージ媒体は，一般に，冷凍装置に用いている冷媒と同じもので，チャージ量が多い．

・感温筒内には封入冷媒が蒸気と一部液の状態で存在し，常に飽和圧力が保たれているので，膨張弁本体の温度条件は弁動作に影響しない（広い蒸発温度の範囲で膨張弁が使用できる）．

・蒸発温度が高い領域で設定された過熱度の値は，装置の運転帯域が低温になるにしたがって，設定過熱度が大きくなる方向にずれたり，あるいは，感温筒が過度に高くなるとダイヤフラムを破損するおそれがある（感温筒の許容上限温度：40 ～ 80℃）．

② ガスチャージ方式（MOP チャージ方式）

・感温筒内のチャージ媒体は，一般に，冷凍装置に用いている冷媒と同じであるが，感温筒内に封入した媒体が最高使用温度で，すべて蒸発し終わるようにチャージ量を制限したものである（通常の使用状態では，感温筒内には常に湿り状態の媒体が存在する）．したがって，チャージ媒体圧力には上昇限度（**MOP**：Maximum operating Pressure；**最高作動圧力**）がある．

・ガスチャージ方式は圧力上昇に限度があり，ダイアフラムを破壊することがない．また，冷凍装置の始動時の液戻り防止や，圧縮機駆動用電動機の過負荷防止に有効であり，主に低温用やホットガスデフロストを行うヒートポンプ冷凍装置などに採用されている．

・感温筒内の液量が少ないため応答は速いが，**膨張弁本体の温度を常に感温筒より高い温度**に保たないと正常に作動しない．膨張弁本体の温度が感温筒よりも低くなると，チャージ媒体が膨張弁本体に集中し感温筒内に飽和液がなくなり，適切な過熱度制御ができなくなる欠点がある．

③ クロスチャージ方式

・冷凍装置の冷媒と温度，および圧力特性の異なる媒体を感温筒にチャージしている．

・クロスチャージ方式は，低温から高温までの同じ過熱度設定値を保持できる特徴がある．蒸発温度が広範囲にわたって変化する運転状態の装置に対して，設定過熱度の変化が少ないので，とくに低温用冷凍装置に適している．

④　**吸着チャージ方式**

・感温筒内には活性炭などの吸着剤とともに，炭酸ガスのような通常の状態で液化しないガスが封入され，大部分の封入ガスが吸着剤に吸着されている．

・温度の変化に伴って，吸着剤のガスへの吸着量が変化することを利用し，感温筒のガスを変化させる．

(6)　取付け上の注意

・温度自動膨張弁は，弁本体と感温筒がキャピラリチューブ（内径 0.6 ～ 2 mm の銅の細管）で接続されているので，キャピラリチューブの長さによる取付け位置の制限がある．

・膨張弁本体の取付け位置は蒸発器の冷媒配管入口に近いほうが，また，感温筒の取付け位置は蒸発器の冷媒配管出口に近いほうが，過熱度制御の安定性がよい．

> **Point**
> 膨張弁本体と感温筒を蒸発器から離れた位置に取り付けると，ハンチングが生じるおそれがある．

・温度自動膨張弁の弁本体の取付け姿勢は，**ダイアフラムのある頭部を上側**にするのがよい．

・感温筒は，蒸発器出口の水平配管部に，弁に付属している**金属バンドで密着**し

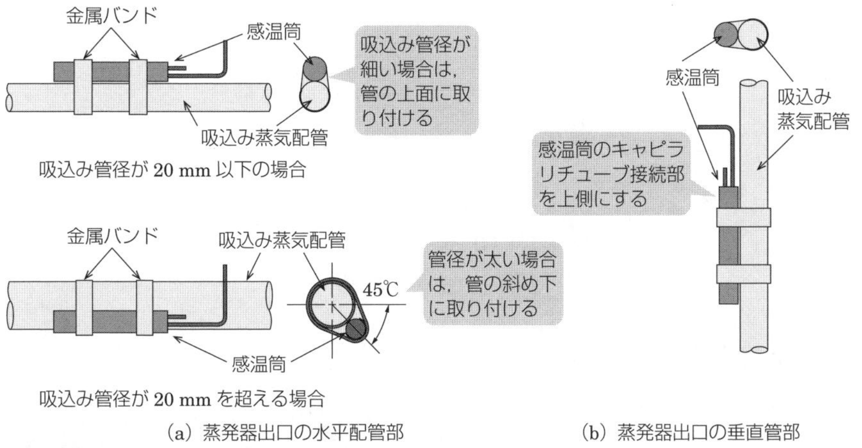

> **要点整理**
> 原則的に感温筒は水平配管に取り付ける．
> 金属バンド（鋼バンド）で感温筒と蒸発器出口管壁とは，完全密着して取り付ける．

図 7.3　感温筒の取付け方法

て取り付け，蒸発器の風や周囲の熱の影響を受けないようにする（必要に応じて防熱材で包む）.

・温度自動膨張弁の感温筒を蒸発器出口の垂直管部に取り付ける場合，弁本体と連結されている**感温筒のキャピラリチューブ接続部を上側**にする（下側にすると，感温筒内の液がキャピラリチューブ側に流れ，感温筒内の液が不足する）.

・蒸発器の周囲の温度は蒸発器出口配管温度より高いため，**感温筒が外れる**と感温筒の冷媒が膨張し，弁本体のダイヤフラムを押し上げるので**膨張弁が大きく開き，多量の冷媒が蒸発器に流れ込む**．未蒸発の冷媒液が圧縮機に流れ込むので液圧縮の危険がある.

・**感温筒に封入されている冷媒が漏れる**と，膨張弁は閉じてしまう．したがって，圧縮機吸込み側に液が戻って液圧縮が発生することはないが，蒸発器に冷媒が供給されず，冷却不良となる.

・**外部均圧形温度自動膨張弁の均圧管**は，蒸発器出口配管の**感温筒よりも下流の圧縮機側の配管上側から接続**する．配管下側に接続すると油やスケールが入り込むおそれがある.

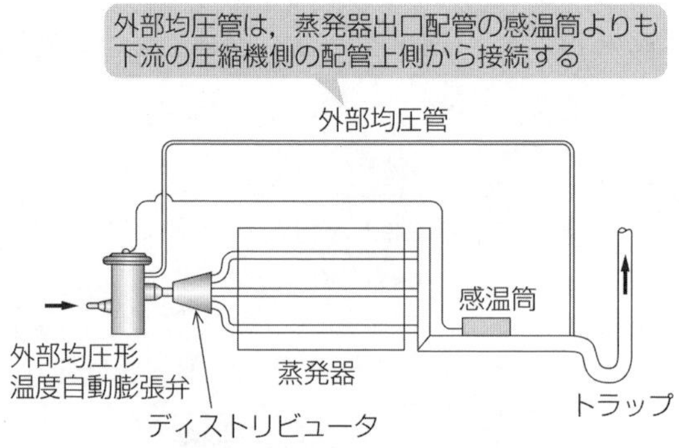

図 7.4　外部均圧管の取付け

4　その他の自動膨張弁

(1)　定圧自動膨張弁

・定圧自動膨張弁は，蒸発圧力（蒸発温度）が設定値よりも低くなると開き，設定値よりも高くなると閉じて，**蒸発圧力がほぼ一定**になるように，冷媒流量を調節する減圧弁の一種である.

Point

定圧自動膨張弁は，感温筒とその接続キャピラリチューブの代わりに，作動圧力調整用のばねとねじがあり，その他は温度自動膨張弁の構造と同じである．ただし，温度自動膨張弁のように過熱度制御はできない.

・弁出口の圧力を検出して制御する内部均圧形と，蒸発器出口の圧力を検出して制御する外部均圧形とがある．

・蒸発器出口冷媒の過熱度は制御できないので，冷凍負荷の変動の少ない単一の小形冷凍装置に用いられるが，複数の蒸発器をもつ冷凍装置では適切な制御はできない．

・蒸発圧力を一定に保持するように動作するので，吸込み蒸気配管にほかの圧力制御弁がある場合には，適切に圧力を制御できなくなる．

(2)　キャピラリチューブ

・キャピラリチューブとは，細い銅管（内径 0.6 ～ 2 mm）のことで，冷媒の流れによる摩擦抵抗による圧力降下を利用して絞り膨張を行う．

・キャピラリチューブは**固定絞り**であり，チューブの口径と長さ，チューブ入口の冷媒液の圧力と過冷却度により流量がほぼ決まる（流入する液の過冷却度が大きく，圧力が高いほど流量が大きくなる…凝縮器の圧力と過冷却度を制御する特性）．したがって，蒸発器出口冷媒の過熱度の制御はできない．

Point

キャピラリチューブは，凝縮器の圧力と過冷却度の状態によって流量が大きく変わるが，キャピラリチューブ内で冷媒の流れが臨界状態に到達した場合には蒸発器の圧力は影響せず，臨界状態に達していない場合には出口側圧力が流量に影響する．

(3)　電子膨張弁

・電子膨張弁は，サーミスタなどの温度センサからの過熱度の電気信号を調節器で演算処理し，過熱度設定値との偏差に応じ膨張弁を開閉する．

・温度自動膨張弁に比べて，調節器によって幅広い制御特性にすることができる利点がある．なお，温度検出対象は，水などの流体だけでなく，固体表面に接触させる温度検出用にも使用される．

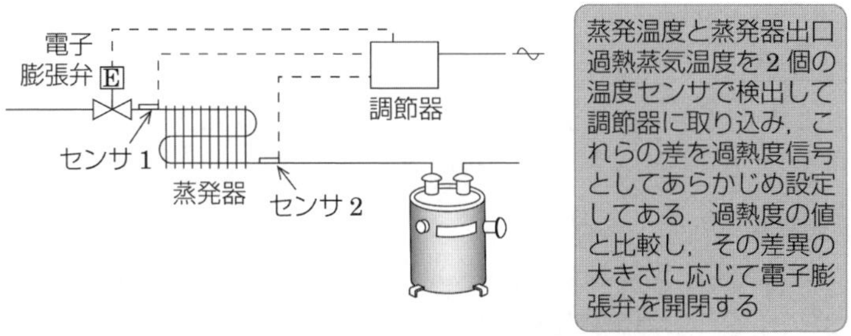

図 7.5　電子膨張弁による過熱度制御

例題

次のイ，ロ，ハ，ニの記述のうち，自動制御機器について正しいものはどれか.

イ．温度自動膨張弁の容量は，オリフィス口径，弁開度，出入口間の圧力差，過冷却度により決まる．弁容量が大きすぎるとハンチングを起こしやすくなり，小さすぎると熱負荷が大きくなったときに冷却不良などの不具合が生じる.

ロ．定圧自動膨張弁は，蒸発圧力すなわち蒸発温度がほぼ一定になるように冷媒流量を調節する蒸発圧力制御弁である．この弁では蒸発器出口冷媒の過熱度は制御できないので，一般に熱負荷変動の少ない小形冷凍装置に用いられる.

ハ．温度自動膨張弁のダイヤフラム下面に作用する冷媒圧力を，蒸発器の出口側から導入する場合を内部均圧形，蒸発器の入口側から導入する場合を外部均圧形という.

ニ．外部均圧形温度自動膨張弁の均圧管は，蒸発器出口配管の感温筒よりも下流の圧縮機側の配管下側に接続する.

(1) イ　(2) ハ　(3) イ，ロ　(4) ロ，ニ　(5) ハ，ニ

▶解説

イ：(正) 弁容量が大きすぎるとハンチング（弁流量と蒸発温度，過熱度が数分～十数分間の同期で振動的に変動する）を起こしやすくなり，小さすぎると熱負荷が大きくなったときに冷却不良などの不具合が生じる.

ロ：(正) 定圧自動膨張弁は，高圧冷媒液を絞り膨張させて，一定の蒸発圧力を制御する減圧弁の一種（蒸発圧力が設定値よりも低くなると開き，設定値よりも高くなると閉じて，蒸発圧力をほぼ一定に保つ）であり，熱負荷の変動の大きな装置には使用できない.

ハ：(誤) 温度自動膨張弁のダイヤフラム下面に作用する冷媒圧力を，蒸発器の**入口側**から導入する場合を内部均圧形，蒸発器の**出口側**から導入する場合を外部均圧形である.

ニ：(誤) 外部均圧形温度自動膨張弁の均圧管は，蒸発器出口配管の感温筒よりも下流の圧縮機側の**配管上側に接続**する.

[解答]　(3)

例題

次のイ，ロ，ハ，ニの記述のうち，冷凍装置の自動制御機器について正しいものはどれか．

イ．キャピラリチューブは，チューブの入口の冷媒の状態に大きく影響を受け，出口の圧力の影響は受けにくい流量特性があり，凝縮器の圧力と過冷却度を制御する特性をもっている．

ロ．温度自動膨張弁の感温筒を蒸発器出口の垂直管部に取り付ける場合，弁本体と連結されている感温筒のキャピラリチューブ接続部を下側にすると，管内冷媒温度をより適切に検知できるようになる．

ハ．ホットガスデフロストを行うヒートポンプ冷凍装置に使用する温度自動膨張弁では，感温筒温度が過度に上昇してもダイアフラムを破壊することがないように，感温筒はガスチャージ方式を採用する．

ニ．定圧自動膨張弁は，弁入口側の冷媒液圧力の影響をほとんど受けないで絞り膨張し，作動圧力調整用ねじで設定した一定の蒸発器内圧力に制御をするので，複数の蒸発器を備えた冷凍装置でも適切に使用できる．

(1) イ　(2) ロ　(3) イ，ハ　(4) ロ，ニ　(5) ハ，ニ

▶解説

イ：(正) 凝縮器の過冷却度が減少するとキャピラリチューブの管路抵抗が増大し，流量が減少するため凝縮器に液冷媒が溜まり，この結果過冷却度が増大し，流量が増加する（キャピラリチューブの自己制御機能）．

ロ：(誤) 温度自動膨張弁の感温筒を蒸発器出口の垂直管部に取り付ける場合には，弁本体と連結されている**キャピラリチューブ接続部を上側**にする．

ハ：(正) ガスチャージ方式の感温筒は，感温筒内のチャージ媒体が少ないため全部蒸発してもダイアフラムに大きな圧力とならない方式である．

ニ：(誤) 定圧自動膨張弁は，一定の蒸発圧力を保持するための減圧弁の一種であるから，蒸発器出口冷媒の過熱度は制御できないので，負荷変動の少ない小形の単一の冷凍装置には利用できるが，**複数の蒸発器をもつ冷凍装置では，適切な制御はできない．**

[解答]　**(3)**

例題

次のイ, ロ, ハ, ニの記述のうち, 自動制御機器について正しいものはどれか.

イ．ガスチャージ方式の蒸気圧式サーモスタットは，感温筒内に封入した媒体が最高使用温度ですべて蒸発し終わるように制限チャージされている．このサーモスタットは，主に低温用に使われ，感温筒よりも受圧部の温度が高くないと正常に作動しない．

ロ．圧力降下の大きな蒸発器や冷媒分配にディストリビュータを使用する場合，圧力降下相当分だけ過熱度が設定値よりずれるため，内部均圧形温度自動膨張弁を使用して，過熱度がずれないようにする．

ハ．電子膨張弁は，サーミスタなどの温度センサからの過熱度の電気信号を調節器で演算処理し，電気的に駆動して弁の開閉操作を行う．一般的に電子膨張弁は，温度自動膨張弁と比較して制御範囲は狭いが安定した過熱度制御ができる．

ニ．温度自動膨張弁の感温筒で漏れが発生すると，膨張弁が開いたままとなり，圧縮機吸込み側に液が戻って，液圧縮が発生する．

(1) イ　(2) ハ　(3) ロ，ニ　(4) ハ，ニ　(5) イ，ハ，ニ

▶解説

イ：(正) 膨張弁のチャージ媒体が少ないので，弁本体が低温になると液のすべてが弁本体側に集まり，感温筒内に飽和液がなくなるので，適正な過熱度制御ができなくなるためである．

ロ：(誤) 蒸発器が多パスの冷媒回路において，膨張弁と蒸発器の間に冷媒の均等分配の目的でディストリビュータを用いると，圧力降下が大きくなり過熱度が過大になるので，必ず蒸発器内冷媒の圧力降下が影響しない外部均圧形にしなければならない．

ハ：(誤) 電子膨張弁では, 調節器で最適な制御動作にするための演算処理が可能である. 温度膨張弁と比較して幅広い制御特性とすることができる(温度検出対象は，水などの流体だけでなく，固体表面の温度検出用にも使用される)．

ニ：(誤) 感温筒に封入されている冷媒が漏れると，膨張弁は閉じてしまう．したがって，圧縮機吸込み側に液が戻って液圧縮が発生することはないが，蒸発器に冷媒が供給されず，冷却不良となる．

[解答]　(1)

7-2 圧力調整弁，圧力スイッチおよび電磁弁など

1　圧力調整弁

冷凍装置の高圧部や低圧部の圧力を適正な範囲に制御する調整弁で，低圧側用としては蒸発圧力調整弁と吸入圧力調整弁が，また，高圧側用としては凝縮圧力調整弁がある．

(1)　蒸発圧力調整弁（EPR：Evaporating Presure Regulator）

・**蒸発圧力が設定圧力以下になるのを防止**するために，**蒸発器出口管**に蒸発圧力調整弁を取り付ける．

Point

蒸発圧力を一定に制御するときは，蒸発圧力調整弁または定圧自動膨張弁を使用するが，温度自動膨張弁では蒸発圧力の制御ができない．

・**蒸発圧力が下がる方向に作用**したとき，**蒸発圧力調整弁が閉じ**加減となって圧力降下が大きくなる．蒸発圧力調整弁により圧縮機の吸込み圧力が下がっても，蒸発圧力をほぼ一定のまま運転を続けることができる．

・蒸発圧力調整弁は，水（ブライン）冷却器の凍結防止，被冷却物の一定温度管理，1 台の圧縮機による蒸発温度の異なる複数蒸発器の運転などに使用される．

・**温度の異なる複数の冷蔵室を 1 台の冷凍機で運転**するとき，**蒸発温度が高いほうの蒸発器出口の吸込み蒸気配管に蒸発圧力調整弁を取り付けて**，蒸発圧力が設定値以下に下がるのを防止する．

・蒸発圧力調整弁と温度自動膨張弁とを組み合わせて用いる場合には，**感温筒と**

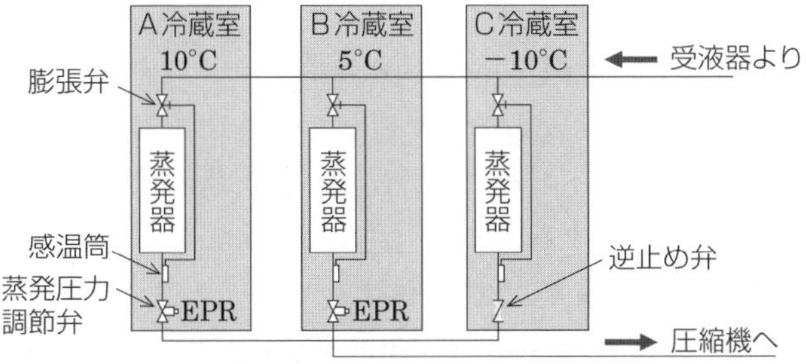

図 7.6　冷蔵室の EPR 制御

均圧管は蒸発圧力調整弁の上流側に取り付けなければならない．したがって，
温度自動膨張弁→蒸発器出口→感温筒→(均圧管)→蒸発圧力調率弁(EPR)
の順に取り付ける．

(2)　吸入圧力調整弁（SPR：Suction Pressure Regulator）

・吸入圧力調整弁は，**圧縮機吸込み圧力（吸入圧力調整弁の出口圧力）を一定値以上に上昇させない**ように制御する圧力調整弁であり，**圧縮機吸込み蒸気配管に取り付ける．**

・吸入圧力調整弁の設置により，長期間停止後に圧縮機を始動したときやポットガスデフロスト後などに，圧縮機の吸込み圧力が上昇し，圧縮機駆動用の電動機が過負荷の状態になり，電動機が過熱，焼損することを防止する．

Point

蒸発圧力調整弁との違いを把握すること．蒸発圧力調整弁：蒸発圧力を一定値以下にしない，吸込み圧力調整弁：圧縮機吸込み圧力を一定値以上にしない．

(3)　凝縮圧力調整弁（CPR：Condensing Pressure Regulator）

・**空冷凝縮器の冬季運転**における凝縮圧力の異常な低下を防止するため，凝縮圧力調整弁を凝縮器の出口配管に取り付け，凝縮器内の冷媒液の量を弁の開度によって調節（調整弁の入口側圧力が低下すると弁が閉じ，上昇すると弁が開く）し，**凝縮圧力を設定圧力以下**にならないようにする．

Point

凝縮圧力調整弁は，空冷凝縮器の異常低圧を防止するもので，水冷には関係しないことに注意する（水冷の場合なら「冷却水調整弁」である）．

・凝縮圧力調整弁による凝縮圧力制御は，空冷凝縮器に冷媒液を滞留させ有効伝熱面積を減らす方法であり，装置の冷媒充填量に多少の余裕を必要とするので，**受液器**がなければならない

・図 7.7 は，**三方形凝縮圧力調整弁**を用いた例である．三方形凝縮圧力調整弁は，通常の運転では，冷媒液がⒶからⒸへ流れているが，凝縮圧力の設定値より低くなると，ⒷからⒸへと圧縮機の吐出しガスをバイパスさせて，受液器内の高圧を維持するように作動する．

(4)　冷却水調整弁（節水弁または制水弁）

・冷却水調整弁は，水冷凝縮器の**冷却水出口側に取り付け**，**凝縮圧力または凝縮温度を検知して作動**し，水冷凝縮器の負荷変動があっても**凝縮圧力が適正な状**

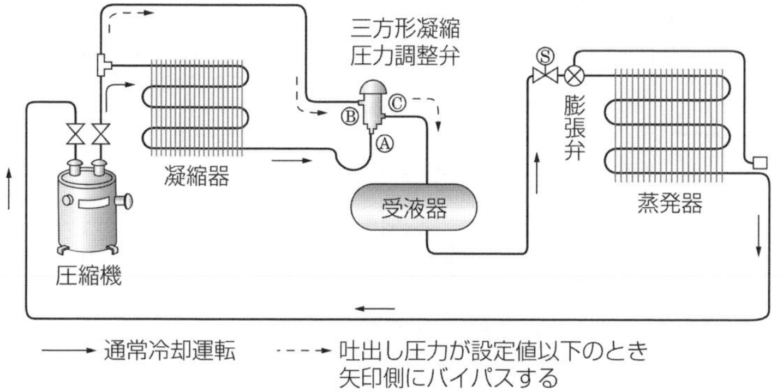

要点整理

凝縮圧力が所定の圧力以下になると弁が閉じて，空冷凝縮器内に冷媒液を溜めて凝縮圧力を高める．また，圧縮機からの吐出しガスはバイパス配管を通って蒸発器への送液に必要な圧力を供給する．

図 7.7 三方形凝縮圧力調整弁による制御

態を保つように冷却水量を調整（凝縮圧力が高くなったときに冷却水を増加し，圧力が低くなったときに，冷却水量を減少する）する．

・冷却水調整弁には，凝縮圧力を検知して作動する圧力式と凝縮温度を検知して作動する温度式がある．

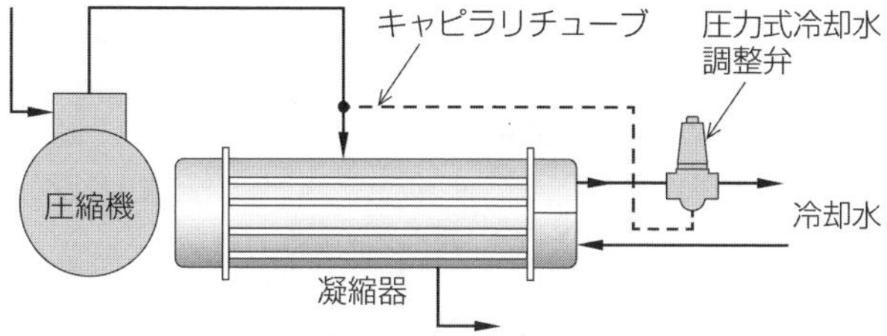

図 7.8 圧力式冷却水調整弁

① **圧力式冷却水調整弁**：圧力で作動するので弁の応答は速い．

② **温度式冷却水調整弁**：冷却水の伝熱作用のために弁の応答の遅れが大きく，緩やかな制御になり，急激な凝縮圧力の上昇には追従することが難しい．ただし，温度式は，冷媒と直接触れることなく動作するので安全性が高く，調節弁の交換が容易であることから，凝縮器以外のオイルクーラなどの液体の温度制御用にも使われている．

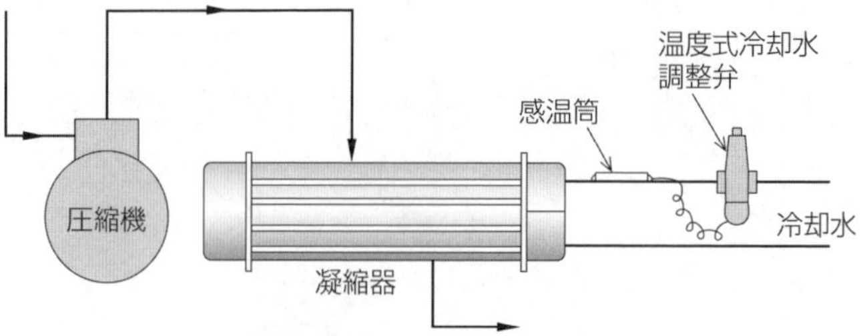

図 7.9　湿度式冷却水調整弁

2　圧力スイッチ

圧力スイッチは，圧力の変化を検出して，電気回路の接点を開閉することによって，圧縮機駆動用電動機や電磁弁を制御し，冷凍機の保安を確保するオンオフ制御機器である．

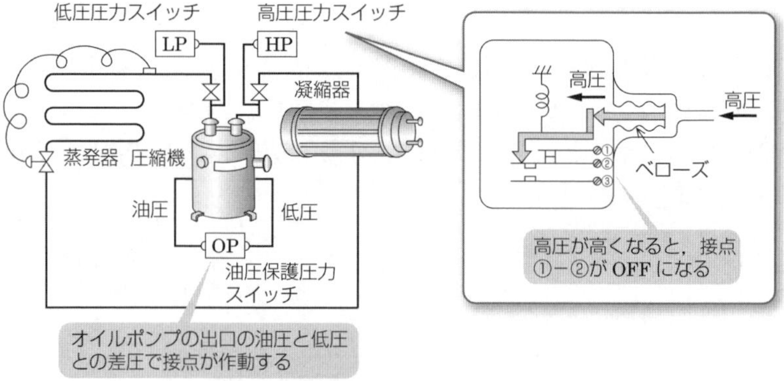

図 7.10　圧力スイッチ

(1)　高圧圧力スイッチ

・**高圧圧力スイッチ**は，圧縮機の吐出し側（圧縮機吐出し側止め弁より圧縮機側）に取り付け，圧縮機の吐出し圧力が設定値に達すると，接点を開いて圧縮機を停止させるなどの冷凍装置の高圧側圧力の異常高圧防止の安全装置として用いられている．

・高圧圧力スイッチを保安のための安全装置として用いる場合には，**手動復帰式**でなければならない．なお，図 7.11 のように，制御用の場合には，自動復帰式を用いることになる（制御用は自動復帰式，保安用は手動復帰式）．

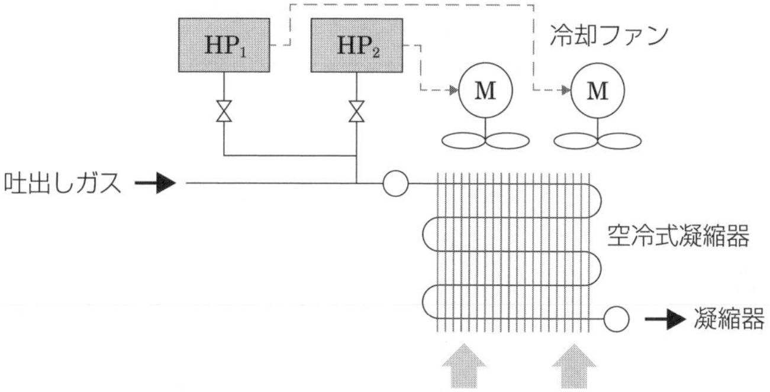

要点整理

高圧圧力スイッチを凝縮器用送風機の台数制御に用いる場合には，制御用であるから自動復帰式を用いる．

図 7.11 空冷式凝縮器の冷却ファンの台数（冷却風量）を制御

(2) 低圧圧力スイッチ

・**低圧圧力スイッチ**は，圧縮機の吸込み蒸気配管にその検出端を接続し，冷凍負荷の減少などの原因で圧縮機の吸込み圧力が低下したとき，その圧力低下を検出してスイッチの接点が開き圧縮機を停止させる．ただし，蒸発圧力が上昇すると接点が閉じて圧縮機を再始動させるので，低圧圧力スイッチは自動復帰式を用いる．

・自動復帰式の圧力スイッチには，電気接点の**開と閉の動作すきま**（**ディファレンシャル**）を調節できるようになっている．動作すきまをあまり小さくとると圧縮機の始動・停止を頻繁に繰り返すことになり，電動機焼損の原因になることがある．

(3) 高低圧圧力スイッチ

高低圧圧力スイッチは，高圧圧力スイッチと低圧圧力スイッチを一体にまとめたもので，コンパクト化されている．

(4) 油圧保護圧力スイッチ

・油圧保護圧力スイッチは，給油ポンプを内蔵または外部に装着している中・大形圧縮機の油圧保護用として使用され，圧縮機の軸受などの潤滑不良による焼付きを防止する．

・油圧保護圧力スイッチは，圧縮機の**給油ポンプ圧力とクランクケース内圧力との差圧を検出**する．

・検出した圧力差が設定値（0.15 ～ 0.4 MPa）以下になると，一定時間（約 90

秒）経過しても定められた油圧を保持できなくなった場合に，油圧保護圧力スイッチの接点を開いて圧縮機を停止させる（手動復帰式）．

Point

油圧保護圧力スイッチの圧力接点が直ちに作動しないのは，始動時など，油圧が上昇するまでの間，運転できるようになっているためである．また，この程度の時間ならば，圧縮機の軸受けの焼付きの危険はなく，圧力スイッチの誤動作を防止することになる．

3　電磁弁

・電磁弁は，**配管内の冷媒の流れを電気的信号によって制御している弁**で，用途，口径寸法によって多くの形式，種類があるが，主なものは，小口径の配管に用いる直動式，大口径の配管に用いるパイロット式（弁とプランジャが分離）がある．

①　**直動式電磁弁**：電磁コイルに通電すると磁場がつくられてプランジャを吸引して弁を開き，電磁コイルの電源を切るとプランジャ自身の重さによって弁を閉じる（**弁の前後の圧力差がなくても開閉できる**）．

②　**パイロット式電磁弁**：プランジャは直動式と同様，電磁コイルの吸引力で作動し，主弁（メインバルブ）はその前後の流体の圧力差によって開く．パイロット式電磁弁の開閉動作には**弁前後の圧力差が 7 ～ 30 kPa 必要**で，**圧力差がゼロでは作動しない**．

・電磁弁は，本体に表示されている流れの方向と逆に取り付けると，弁を閉じて流れを止めることはできないので，取り付けに注意する必要がある．

4　四方切換弁

・四方切換弁は，冷暖房兼用ヒートポンプ装置やホットガスデフロスト装置などで使用される．

・四方切換弁は，**冷凍サイクルの凝縮器と蒸発器の役割を逆にして，冷媒の流れを切り換える弁**で，パイロット弁とスライドバルブ付きの本体から構成されている．

・四方切換弁は，切換え時に高圧側から低圧側への冷媒漏れが短時間起こるので，**高低圧間に圧力差が十分にないと，完全に切り換えができない**．

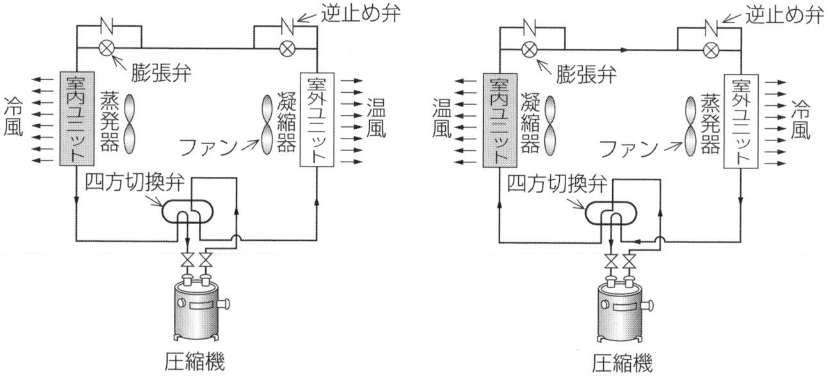

(a) 冷房サイクル　　(b) 暖房サイクル

図 7.12　ヒートポンプ方式と四方切換弁

5　断水リレー

・水冷凝縮器の断水リレーは，冷却水回路の断水または大幅な減水，水圧の低下が起きた場合に圧縮機を停止したり，警報を発したりして冷凍装置を保護するものである．

・断水リレーには，圧力式と流量式がある．

① **圧力式断水リレー**：流水状態の冷却水出入り口の圧力差を検出し，一定の圧力以下で作動する圧力スイッチである．冷却水出入り口の圧力差が小さい場合には使用できない．

② **流量式断水リレー**：流量の受圧検出により動作する圧力スイッチでフロースイッチと呼ばれる．流量検出部にパドル（可動片）を用いた**パドル形フロースイッチ**は，流量による作動の設定値は調整ねじで設定でき，配管内のパドルが流量変化に対して連続的に働き，流量感度も高い断水リレーで，冷却水出入り口の圧力差が小さい場合に用いられている．

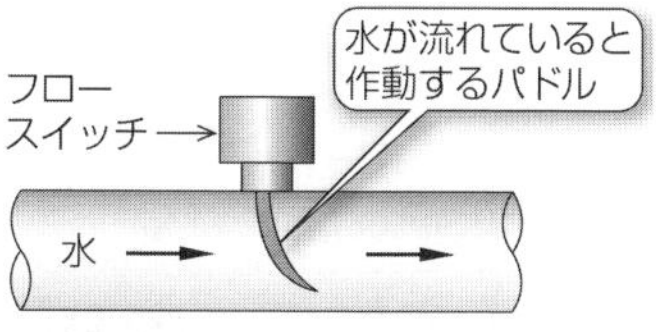

図 7.13　パドル形フロースイッチ

Point
水冷却器では，断水により凍結の恐れがあるので，必ず断水リレーが必要である．

6　フロートスイッチ

・フロートスイッチは，液面高さの上昇，下降に対応したフロート（浮き）の動きを電気信号に変え，電磁弁などを開閉して流量などを制御するものである．

・フロートスイッチは操作部をもたないので，電磁弁，膨張弁，リレー，アラームなどに接続して使用し，フロートスイッチに振動が伝わらないように取り付ける．

7　フロート弁

・フロート弁は，フロートから弁を機械的に連結して，フロートが液面に浮かんだ状態（液面の上下）によって，弁の開度を調節して送液する．

・フロート弁は，前述のフロートスイッチ（電磁弁と組合せにより制御を行う）よりも，液レベルの変動を小さくできる．さらに，電気配線が不要で配管も簡単であり，保守が容易という特徴がある．

> **Point**
> フロート弁はフロートから弁を機械的に連結して開閉を行うが，フロートスイッチは，フロートが液位に合せて上下することでオン・オフを行うレベルスイッチの一種で，操作部をもたないので電磁弁などと組み合わせて使用する．

・フロート弁には，高圧側に取り付ける高圧フロート弁と低圧側に取り付ける低圧フロート弁がある．

① **低圧フロート弁**：満液式蒸発器や中間冷却器などの液面レベル制御用に使用される液面制御用フロート弁（低圧フロート弁）は，液レベルの上下に対応して高圧冷媒液を絞り膨張させて，冷却器内の液面をある一定の範囲内に入るよう制御する（**液面レベルの上昇で弁が閉じ，下降で弁が開く**）．低圧フロート弁には，フロートと機械的に連結された膨張弁機構からなる直接的フロート弁とフロート室付フロート弁がある．

② **高圧フロート弁**：高圧フロート弁は，ターボ冷凍機の高圧受液器や凝縮器の液面レベルを制御（**液面レベルの上昇で弁が開き，下降で弁が閉じる**）すると同時に，蒸発器への液量を制御するのに用いられている．

8　サーモスタット

・サーモスタットとは，**温度の変化**を検知して設定の温度に保つために，加熱または冷却装置の**電気接点をオン・オフする制御装置**で，バイメタルを利用したバイメタル式（空調用）と感温筒を使用する蒸気圧式（冷凍用）がある．

・蒸気圧式サーモスタットは，温度により蒸気圧の変わる媒体を感温筒に封入し，キャピラリチューブを経て，ベローズの伸縮に変えて，電気接点を開閉する．使用温度範囲，用途によってガスチャージ方式，吸着チャージ方式，液チャージ方式がある．

・**ガスチャージ方式**は，通常の状態では感温筒内には常に湿り状態の媒体が存在し，感温筒の温度に相当した飽和圧力で電気接点を開閉する．感温筒内の液量が少ないため応答は速く，主に低温用に使用されるが，**感温筒よりも受圧部のある本体の温度が高く**ないと正常に作動しないことを留意しなければならない．

例題

次のイ，ロ，ハ，ニの記述のうち，自動制御機器について正しいものはどれか．

イ．蒸発圧力調整弁はEPRとも呼ばれ，蒸発圧力を設定圧力以上にならないように制御することができる．蒸発圧力調整弁は蒸発器出口管に取り付ける．

ロ．凝縮圧力調整弁はCPRとも呼ばれ，凝縮圧力を最低の必要凝縮圧力に設定し空冷凝縮器の冬季運転時における凝縮圧力の異常な低下を防止する．

ハ．満液式蒸発器，低圧受液器，中間冷却器などの液面レベルを一定に保持するためのフロート弁は，低圧フロート弁と呼ばれ，高圧冷媒液を絞り膨張させて低圧機器内に送液する．

ニ．差圧式の四方切換弁は，冷暖房兼用ヒートポンプなどに用いられる．この弁は一般に，切換え時に高圧側から低圧側への冷媒の漏れが短時間起こるが，高低圧間の圧力差が小さくても完全に切換えできる．

(1) イ，ロ　(2) イ，ハ　(3) ロ，ハ　(4) ロ，ニ　(5) ハ，ニ

▶解説

イ：(誤) 蒸発圧力調整弁によって，蒸発圧力を一定値以下にならないように制御することができる．蒸発圧力調整弁は蒸発器出口管に取り付ける．

ロ：(正) 空冷凝縮器の冬季運転時における凝縮圧力の異常な低下防止として，凝縮圧力調整弁が用いられる．

ハ：(正) 低圧フロート弁は，液面レベルの上昇で弁が閉じ，下降で弁が開くことによって，高圧冷媒液を絞り膨張させて，低圧機器内に送液して液面を一定に保つ．

ニ：(誤) 差圧式の四方切換弁は，切換え時に高圧側から低圧側へ冷媒の漏れが短時間起こるので，高圧側と低圧側に圧力差が十分にないと完全な切換えができない．

[解答]　**(3)**

例題

次のイ，ロ，ハ，ニの記述のうち，制御機器について正しいものはどれか．

イ．圧力スイッチの作動については，電気接点の開と閉の間の動作すきまが必要で，これを入り切り差またはディファレンシャルといい，通常，この動作すきまの範囲は調整できる．

ロ．直動式電磁弁は開閉動作に弁前後の圧力差が 7 ～ 30 kPa 必要であるが，パイロット式電磁弁は弁前後の圧力差はなくても作動する．

ハ．圧縮機の吸込み圧力が高くなると，電動機が過負荷になるため，圧縮機の吸込み管に吸入圧力調整弁（SPR）を取り付けて，その調整弁の入口圧力を所定圧力以上にならないように制御する．

ニ．三方形凝縮圧力調整弁は，空冷凝縮器の出口側に取り付けられ，一般に凝縮圧力が設定値より低下すると調整弁が閉じ，別に設置されたバイパス弁が開いて，受液器内冷媒の送液に必要な圧力を圧縮機吐出しガスから供給するように作動する．

(1) イ　(2) ロ　(3) イ，ハ　(4) イ，ニ　(5) ロ，ハ，ニ

▶解説

イ：(正) 電気接点の動作すきま（圧力の変化による，電気接点の開と閉との間の動作の圧力差）を「入り」「切り」差またはディファレンシャルという．

ロ：(誤) 直動式電磁弁は弁前後の圧力差はなくても作動するが，パイロット式電磁弁は弁前後の圧力差が **7 ～ 70 kPa** 必要である．

ハ：(誤) 圧縮機の吸込み圧力が高くなると電動機が過負荷になるため，圧縮機の吸込み管に吸入圧力調整弁（SPR）を取り付けて，その調整弁の出口圧力を所定圧力以上にならないようにする．

ニ：(誤) 三方形凝縮圧力調整弁は凝縮器の出口側に取り付けられ，凝縮圧力が設定値より低下すると凝縮器から受液器への冷媒液の流入を遮断し圧縮機吐出しガスを受液器へ直接バイパスして受液器内の圧力を高く維持するように作動する．したがって，三方形凝縮圧力調整弁では，受液器内の圧力を高く維持するための特別なバイパス弁を別に設置する必要がない．

［解答］ **(1)**

例題

次のイ，ロ，ハ，ニの記述のうち，制御機器について正しいものはどれか．

イ．流量式断水リレーの一つであるパドル形フロースイッチは，配管内にパドルを入れて流れを検知する．流量による作動の設定値は調整ねじで設定でき，パドルは流量の変化により連続的に働き，流量感度が高い．

ロ．蒸気圧式サーモスタットのガスチャージ方式の感温筒には，感温筒に封入した媒体が，最高使用温度ですべて気化するように制限チャージされている．したがって，通常の使用状態では，感温筒内には常に湿り状態の媒体が存在する．

ハ．高圧圧力スイッチは，冷凍装置の高圧圧力の異常な上昇を防止するための安全装置として用いるほか，空冷凝縮器の送風機の台数制御にも用いられる．これらの目的で使用される場合の高圧圧力スイッチは，手動復帰式でなければならない．

ニ．凝縮圧力調整弁による凝縮圧力制御は，空冷凝縮器への液の滞留による方法であり，そのための受液器は不要である．

(1) イ　(2) イ．ロ　(3) ハ．ニ　(4) イ．ロ，ハ　(5) イ，ロ，ニ

▶解説

イ：(正) パドル形フロースイッチは，配管内にパドル（可動片）を入れて，直接流れを検知する．流れがある場合はパドルが流れの方向に傾き，断水（または減水）時は，パドルは真直な位置になる変化でスイッチが作動する．

ロ：(正) 通常の状態では感温筒内には常に湿り状態の媒体が存在しているが，感温筒内の液量が少ないために応答は速いが，感温筒よりも受圧部のある本体の温度が高くないと正常に作動しない．

ハ：(誤) 高圧圧力スイッチは，冷凍装置の高圧圧力の異常な上昇を防止するための安全装置として用いられている場合には，手動復帰式でなければならないが，空冷凝縮器の送風機の台数制御に用いる場合には，制御用であるので自動復帰式を用いる．

ニ：(誤) 凝縮圧力調整弁による凝縮圧力制御は，空冷凝縮器への液の滞留による方法であり，装置の冷媒充填量に多少の余裕を必要とするので，受液器がなければならない．

[解答]　(2)

第8章 機器の材料および圧力容器

8-1 材料力学の基礎

1 応力とひずみ

外力（荷重）が加えられたとき，材料の構造は変形すると同時に，応力とひずみが生じる．

(1) 応 力

・応力は，**材料内部に生じる力**で次式で表される．

$$応力\ \sigma = \frac{加えている力の大きさ（荷重）}{力が加えられている材料の断面積} = \frac{F}{A}\ 〔\mathrm{N/mm^2 = MPa}〕$$

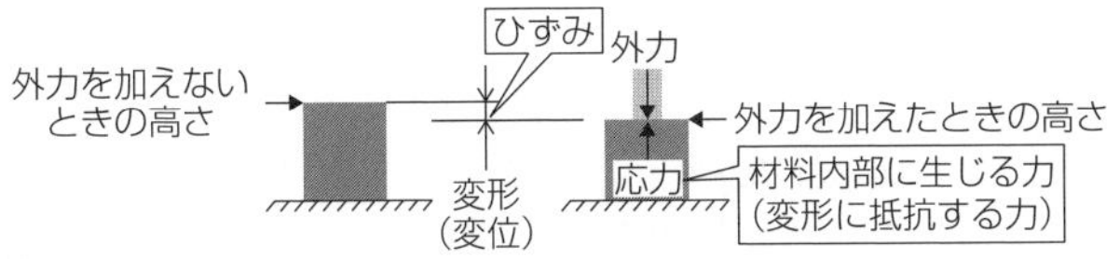

要点整理

物体に外力が作用すると，物体内部には元の形状や寸法を保とうとする抵抗力（応力）が生じ，破断しない限り外力と釣り合っている．

図 8.1 応力

・外力が引っ張る方向にかかる場合には**引張応力**，また押し縮める圧縮方向にかかる場合は**圧縮応力**という．圧力容器の耐圧強度として問題になるのは，一般に**引張応力**である．

・形状や板厚が急変する部分やくさび形のくびれの先端部には，**応力集中**が発生しやすい．

(2) ひずみ

・材料が引っ張られると，その材料は伸びる．**元の長さに対する伸びの増加量**をひずみ（伸びる割合）といい，次式で表される．

$$ひずみ\ \varepsilon = \frac{伸びた長さ}{元の長さ} = \frac{\Delta l}{l}$$

ここで，l：力がかかる以前の元の材料の長さ

Δl：力がかかって伸びた材料の長さ

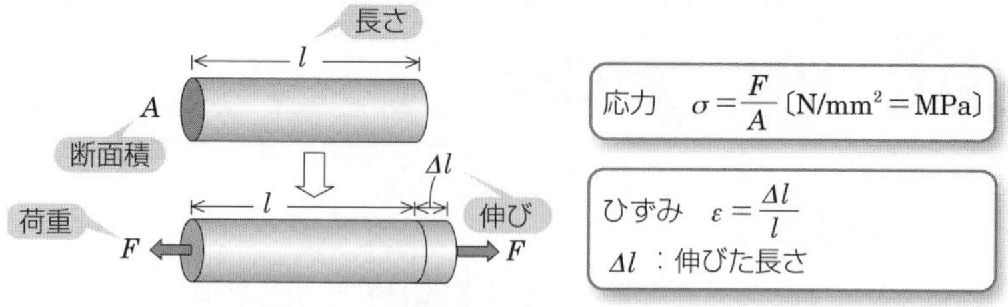

図 8.2　応力とひずみ

(3)　応力－ひずみ線図

炭素鋼などの試験片を引張試験器にかけ，引張荷重を加え試験片が切断されるまでの引張応力と，試験片に生じるひずみの関係を表したのが応力－ひずみ線図である．

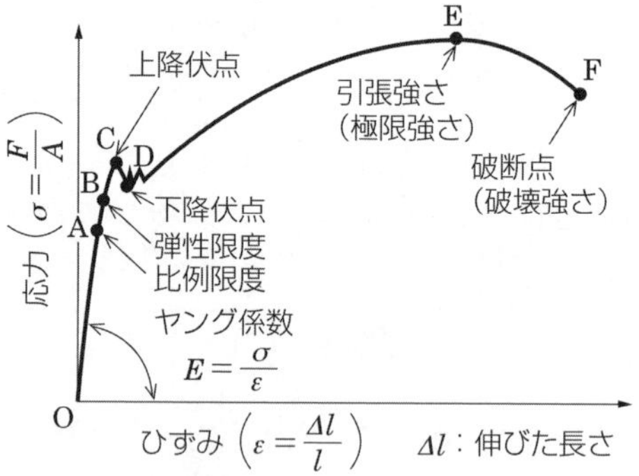

図 8.3　応力－ひずみ線図

① **比例限度**（点Aの応力）：応力とひずみの関係は直線的で正比例する限界である．

② **弾性限度**（点Bの応力）：応力とひずみは正比例しなくなるが，引張荷重を取り除くとひずみが元に戻る限界である．

③ **降伏点**（点C，点Dの応力）：点Cの応力（上降伏点）を超えるとひずみだけが進み，引張荷重を取り除いてもひずみが残って，元の材料の長さに戻らない（降伏現象による塑性変形）．降伏中の最大の応力を上降伏点（点C），最低の応力を下降伏点（点D）という．

④ **引張強さ**（点Eの応力）：さらに引張荷重を増大させたときの最高応力（極限強さ）である．

⑤　破断点（点 F の応力）：試験片にくびれが生じ応力が低下し破断する．

Point

一般に鋼材における引張応力とひずみの関係では，応力の小さいほうから順に比例限度，弾性限度，下降伏点，上降伏点となっている．圧力容器では，使用する材料の応力－ひずみ線図における比例限度以下の，適切な応力（許容引張応力）の値に収まるように設計する必要がある．

2　許容引張応力

圧力容器などでは，その材料にかかる応力の限界（点 E の引張強さ）で設計することは危険で，比例限度（応力－ひずみ線図における点 A）以下の適切な応力の値に収まるように，次の許容引張応力以下で設計をする（炭素綱材料）．

$$\text{許容引張応力} = \frac{\text{最小引張強さ}}{4}$$（なお，**安全率を 4 としている**）

3　冷凍装置に使用される材料

（1）　材料一般

・冷凍装置に用いる圧力容器，配管および弁については，それらに用いる材料の種類と使用温度範囲に制限がある．

・冷凍装置に使用される主な金属材料の記号は，次のとおりである．

①　FC：ねずみ鋳鉄

②　SS：一般構造用圧延鋼材

③　SM：溶接構造用圧延鋼材

④　SGP：配管用炭素鋼鋼管

⑤　STPG：圧力配管用炭素鋼鋼管

・材料記号の後の数字が，**最小引張強さ**を表す．例えば，一般の圧力容器に使用されることの多い溶接構造用圧延鋼材には，SM400A，SM400B，SM400C の三種類がある．これらの鋼材の最小引張強さは 400 N/mm^2 であり，許容引張応力は 400×(1/4)＝100 N/mm^2 である（**末尾記号は，A を最大とし，A>B>C の順で炭素含有量が少なく，溶接性がよくなることを表す**）．

（2）　炭素綱と低温脆性

・炭素鋼などの鉄鋼材料は，一般に温度が下がるにつれて引張強さ，降伏点，硬さなどは増大するが，その反面，伸び，絞り率（破断後の最小断面積と元の断面積から算出した断面積の減少率），衝撃値（試験片をハンマーで打撃して破壊に要したエネルギーから算出した値）などは低下し，ある温度以下の低温

（遷移温度）になると，これらは急激に低下して塑性変形の性質を失い，脆くなる．このような性質が**低温脆性**である．

・一般に，**鋼材の低温脆性による破壊が最も発生しやすくなる**には，次の条件がある．この条件が重なったとき**降伏点以下の低荷重のもとでも突発的に発生する**．

① 低温であること
② 形状に切欠きなどの欠陥（応力集中）があること
③ 三軸（円周，半径，長手）方向に引張応力があること

Point

冷凍保安規則関係例示基準で耐圧部分に使用する材料の最低使用温度が規定されている．材料に衝撃力を加えなければ低温脆性による破壊の心配はほとんどない．

4 設計圧力と許容圧力

(1) 設計圧力

・設計圧力とは，圧力容器などの設計において，その各部について必要板厚の計算または耐圧強度を決定するときに用いる圧力で，冷凍保安規則関係例示規則に表 8.1 の設計圧力が示されている．

・高圧部の設計圧力は，次のうちで最も高い圧力以上としている．

① 通常運転の状態中に予想される冷媒ガスの最高使用圧力
② 冷凍装置の停止中に予想される最高温度により生じる冷媒ガスの圧力
③ 冷媒ガスの 43℃の飽和圧力（非共沸混合冷媒ガスは，周囲温度 43℃の気液平衡状態の液圧力）

・低圧部の容器の設計は，次のうちで最も高い圧力以上としている．

① 通常運転の状態中に予想される冷媒ガスの最高使用圧力
② 冷凍装置の停止中に予想される最高温度により生じる冷媒ガスの圧力
③ 冷媒ガスの 38℃の飽和圧力（非共沸混合冷媒ガスは，周囲温度 38℃の気液平衡状態の液圧力）

Point

冷凍装置は運転中，低圧部は低温・低圧になるが，長時間停止すると低圧部の圧力は周囲温度に対応する飽和圧力になることがある．周囲温度を約 38℃として，その飽和圧力を低圧部の設計圧力としている．

表 8.1 冷凍保安規則関係例示基準における設計圧力〔単位：MPa〕

冷媒の種類	高圧部設計圧力 基準凝縮温度						低圧部設計圧力
	43℃	50℃	55℃	60℃	65℃	70℃	
アンモニア	1.60	2.0	2.3	2.6	—	—	1.26
R134a	1.00	1.22	1.40	1.59	1.79	2.02	0.87
R404A	1.86	2.21	2.48	2.78	3.11	—	1.64
R407C	1.78	2.11	2.38	2.67	2.98	3.32	1.56
R410A	2.50	2.96	3.33	3.73	4.17	—	2.21
R507A	1.91	2.26	2.54	2.85	3.18	—	1.68

要点整理

圧力容器の強度計算に使用する圧力は，設計圧力も許容圧力も，ともに冷媒のゲージ圧力（＝絶対圧力－大気圧力）である．
一般に，高圧部の設計圧力は，冷媒の種類ごとに基準凝縮温度に対応する飽和圧力によって定められているが，その温度は 43℃未満にすることはできない．

(2) 許容圧力

・許容圧力とは，指定された温度における冷媒設備に係る高圧部または低圧部に対して現に許容しうる最高圧力である（設計圧力≧許容圧力）.

・許容圧力は，圧力容器の各部について，次のいずれか低いほうの圧力をいう．

① 設計圧力

② 腐れしろを除いた肉厚に対応する圧力（限界圧力）

・許容圧力は，すでにできあがっている圧力容器の耐圧試験圧力，気密試験圧力，安全装置の作動圧力を定めるとき，および既設機器の限界圧力を求めるときなどに用いられる．

Point

設計圧力は，圧力容器などの設計において，その各部について必要厚さの計算または耐圧強度を決定するときに用いる圧力で，許容圧力は，その容器に取り付ける安全装置の作動圧力の基準である．

例題

次のイ，ロ，ハ，ニの記述のうち，圧力容器の強度，材料などについて正しいものはどれか．

イ．冷凍装置の圧力容器に使われる材料として SM400B がある．この材料記号のうち，S は鋼，M は船舶用の頭文字をとっている．400 は許容引張応力が 400 N/mm^2 であること，B は炭素含有量の程度を表している．この材料の常温における最小引張強さを 100 N/mm^2 としている．

ロ．圧力容器に使用される溶接構造用圧延鋼材には SM400A，SM400B，SM400C の 3 種類があるが，A を最大とし，A>B>C の順に炭素含有量が少なくなっており，炭素含有量が少ないほど，溶接性が悪い．

ハ．限界圧力は，圧力容器の実際厚さから腐れしろを除いた厚さを用いて算出される．限界圧力は，許容圧力を求めるときに用い，設計圧力または限界圧力のいずれかの低いほうの圧力を許容圧力とする．

ニ．高圧部の設計圧力は，通常の運転状態中に予想される当該冷媒ガスの最高使用圧力で決定される．冷凍機停止中は高圧ガスを製造しないため，その状態での冷媒ガス圧力は考慮する必要はない．

(1) ロ　(2) ハ　(3) イ，ニ　(4) ロ，ハ　(5) ハ，ニ

▶解説

イ：（誤）SM400B の数字の 400 は，最小引張強さが **400 N/mm^2** であることを示しており，許容引張応力は 400×（1/4）＝**100 N/mm^2** である．

ロ：（誤）SM400A, SM400B および SM400C の末尾のアルファベットの記号は，A>B>C の順に炭素含有量が少なくなっており，炭素含有量が少ないほど溶接性が良くなる．

ハ：（正）圧力容器の腐れしろを除いた肉厚に対応する圧力（最高使用圧力）が限界圧力である．

ニ：（誤）高圧部の設計圧力は，冷凍機停止中は高圧ガスを製造しないが，冷凍機停止中に予想される最高温度により生じるその冷媒ガスの圧力も考慮して決定される．

[解答]　**(2)**

例題

次のイ，ロ，ハ，ニの記述のうち，圧力容器の強度などについて正しいものはどれか．

イ．冷凍保安規則関係例示基準による高圧部の設計圧力は，基準凝縮温度によって区分されている．これは設計圧力を運転時に予想される最高圧力と考えているからである．

ロ．冷凍装置の運転停止中に予想される低圧部の最高温度が 45℃になる場合でも，低圧部圧力容器の設計圧力は，周囲温度 38℃の使用冷媒の飽和圧力でよい．

ハ．一般に鋼材における引張応力とひずみの関係の図が鋼材の応力－ひずみ線図である．この線図では，一般にひずみの大きいほうから順に，下降伏点，上降伏点，弾性限度，比例限度となっており，比例限度のひずみが一番小さい．

ニ．鋼材は，一般に温度が下がるにつれて引張強さ，絞り率，硬さなどは増大するが，伸び，降伏点，衝撃値などは低下する．そして，ある温度以下の低温で伸びが小さくなり，低温脆性によるもろさを示す．

(1) イ　(2) ハ　(3) イ，ハ　(4) ロ，ニ　(5) ハ，ニ

▶解説

イ：(正) 高圧部の設計圧力は，通常の運転状態中に予想される当該冷媒ガスの最高使用圧力で決定される．

ロ：(誤) 低圧部圧力容器の設計圧力は，通常の運転状態における冷媒ガスの最高使用圧力，停止中の最高温度による冷媒ガスの圧力，周囲温度 38℃の使用冷媒の飽和圧力のうち，最も高い圧力以上の圧力とする．したがって，この場合は**45℃の飽和圧力となる**．

ハ：(正) 応力－ひずみ線図において，下降伏点と上降伏点では，下降伏点のほうがひずみが大きいことに注意する．

ニ：(誤) 鋼材は，一般に温度が下がるにつれて引張強さ，降伏点，硬さなどは増大するが，その反面，伸び，絞り率，衝撃値などは低下する．

[解答]　**(3)**

8-2 圧力容器の強さ

冷凍装置の凝縮器や受液器などは，高圧ガスが内部に充満している圧力容器で内圧が加わっている．普通，圧力容器は円筒形の胴と両端を密閉する鏡板で形成され，平板鋼の曲げ加工と継手の溶接によってつくられている．

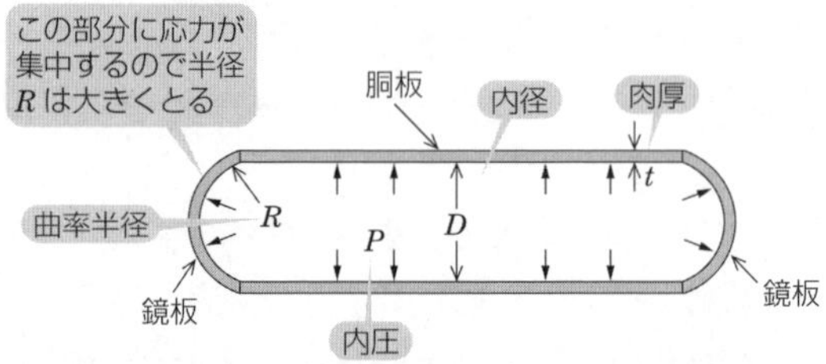

要点整理

冷凍装置の圧力は比較的低いため，使用される円筒形の圧力容器の板厚は，その直径に比べてかなり小さくなる（板厚はその直径の 1/100 程度）．このような容器を薄肉円筒胴圧力容器と呼ぶ．

図 8.4　圧力容器

1　薄肉円筒胴圧力容器にかかる応力

・冷凍装置の圧力容器では，内圧に起因する円筒胴板の接線方向と長手方向の引張応力が生じる．

・内圧が作用する圧力容器の円筒胴の**接線方向の引張応力** $\boldsymbol{\sigma_t}$，**長手方向の引張応力** $\boldsymbol{\sigma_l}$ は，次式になる．

接線方向引張応力　$\sigma_t = \dfrac{PDl}{2tl} = \dfrac{\boldsymbol{PD}}{\boldsymbol{2t}}$ 〔MPa〕

長手方向引張応力　$\sigma_l = \dfrac{P \times \dfrac{\pi D^2}{4}}{\pi D t} = \dfrac{\boldsymbol{PD}}{\boldsymbol{4t}}$ 〔MPa〕

ここで，P：内圧〔MPa〕，D：内径〔mm〕，l：円筒胴の長さ〔mm〕，t：肉厚〔mm〕

・内圧の作用する円筒胴圧力容器の胴板に誘起される引張応力は，内圧 P と円筒胴内径 D に比例し，円筒胴板厚 t に反比例する．

・**円筒胴の接線方向の引張応力は，長手方向の引張応力の 2 倍**より，円筒胴の

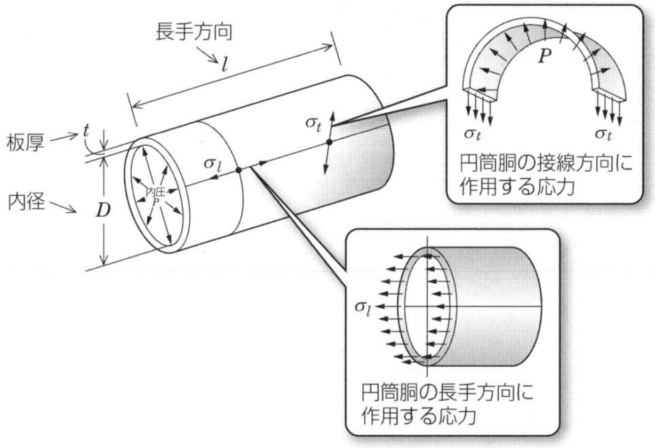

図 8.5　円筒胴の応力

圧力容器の胴板に生ずる応力は，接線方向の応力が最大であり，この応力が許容応力を超えないようにすればよい．

2　容器の板厚

・円筒胴圧力容器の板厚を計算する場合，設計圧力，容器の内径，材料の許容引張応力，溶接継手の効率，腐れしろを考慮して，次式で求める（冷凍保安規則関係例示基準）．

円筒胴板の必要厚さ（実際厚さ）

$$t_s = \frac{PD}{2\sigma_a \eta - 1.2P} + \alpha \text{〔mm〕}$$

ここで，P：設計圧力〔MPa〕，D：内径〔mm〕

σ_a：材料の許容引張応力〔MPa〕

η：溶接継手の効率（溶接継手の種類により 1.00 ～ 0.45）

α：腐れしろ〔mm〕

・腐れしろ α を除いた板厚を**最小厚さ**と呼ぶ．

・長年の使用による腐食の進行のため肉厚が薄くなり，許容圧力が小さくなってしまう．このため，設計時に材料に応じた**腐れしろ**の値をプラスして板厚を決める（図 8.6）．

・圧力容器の実際の板厚計算において，腐食性のない冷媒を使用するときには，圧力容器の内面側は腐食しないと考え，永年使用による圧力容器の外面側の腐食のみを考える（**フルオロカーボン冷凍装置の銅配管**は通常は腐食しないた

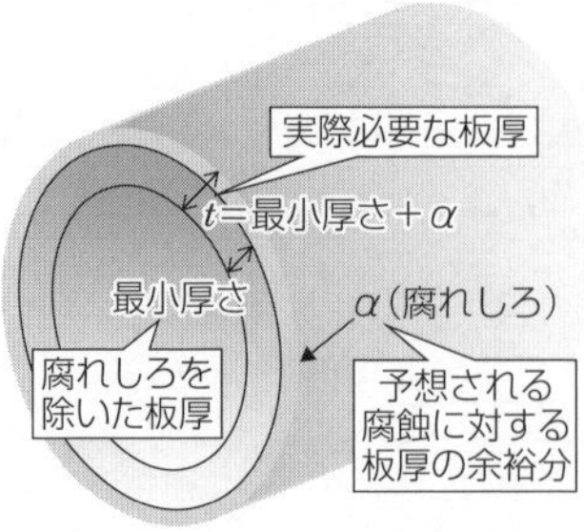

材料の種類		腐れしろ α〔mm〕
鋳鉄		1
鋼	直接風雨にさらされない部分で，耐食処理を施したもの	0.5
	非冷却液または加熱熱媒に触れる部分	1
	その他の部分	1
銅，銅合金，ステンレス鋼，アルミニウム，アルミニウム合金，チタン		0.2

要点整理

圧力容器に使用する材料は，ステンレス鋼など錆びない材料でも 0.2 mm の腐れしろが必要である．

図 8.6　圧力容器の腐れしろ

め，**腐れしろは考慮しなくてもよい**）．

・圧力容器の腐れしろを除いた肉厚に対応する圧力を**限界圧力**と呼ぶ．限界圧力は，許容圧力を求めるときに用い，許容圧力は設計圧力または限界圧力のいずれかの低いほうの圧力とする．

・**圧力容器の溶接継手**の効率は，溶着金属部の状態と溶接結合される母材が溶接に伴って生じる高熱によって弱められることを考慮した補正係数である．

・圧力容器の溶接継手の効率は，以下の二つの条件に決められてる．

① 溶接方法（溶接継手の種類）

② 溶接部の全長に対する**放射線透過試験**を行った部分の長さの割合

Point

突合せ両側溶接またはこれと同等以上とみなされる突合せ片側溶接継手の効率は，溶接部の全長に対して放射線透過試験を行った場合は 1 である．

3　鏡　板

・鏡板は，断面形状により図 8.7 に示す種類のものがある．冷凍装置に用いられる鏡板の形状は，さら形または半だ円体形が多い．

・円筒胴圧力容器の鏡板に必要な板厚は，同一の設計圧力，胴の内径，材料の場合であっても，鏡板の形状によって大きく異なる．

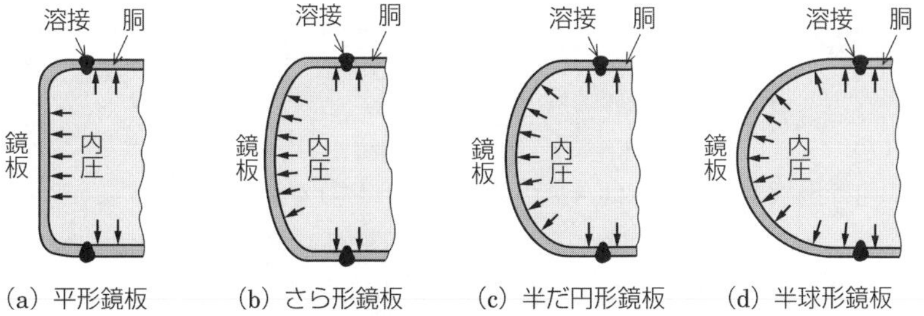

図 8.7 鏡板の種類

・**同じ設計圧力，同じ円筒胴の内径，同じ材料の場合において，鏡板の必要な最小板厚は，平形が最も厚く，平形，さら形，半だ円形，半球形の順に薄くできる．**これは，局部的な応力（応力集中）が小さくなるほど，各部にかかる力が平均になり，耐圧強度が大きくなるからである．

・**応力集中**（局所に応力が集中）は，容器の形状や板厚が急変する部分やくさび形のくびれの先端部に発生しやすい．

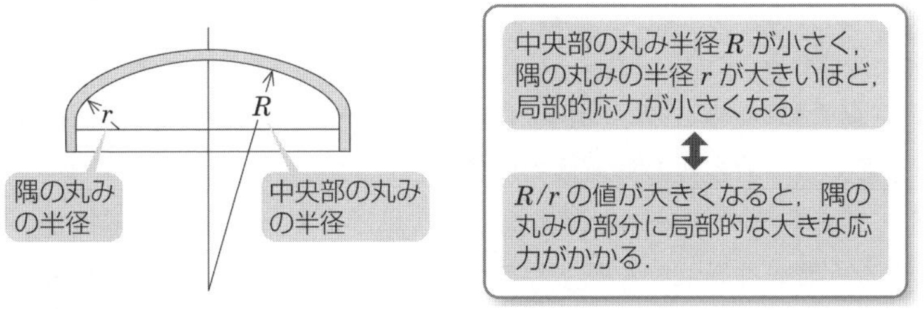

要点整理

圧力容器のさら形鏡板の隅の丸みが小さい場合には，応用集中により，隅の丸みの部分に大きな応力がかかりやすい．

図 8.8 応力集中

例題

次のイ，ロ，ハ，ニの記述のうち，圧力容器の強度について正しいものはどれか．

イ．円筒胴板の必要厚さは，最小厚さに腐れしろを加えて算出するが，一般の腐食性のない冷媒では，圧力容器の内面側は腐食しないと考えてよい．

ロ．円筒胴板の溶接部の全長にわたって放射線透過試験を行った場合，突合せ両側溶接またはこれと同等以上とみなされる突合せ片側溶接継手の効率は 1 である．

ハ．円筒胴圧力容器の鏡板に必要な板厚は，円筒胴と鏡板の直径が同じであっても鏡板の形状によって大きく異なる．鏡板の必要な最小板厚は，平形が最も厚く，平形，浅さら形，さら形，深さら形，半球形の順に薄くできる．

ニ．実際の必要厚さは，最小厚さに腐れしろを加えるが，冷凍装置ではステンレス鋼の腐れしろは 0 mm である．

(1) イ　(2) ロ　(3) ロ，ハ　(4) イ，ニ　(5) イ，ロ，ハ

▶解説

イ：(正) 腐食性のない冷媒を使用するときには，圧力容器の内面側は腐食しないと考え，圧力容器の外面側の腐食のみを考慮する．

ロ：(正) 圧力容器の突合せ両側溶接の溶接継手の効率の値は，溶接部の全長に対する放射線透過試験を行った部分の割合によって定められている．

ハ：(正) 鏡板に必要とされる板厚は，その形状により，平形＞浅さら形＞さら形＞深さら形＞半球形の順に薄くできる．

ニ：(誤) ステンレス鋼の腐れしろは，銅，アルミニウムなどとも同じ **0.2 mm** である．

[解答] **(5)**

例題

次のイ，ロ，ハ，ニの記述のうち，圧力容器の強度について正しいものはどれか．

イ．円筒胴圧力容器に内圧が作用したときに発生する最大引張応力は，円筒胴の接線方向の引張応力であり，この引張応力は長手方向の引張応力の 2 倍である．

ロ．円筒胴板の溶接部の全長にわたって超音波探傷試験を行った場合，突合せ両側溶接またはこれと同等以上とみなされる突合せ片側溶接継手の効率は 1 である．

ハ．圧力容器の実際の板厚計算では，腐食性のない冷媒を使用するときには，圧力容器の外面側の腐食を考え，最小厚さに腐れしろを加えて，板厚計算をすればよい．

ニ．圧力容器のさら形鏡板では，応力集中により隅の丸みの部分に大きな応力が生じやすいので，板厚の計算ではその丸みを考慮して板厚を決める．

(1) イ　(2) ロ，ニ　(3) ハ，ニ　(4) イ，ハ，ニ　(5) イ，ロ，ハ，ニ

▶解説

イ：(正) 円筒胴圧力容器に内圧が作用したときに発生する最大引張応力は，円筒胴の接線方向の引張応力で，なお，円筒胴の接線方向の応力は長手方向の応力の 2 倍である．

ロ：(誤) 突合せ両側溶接またはこれと同等以上とみなされる突合せ片側溶接継手の効率は，溶接部の全長に対して放射線透過試験を行った場合は 1 である．

ハ：(正) 腐食性のない冷媒を使用した圧力容器の実際の板厚計算では，圧力容器の内面側は腐食しないと考え，永年使用による圧力容器の外面側の腐食のみを考る．

ニ：(正) 圧力容器のさら形鏡板の隅の丸みが小さい場合には，応力集中により，隅の丸みの部分に大きな応力がかかりやすい．

[解答]　(4)

▶ 学識演習問題

次の各問について，正しいと思われる最も適切な答をその問の下に掲げてある（1），（2），（3），（4），（5）の選択肢の中から1個選びなさい．

問1　下図の理論冷凍サイクルの p-h 線図において，次のイ，ロ，ハ，ニの記述のうち正しいものはどれか．ただし装置の冷凍能力は 450 kW である．

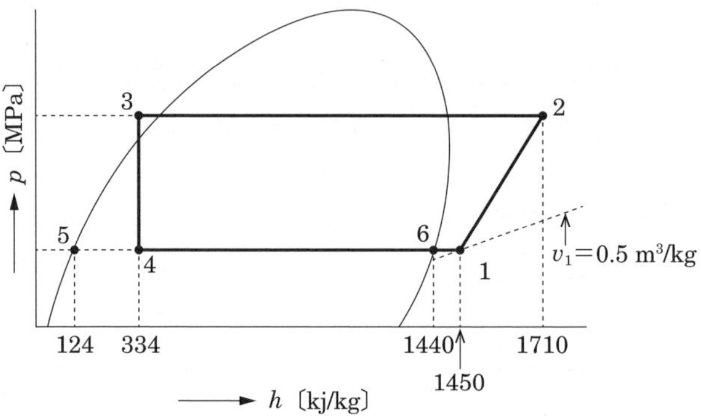

イ．冷媒循環量は，約 0.4 kg/s である．

ロ．蒸発器入口の冷媒乾き度は，約 0.3 である．

ハ．圧縮機吸込み蒸気量は，約 0.2 m^3/s である．

ニ．凝縮器の放熱量は，約 650 kW である．

（1）イ，ロ　（2）イ，ハ　（3）イ，ニ　（4）ロ，ハ　（5）ハ，ニ

問2　R404A 冷凍装置が下記の条件で運転されている．このとき，冷媒循環量 q_{mr} と実際の成績係数 $(COP)_R$ について，次の答の（1）〜（5）の組合せのうち正しいものはどれか．

ただし，圧縮機の機械的摩擦損失仕事は吐出しガスに熱として加わるものとする．また，配管での熱の出入りおよび圧力損失はないものとする．

（運転条件）

圧縮機のピストン押しのけ量	$V = 250$ m^3/h
圧縮機の吸込み蒸気の密度	$\rho = 10$ kg/m^3
圧縮機の吸込み蒸気の比エンタルピー	$h_1 = 360$ kJ/kg
断熱圧縮後の吐出しガスの比エンタルピー	$h_2 = 400$ kJ/kg
蒸発器入口の冷媒の比エンタルピー	$h_4 = 230$ kJ/kg

圧縮機の体積効率　$\eta_V = 0.70$
圧縮機の断熱効率　$\eta_c = 0.80$
圧縮機の機械効率　$\eta_m = 0.90$

(1) $q_{mr} = 0.486$ kg/s, $(\mathrm{COP})_R = 1.64$　(2) $q_{mr} = 0.486$ kg/s, $(\mathrm{COP})_R = 2.34$
(3) $q_{mr} = 0.486$ kg/s, $(\mathrm{COP})_R = 3.25$　(4) $q_{mr} = 17.50$ kg/s, $(\mathrm{COP})_R = 1.644$
(5) $q_{mr} = 17.50$ kg/s, $(\mathrm{COP})_R = 3.25$

問3　次のイ，ロ，ハ，ニの記述のうち，圧縮機について正しいものはどれか．

イ．遠心圧縮機の容量制御は，吸込み側にあるベーンによって行うが，低流量になると運転が不安定となり，サージング現象が発生しやすい．

ロ．圧縮機の容量制御方法として，蒸発圧力調整弁または吸入圧力調整弁を圧縮機の吸込み蒸気配管に取り付ける方法がある．

ハ．二段圧縮一段膨張冷凍装置では，低段側圧縮機の吸込み蒸気の比体積が高段側圧縮機の吸込み蒸気の比体積よりもはるかに大きいので，低段側ピストン押しのけ量は，高段側ピストン押しのけ量の半分以下になる．

ニ．スクリュー圧縮機は，吸込み弁と吐出し弁を必要としないために部品点数が少なく，液圧縮に比較的強いが，停止時に高低圧の差圧でロータが逆回転するので，逆回転防止のために吐出し側に逆止め弁を必要とする．

(1) イ，ロ　(2) イ，ニ　(3) ロ，ハ　(4) イ，ロ，ニ　(5) ロ，ハ，ニ

問4　次のイ，ロ，ハ，ニの記述のうち，伝熱について正しいものはどれか．

イ．一般に物体から電磁波の形で放射される熱エネルギーはその物体の絶対温度の2乗に正比例する．

ロ．流動している流体と固体壁面との間に温度差があると熱移動を生じ，その伝熱量は「伝熱面積」と「伝熱壁面温度と周囲流体温度との温度差」に正比例する．このときの比例定数 α〔$\mathrm{kW/(m^2 \cdot K)}$〕を熱伝達率と呼び，熱の伝わりやすさを表す．

ハ．熱伝達抵抗および熱伝導抵抗を直列に並べて合計したものを熱通過抵抗と呼び，この逆数を熱通過率と呼ぶ．この熱通過率の数値の大きいほうが伝熱性能は悪い．

ニ．熱交換器内の流体の温度が変化する場合，伝熱面全体にわたっての平均熱通過率 K は，平均温度差 Δt_m を用いて，$\Phi = KA\Delta t_m$ の比例定数として定義される．この平均温度差 Δt_m として対数平均温度差を用いることによって，より正確に伝熱量 Φ を求められる．

(1) イ，ロ　(2) イ，ニ　(3) ロ，ハ　(4) ロ，ニ　(5) ロ，ハ，ニ

問5　次のイ，ロ，ハ，ニの記述のうち，凝縮器について正しいものはどれか．

イ．空冷凝縮器は，冷却管内に導かれた冷媒過熱蒸気を外面から大気で冷却し凝縮

させるが，空気側にフィンを付けているのは空気側の熱伝達率が小さいのでこれを補うためである．

ロ．水冷横形シェルアンドチューブ凝縮器は，横置きされた鋼板製の円筒胴内に多数の冷却管を配置したもので，一般的には冷却管はその両端を鋼製管板に拡管して圧着される．水室カバーは取外し可能な構造になっている．

ハ．凝縮負荷は凝縮器において冷媒から放出される熱量であり，冷凍負荷と圧縮機の入力に相当する熱量との和となる．圧縮室に油噴射を行うスクリュー圧縮機の場合には，この値から油冷却器における放熱量を引いたものが凝縮負荷となる．

ニ．ブレージングプレート疑縮器の伝熱プレートは，銅製の伝熱プレートを多層に積層し，それらを圧着して一体化し強度と気密性を確保している．

(1) イ，ロ　(2) イ，ニ　(3) ハ，ニ　(4) イ，ロ，ハ　(5) ロ，ハ，ニ

問 6　次のイ，ロ，ハ，ニの記述のうち，蒸発器について正しいものはどれか．

イ．フィンコイル蒸発器における電気ヒータ方式による除霜では，冷却管の配列の一部に組み込んだチューブ状の電気ヒータに送風機を運転しながら通電することによって，霜を融かす．

ロ．乾式蒸発器はその構造から次のような特徴をもつ．システム全体の冷媒量が満液式に比べて少なくてすむこと，特別な油戻し装置を必要としないこと，蒸発器出口側に冷媒蒸気を過熱状態にするための伝熱面積が必要になることなどである．

ハ．液体冷却用の満液式蒸発器の特徴は，蒸発器内の冷媒が自然対流熱伝達で蒸発し乾式蒸発器に比べて伝熱性能がよく，圧力降下が小さいことである．

ニ．フィンコイル乾式蒸発器では，熱通過率の基準伝熱面を外表面側にとり，内外表面積の違いによる熱通過率への影響を考慮して，有効内表面積を有効外表面積で除した有効内外伝熱面積比を熱通過率の計算に使用する．

(1) イ　(2) ロ　(3) ロ，ハ　(4) ロ，ニ　(5) ハ，ニ

問 7　次のイ，ロ，ハ，ニの記述のうち，熱交換器について正しいものはどれか．

イ．フルオロカーボン冷媒液へ油が溶解して粘度が高くなると，伝熱壁面付近の速度の遅い流れの層（境界層）の厚さが厚くなって，熱が移動しにくくなる．

ロ．ローフィンチューブを用いた水冷凝縮器の熱通過率は，水あかなどの汚れが増えるとともに小さくなり，そのため冷媒と冷却水との温度差は増大する．

ハ．実際の熱交換器では，伝熱面に水あかなどの汚れが付着し，熱伝導抵抗が増加する．この汚れの層の熱伝導率を，その汚れの厚さで除したものを汚れ係数という．

ニ．冷凍装置の熱負荷が減少し可変容量圧縮機のアンローダが作用して圧縮機能力が小さくなると，フィンコイル蒸発器では，室温と蒸発温度の温度差は小さくなる．

(1) イ，ロ　(2) ロ，ハ　(3) ハ，ニ　(4) イ，ロ，ニ　(5) イ，ハ，ニ

問 8　次のイ，ロ，ハ，ニの記述のうち，自動制御機器について正しいものはどれか．

イ．温度自動膨張弁の役割には，高圧の冷媒液を蒸発器に絞り膨張させる機能と，設定圧力に応じて，冷媒流量を調節する機能があり，膨張弁は蒸発器の標準運転条件のみによって選定する．

ロ．温度自動膨張弁の感温筒のチャージ方式のうち，ガスチャージ方式は冷凍装置の始動時の液戻り防止や，圧縮機駆動用電動機の過負荷防止に有効である．

ハ．凝縮圧力調整弁は，空冷凝縮器の冬季運転における凝縮圧力の異常な低下を防止し，冷凍装置を正常な運転にする．

ニ．水冷凝縮器に取り付ける冷却水調整弁は，凝縮圧力または凝縮温度を検知して作動し，凝縮圧力が適正な状態を保つように冷却水量を調節する．

(1) イ，ロ　(2) イ，ハ　(3) ロ，ハ　(4) ロ，ニ　(5) ロ，ハ，ニ

問 9　次のイ，ロ，ハ，ニの記述のうち，冷媒および潤滑油について正しいものはどれか．

イ．圧縮機の単位吸込み体積当たりの冷凍能力を体積能力と呼び，沸点の低い冷媒の体積能力は大きくなる傾向にある．この値を参照して圧縮機の大きさを決める．

ロ．アンモニアは毒性と微燃性を有するが，冷媒としては，体積能力が大きく，理論成績係数は高く，低圧蒸気配管での圧力損失は小さい．

ハ．R404A，R407C，R410A など非共沸混合冷媒は，一定圧力下で蒸発を始める温度（沸点）と蒸発終了時の温度（露点）とに違いがあり，露点よりも沸点のほうが温度が高い．

ニ．アンモニアは，冷凍機油として使用される鉱油とは相互に溶解しにくく，アンモニア液は冷凍機油（鉱油）よりも軽いので，冷凍装置からの油抜きは容器の底部から行う．

(1) イ，ロ　(2) イ，ニ　(3) ロ，ハ　(4) イ，ロ，ニ　(5) ロ，ハ，ニ

問 10　次のイ，ロ，ハ，ニの記述のうち，圧力容器の強度などについて正しいものはどれか．

イ．円筒胴圧力容器の鏡板に必要な板厚は，円筒胴と鏡板の直径が同じであっても，鏡板の形状によって大きく異なる同じ設計圧力，同じ円筒胴の内径，同じ材料の場合において，平形を最大として，平形＞深さら形＞さら形＞浅さい形＞半球形の鏡板の順に必要な最小厚さが薄くなる．

ロ．圧力容器に使用される溶接構造用圧延鋼材において，SM400A，SM400B および SM400C の末尾のアルファベット記号は，A＜B＜C の順に炭素含有量が多くなっており，炭素含有量が多くなるほど溶接性が悪くなる．

ハ．設計圧力は，圧力容器などの設計において，その各部について必要厚さの計算または耐圧強度を決定するときに用いる圧力で，許容圧力は，その容器に取り付ける安全装置の作動圧力の基準である．

ニ．鋼材は一般に温度が下がるにつれて引張強さ，降伏点，硬さなどが増大するが，伸び，絞り率，衝撃値などは低下する．ある温度以下の低温で伸びが小さくなって塑性変形の性質を失い，低温脆性により破壊することがある．

(1) イ，ロ　(2) イ，ハ　(3) ロ，ハ　(4) ロ，ニ　(5) ハ，ニ

▶ 学識演習問題　解答と解説

問1　解答　**(2)**

イ：(正)

冷媒循環量　$q_{mr}=\dfrac{\Phi_0}{h_1-h_4}=\dfrac{450}{1\,450-334}=\dfrac{450}{1\,116}\fallingdotseq 0.4\ \mathrm{kg/s}$

ロ：(誤)

乾き度　$x=\dfrac{h_4-h_5}{h_6-h_5}=\dfrac{334-124}{1\,440-124}=\dfrac{210}{1\,316}\fallingdotseq 0.16$

ハ：(正)

圧縮機吸込み蒸気量　$q_{mr}v_1=0.4\times 0.5=0.2\ \mathrm{m^3/s}$

ニ：(誤)

凝縮器放熱量(理論凝縮熱量)

$$\Phi_K=q_{mr}(h_2-h_3)=0.4\times(1\,710-334)=0.4\times 1\,376\fallingdotseq 550\ \mathrm{kW}$$

問2　解答　**(2)**

冷媒循環量　$q_m=\dfrac{V\eta_V\rho}{3\,600}=\dfrac{250\times 0.7\times 10}{3\,600}=0.486\ \mathrm{kg/s}$

成績計数　$(\mathrm{COP})_R=\dfrac{h_1-h_4}{h_2-h_1}\times\eta_c\eta_m=\dfrac{360-230}{400-360}\times 0.8\times 0.9=2.34$

問3　解答　**(4)**

イ：(正) 記述のとおり.

ロ：(正) 記述のとおり.

ハ：(誤) 中間冷却器を用いた二段圧縮一段膨張冷凍装置では，低段側冷媒循環量は高段側冷媒循環量よりも少ないが，低段側ピストン押しのけ量は，高段側ピストン押しのけ量の**2～3倍**になる.

ニ：(正) 記述のとおり.

問4　解答　**(4)**

イ：(誤) 一般に物体から電磁波の形で放射される熱エネルギーは，その物体の絶対温度の**4乗に正比例**する.

ロ：(正) 記述のとおり.

ハ：(誤) 熱通過率の数値の大きいほうが熱通過抵抗が小さいので**伝熱性能はよい**.

ニ：(正) 記述のとおり.

問5　解答　(4)

イ，ロ，ハ：(正) 記述のとおり．

ニ：(誤) ブレージングプレート凝縮器の伝熱プレートは，板状のステンレス製伝熱プレートを多数積層し，それらをブレージング（ろう付け）によって密封することにより，一体化し強度と気密性を確保している．

問6　解答　(2)

イ：(誤) フィンコイル蒸発器における電気ヒータ方式による除霜では，庫内温度の上昇を防止するためにヒータへの通電の際は送風機を停止しておく．なお，乾式空気冷却器の除霜方法として，オフサイクル方式は送風機を運転して行うが，ホットガスデフロスト方式は送風機を止めて除霜する．

ロ：(正) 記述のとおり．

ハ：(誤) 液体冷却用の満液式蒸発器の特徴は，蒸発器内の冷媒液が核沸騰熱伝達で蒸発するため，乾式蒸発器に比べて伝熱性能がよく，圧力降下も小さいことである．

ニ：(誤) 有効内外伝熱面積比は，有効外表面積を有効内表面積で除したものである．

問7　解答　(4)

イ，ロ：(正) 記述のとおり．

ハ：(誤) 実際の熱交換器では，伝熱管に水あかなどの汚れが付着し，熱伝導抵抗が増大する．この汚れ係数は，汚れの厚さを汚れの熱伝導率で除して求める．

ニ：(正) 記述のとおり．

問8　解答　(5)

イ：(誤) 温度自動膨張弁は，高圧の冷媒液を蒸発器に絞り膨張させる機能と，冷媒負荷に応じて冷媒流量を調節し，冷凍装置を効率よく運転する機能の2つの役割をもっている．膨張弁の選定には標準運転条件だけでなく，蒸発器の大きさ，負荷変動，蒸発温度設定値の変更なども考慮して，膨張弁容量，チャージ方式，均圧形式などを選択する．

ロ，ハ，ニ：(正) 記述のとおり．

問9　解答　(4)

イ，ロ：(正) 記述のとおり．

ハ：(誤) R404A，R407C，R410Aなど非共沸混合冷媒は，一定圧力下で蒸発を始める温度（沸点）と蒸発終了の温度（露点）とに違いがあり，沸点よりも露点のほうが高い．

ニ：（正）冷凍機油はアンモニア冷凍装置では受液器などの下部に溜まり，フルオロカーボン冷凍装置では上部に溜まる．

問 10　解答　(5)

イ：（誤）円筒胴圧力容器の鏡板に必要な板厚は，同じ設計圧力，同じ円筒胴の内径，同じ材料の場合において，平形を最大として，平形>浅さら形>さら形>深さら形>半球形の鏡板の順に必要な最小厚さが薄くなる．

ロ：（誤）SM400A，SM400B および SM400C の末尾のアルファベットの記号は，**A>B>C** の順に炭素含有量が少なくなっており，炭素含有量が少ないほど溶接性が良くなる．

ハ，ニ：（正）記述のとおり．

第2編

保安管理技術

第1章　冷凍装置の運転と保守

ここでは，最も一般的な多気筒圧縮機を使用した冷凍装置について説明する．

1　冷凍装置の運転

(1)　冷凍装置の運転準備

冷凍装置の始動前に，次の点検・確認を行う．

①　圧縮機のクランクケースの冷凍機油の油面の高さや清浄さを点検する．

②　水冷凝縮器などの冷却水出入口弁が開いていることを確認する．

③　開く弁（とくに**安全弁の元弁**）と閉める弁の開閉状態を確認する．

④　配管中にある電磁弁の作動を確認する．

⑤　受液器の液面計や高圧圧力スイッチにより冷媒を確認する．

⑥　**電気系統**の結線，操作回路を点検し，絶縁抵抗を測り絶縁低下やショート（短絡）箇所がないか確認する．

⑦　各電動機の**始動状態**，**回転方向**を確認する．

⑧　**クランクケースヒータの通電**を確認する．

⑨　**高低圧圧力スイッチ**，**油圧保護圧力スイッチ**などの作動を確認し，必要に応じて調整を行う．

(2)　冷凍装置の運転開始

・冷凍装置の運転準備後，圧縮機を始動・運転し，運転状態の点検と調節を行う．

①　蒸発器の送風機，空冷凝縮器や蒸発式凝縮器の送風機，冷却水，冷水またはブラインのポンプを運転する．

②　圧縮機の**吐出し側の止め弁の全開**を確認してから圧縮機を始動する．

③　圧縮機の吸込み側の止め弁をゆっくり全開まで開く（液戻りに注意）．

④　圧縮機の油量と給油圧力を確認する．

> **Point**
> 吸込み側の止め弁を急激に開くと，圧縮機に液戻りや激しいオイルフォーミングが起こることがある．

⑤　運転が安定したら，各部の点検を行う（電動機の電圧と電流，凝縮器と受液器の液面高さ，サイトグラスによる冷媒の状態，膨張弁の作動状況など）．

・**圧縮機の始動**は，駆動電動機の特性に合わせて負荷の軽い状態で行い，徐々に負荷を重くする必要がある．そのために次の方法がとられている．

①　小形圧縮機では，高圧側と低圧側の圧力がほぼバランスした状態で始動すれば，駆動電動機の負荷は小さくなる．

②　容量制御装置（アンローダ）が付いた多気筒圧縮機では，始動時，冷凍機油の油圧が正常値に上がるまでは圧縮機がアンロード状態にあるので，駆動

用電動機の**負荷を軽減できる**.

・圧縮機駆動用電動機の始動電流が大きいので，**頻繁な始動と停止**を繰り返すと，電動機巻線の温度が上昇し，焼損のおそれがある.

(3)　冷凍装置の運転停止（手動操作の場合）

① 受液器の出口弁を閉じてしばらく圧縮機を運転し，液管での液封や再始動時の液戻りを防ぐために低圧部の冷媒を受液器に回収（**ポンプダウン**）する．この場合に，吸込み側の圧力は真空にしない.

② 液封（冷媒配管内において，液体が閉じ込められている状態で温度上昇したときに配管などが破壊，破裂する現象が生じないようにしてから圧縮機を停止する.

③ 圧縮機停止直後に圧縮機吸込み側の止め弁を閉じ，高圧側と低圧側を遮断しておく.

④ 油分離器からの返油弁を閉じ，圧縮機停止中に油分離器内の凝縮した冷媒液が圧縮機に戻るのを防止する.

⑤ 蒸発器の送風機，空冷凝縮器や蒸発式凝縮器の送風機，冷却水，冷水またはブラインのポンプを停止する.

(4)　冷凍装置の長期間休止の留意点

・低圧側の冷媒を回収する．この場合，低圧側にはゲージ圧力で **0.01 MPa 程度のガス圧を残し**，装置に漏れが生じた際に装置に空気が侵入することを防ぐ.

・各部の止め弁を閉じておく（安全弁の元弁は開いておく）．ただし，液管で液封事故が起きないように注意する.

・圧縮機を長期にわたって停止し，凍結のおそれのある場合，凝縮器，油冷却器の冷却水は排水する．また，圧縮機シリンダのウォータージャケットの冷却水も排出し，凍結を防止する必要がある.

2　湿り運転と液圧縮

蒸発器からの冷媒蒸気に冷媒液が混入（**液戻り：液バックという**）し，圧縮機が湿り運転になると，冷媒液が圧縮機シリンダに吸い込まれて**液圧縮**を起こす.

(1)　圧縮機の湿り運転や液戻りによる液圧縮運転になる主な要因

① 多量の液が残留した状態で冷凍装置の運転を停止し，再始動する場合.

② 急激な負荷変動が生じた場合（多気筒圧縮機がアンロード運転からフルロード運転に変わった場合など）.

③　吸込み蒸気配管の途中の大きなＵトラップなどに，油や冷媒液が溜まっている場合．

④　温度自動膨張弁などの冷媒制御弁が開きすぎている場合（温度膨張弁の感温筒が圧縮機吸込み蒸気配管から外れている場合など）．

⑤　油によく溶解する冷媒を使用する圧縮機において，運転停止中のクランクケース内の油温が低い場合にオイルフォーミングが生じ，その油をシリンダに吸い込む場合．

⑥　低温用の冷凍装置で蒸発器のホットガスデフロフトを行い，冷却運転に戻った場合．

(2)　液圧縮による影響

・液圧縮を起こすと，液体は非圧縮性であるからシリンダ内で極めて大きな圧力上昇を生じ，吐出し弁，吸込み弁の破壊，さらにシリンダの破壊を生じることがある．

・圧縮機が湿り蒸気を吸い込むと，**圧縮機の吐出しガス温度が低下**する．この液戻りの状態が続くと，クランクケース内の温かい油に冷媒液が混ざり，**冷媒液の急激な沸騰によるオイルフォーミング**が発生する．オイルフォーミングによって，はねかけ式の潤滑を行っている小形圧縮機では潤滑不良が起こる．また，強制給油式の圧縮機では油ポンプの油圧の低下により，**油圧保護圧力スイッチが作動して圧縮機が停止する．**

(3)　液圧縮に対する対応

①　圧縮機シリンダ頭部に安全ぶたなど安全装置を施す．

②　圧縮機吸込み側に液分離器（アキュムレータ）を設ける．

3　過熱運転

(1)　過熱運転の主な原因

圧縮機が過熱運転状態になる原因としては，次のものがある．

①　**吸込み蒸気圧力の低下**

②　**過大な吸込み蒸気の過熱度の過大**

③　**吐出しガス圧力の上昇**

④　その他（圧縮機の不具合，密閉圧縮機においては過負荷や電源の異常な高電圧・低電圧など）

> **Point**
> 過熱運転とは，蒸発器で冷媒が完全蒸発し，その気体がさらに加熱されて圧縮機に吸入されている状態（過熱状態）である．

これらの過熱運転の原因は一つの場合もあるが，いくつかの原因が相互に組み合わさって生じる場合が多い.

(a) 吸込み蒸気圧力の低下の主な要因

① 低温用冷凍装置の熱負荷の大きな低下

② 圧縮機吸込み蒸気配管にあるサクションフィルタの目詰まりなど

③ フラッシュガスの発生や冷媒の漏れによる冷媒不足

(b) 過大な吸込み蒸気の過熱度の主な要因

① 蒸発器の熱負荷の過大

② 冬季に凝縮圧力が大きく低下したときの膨張弁の容量不足

(c) 吐出しガス圧力の上昇の主な要因

① 空冷凝縮器のフィンのごみによる目詰まり

② 蒸発式凝縮器の伝熱管の汚れや散水量の減少

③ 水冷凝縮器の冷却管の水あか付着や冷却水量の減少，冷却水入口温度の上昇

④ 不凝縮ガスの滞留

(2) 過熱運転の影響

・過熱運転になると，圧縮機の体積効率，断熱効率が低下することによって，冷凍装置の**冷凍能力，成績係数が低下**する.

・圧縮機の吐出しガス温度が高くなりすぎると**冷凍機油の炭化，酸化，分解生成物の発生**などが起こり，冷媒中にスラッジを生じやすい.

・密閉圧縮機では，吸込み蒸気により電動機を冷却しているので，吸込み蒸気の過熱度が過大になると，吐出しガス温度の上昇は顕著になり，**電動機の焼損事故**の原因にもなる.

Point

密閉・半密閉冷凍機の電動機が焼損すると，巻線の絶縁物や冷凍機油が焼けて，圧縮機内にカーボンが付着したり，冷媒の分解が生じることがある．このような場合には，圧縮機の交換だけでなく冷凍サイクル内の洗浄も必要になってくる.

Point

スクリュー圧縮機の吐出しガス温度は，オイルインジェクションを行っているので，一般に多気筒圧縮機よりも低い（通常90℃以下である）.

4　吸込み弁と吐出し弁の漏れの影響

往復圧縮機の吸込み弁と吐出し弁は，ステンレス鋼でつくられている板弁を使用している．弁板の耐久時間に応じて吸入み弁，吐出し弁を交換する必要がある．

(1)　吸込み弁の漏れ

ピストンの圧縮，吐出しの行程で圧縮機の吸込み弁に漏れがあると，シリンダ内の高圧ガスの一部が吸込み側に逆流し，圧縮機の吐出し量が減少するので体積効率は大きく低下し，冷凍能力も低下するが，圧縮機の**吐出しガス温度は吐出し弁の漏れほど上昇しない**.

(2)　吐出し弁の漏れ

圧縮機の吐出し弁に漏れがあると，ピストンの吸込み行程で吐出し側の高温，高圧の圧縮ガスの一部がシリンダ内に逆流して，吸込み蒸気と混合することにより，次の状況が生じる．

① 圧縮機の吸込み蒸気量が減少し，**冷凍能力と成績係数が低下**する．

② 吸込み蒸気の過熱度が大きくなり，**吐出しガス温度が上昇**する．

③ 吐出しガス温度が高くなると，圧縮機シリンダも過熱状態になり，**体積効率とともに断熱効率も大きく低下**する．また，**冷凍機油を劣化させる**.

<往復圧縮機の吐出し弁の漏れのフロー>

吐出し弁の漏れ

→ 吐出し弁から高温，高圧のガスがシリンダ内に逆流して吸込み蒸気と混合

→ 過熱度の大きなガスを圧縮

→ 吐出しガス温度の上昇，体積効率の低下，断熱効率の低下

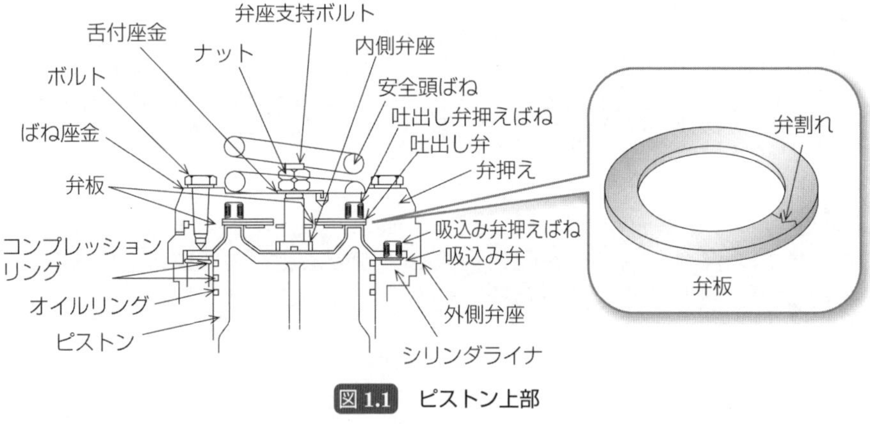

図 1.1　ピストン上部

5　ピストンリングからの漏れの影響

一般の圧縮機のピストンには，ピストンリングとして，吐出しガスがクランクケースに漏れないようにする**コンプレッションリング**（上部に２～３本）と冷凍機油をかき落とす**オイルリング**（下部に１～２本）が付いている．長時間運転しているとこれらのピストリングが著しく摩耗し，リングが折れてシリンダ壁やビストンに傷をつけるので注意しなければならない．

① **コンプレッションリング（ガスリング）が著しく摩耗**

シリンダ内の**高圧ガスがクランクケース側に**漏れ，体積効率と冷凍能力が低下する．

② **オイルリング（油かきリング）が著しく摩耗**

クランクケース内の冷凍機油の**油上がり**（冷凍機油がピストン上部に上がること）が多くなり，圧縮機から凝縮器の方へかなり多くの油が送り出される．油分離器があっても油を完全に分離できないので，凝縮器や蒸発器の伝熱管の汚れ，冷媒への油の混入などにより**伝熱性能は悪く**なる．また，**圧縮機内の油量が不足**し，油圧保護圧力スイッチが作動したり，ピストンや軸受けの焼付けの原因になる．

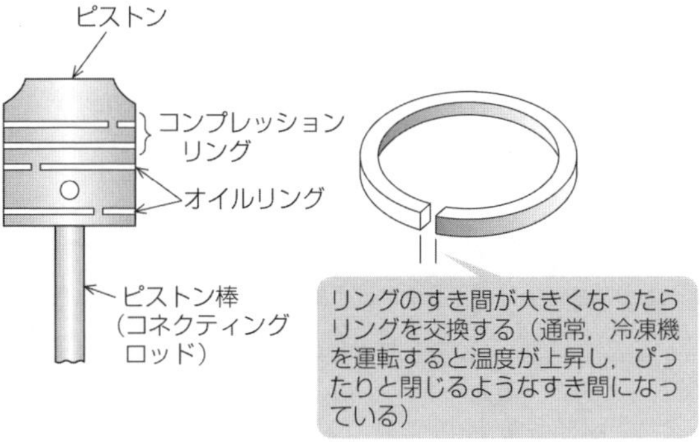

図 1.2　ピストンリング

6　往復圧縮機の潤滑

往復圧縮機の潤滑の方法は，小形圧縮機では**はねかけ式**，中形や大形では給油ポンプによる**強制給油潤滑式**が採用されている．

Point

冷凍機油の役割は，圧縮機の軸受やピストンなどの摺動面に供給されて油膜をつくり，円滑な摺動と摩耗防止を図るとともに，摩擦によって生じる熱を除去（冷却）することなどである．

(1)　はねかけ式（飛沫式）

・はねかけ式は，油をはね上げて各部を潤滑する給油方式である．

・はねかけ式では，クランクケース内の油量が少ないと潤滑不良を起こし，多すぎると圧縮機からの油上がりが多くなるので，運転中の**クランクケース内の油量を油面計で確認**する必要がある．

(2)　強制給油潤滑式

・強制給油式は，クランク軸端のギヤポンプ（オイルポンプ）でクランクケースの油溜（油槽）から油を汲み上げて，加圧して圧縮機各部の摺動部に給油する方式である．

・冷凍機油の供給不足が生じないように，適当な油圧が確保されていなければならない．多気筒圧縮機の場合は，油圧計指示圧力からクランクケース内圧力を差し引いた圧力であり，油圧調整弁で調節し，**通常 0.15 MPa から 0.4 MPa 程度**である（メーカの取扱説明書に従う）．

7　オイルフォーミング（泡立ち）

・オイルフォーミング（冷凍機油中の冷媒が気化して，油が沸騰したような激しい泡立ちが起こる現象）が起こると，往復圧縮機が冷媒とともに油を吸い込むため油上がり量が多くなり，**オイルハンマ**（油圧縮）などを起こすことがある．強制給油式の圧縮機では，油ポンプの油圧が低下するので，**油圧保護圧力スイッチが作動して圧縮機が停止**することがある．

Point

単段往復圧縮機では，冷凍機油が吸込み側の低圧部分にあり，始動時や液戻り時にオイルフォーミングを発生しやすい．

・オイルフォーミング防止策としては，往復圧縮機では**クランクケースヒータ**（圧縮機の油槽部分に取り付けてある電気ヒータ）を用いて，**始動前に油温を上げ**，冷媒の溶解量を少なくしている（**圧縮機が運転しているときは，一般にクランクケースヒータに通電しない**）．

・アンモニアを冷媒とする場合にも，クランスケース内の油にわずかにアンモニアが混入した時や液戻り時に，温かい油と混合したアンモニアがオイルフォーミング現象を起こすことがある．圧縮機運転前には油ヒータで油温を周囲温度よりも高くしておく．

表 1.1 冷凍機油と冷媒の関係

	アンモニア	フルオロカーボン
溶解度	少し溶ける	フルオロカーボンガスの圧力と油の温度によってかなり溶ける
オイルフォーミング	少しフォーミングを起こす	かなりフォーミングを起こす
クランクケースヒータ	不要	必要
油の劣化	吐出し温度が高いので劣化しやすい	吐出し温度が低いので劣化は遅い

コラム

往復圧縮機の吐出しガス温度

往復圧縮機による圧縮が，断熱圧縮であると仮定すると，吐出しガス温度 T_d は次式で表される．

$$\text{吐出しガス温度}\quad \boldsymbol{T_d = T_s\left(\frac{p_d}{p_s}\right)^{(k-1)/k}}$$

ここで，T_s：吸込み蒸気絶対温度〔K〕
p_d：吐出しガス絶対圧力〔MPa〕
p_s：吸込み蒸気絶対圧力〔MPa〕
k：断熱係数（$k>1$）

上式から，圧縮機が過熱運転状態（吐出しガス温度が高くなる運転状態）になる原因としては，**吸込み蒸気温度 $\boldsymbol{T_s}$ が高く，吐出しガス圧力 $\boldsymbol{p_d}$ が高く**，また，**吸込み蒸気圧力 $\boldsymbol{p_s}$ が低くなると，吐出しガス温度 $\boldsymbol{T_d}$ が高くなり，圧縮機が過熱の傾向**になる．

表 1.2 冷媒の圧縮機吐出ガス温度

（蒸発／凝縮温度＝10/45℃，過冷却度／過熱度＝0/0 K）

冷　媒	R134a	R404A	R407C	R410A	R507A	アンモニア
圧縮機吐出ガス温度〔℃〕	48.51	49.63	56.90	59.55	49.32	87.62

例題

次のイ，ロ，ハ，ニの記述のうち，往復圧縮機について正しいものはどれか．

イ．多気筒圧縮機の始動時には，吐出し止め弁の全開を確認してから，圧縮機を始動する．始動後直ちに，吸込み止め弁を全開まですばやく開くようにして，低圧側圧力が速く低下するようにする．

ロ．圧縮機を手動で操作して停止させる場合，受液器液出口弁を閉じてしばらく運転し，受液器に冷媒液を回収する必要がある．これは，液封の防止などのために必要な措置である．

ハ．往復圧縮機において吐出し弁の漏れがあると，吐出し側の高温，高圧の圧縮ガスの一部がシリンダ内に逆流するため，圧縮機の吸込み蒸気量が減少し，体積効率および吐出しガス温度の低下を招く．

ニ．フルオロカーボンを冷媒とする往復圧縮機では，始動時にオイルフォーミングなどを引き起こすことがある．これを防止するため，圧縮機運転前に油温を周囲温度より高く上げる必要がある．アンモニアを冷媒としている場合は，一般に，圧縮機運転前に油温を高める必要はない．

(1) イ　(2) ロ　(3) ハ，ニ　(4) ロ，ニ　(5) イ，ハ，ニ

▶解説

イ：(誤) 多気筒圧縮機の始動時には，吐出し止め弁の全開を確認してから，圧縮機を始動する．始動後直ちに，液戻りやオイルフォーミングのノック音に注意しながら圧縮機の吸込み止め弁を**ゆっくりと全開まで開く**．

ロ：(正) 液管での液封や再始動時の液戻りを防ぐために低圧部の冷媒を受液器に回収する作業をポンプダウンという．

ハ：(誤) 吐出し側の高圧ガスは，圧縮工程で圧縮仕事が加えられ，高温で比エンタルピーが大きな状態になっている．このガスが吐出し弁から漏れて，シリンダ内で吸込み蒸気と混合するので，過熱度は増大し**吐出しガス温度は高くなる**．なお，圧縮機吐出しガス量が減少し，体積効率と断熱効率が大きく低下する．

ニ：(誤) アンモニアを冷媒としている場合もオイルフォーミングが発生することがあるので，一般に，圧縮機運転前に油ヒータで**油温を高める必要がある**．

[解答]　(2)

例題

次のイ，ロ，ハ，ニの記述のうち，圧縮機の過熱運転の原因となるものについて正しいものはどれか．

イ．往復圧縮機の吸込み弁の板弁が割れた．

ロ．空冷凝縮器のフィンがごみで目詰まりした．

ハ．往復圧縮機の油ポンプ回路のフィルタが目詰まりした．

ニ．冬季に空気温度が下がり，凝縮圧力が大きく低下し，温度自動膨張弁能力が大きく不足した．

(1) イ，ロ　(2) イ，ハ　(3) ロ，ハ　(4) ロ，ニ　(5) ハ，ニ

▶解説

イ：(誤) ピストンの吐出しの行程で，シリンダ内の高圧ガスの一部が吸込み側に逆流し，圧縮機の吐出し量が減少するので体積効率は大きく低下するが，圧縮機の吐出しガス温度はあまり上昇しない．したがって，往復圧縮機の吸込み弁の板弁が割れたことは，圧縮機の過熱運転の原因にはならない．

ロ：(正) 空冷凝縮器のフィンがごみで目詰まりすると熱交換不良により吐出しガス圧力が上昇する．吸込み蒸気圧力との圧力比の増大によって吐出しガス温度が上昇し，圧縮機は過熱運転となる．

ハ：(誤) 油ポンプ回路のフィルタが目詰まりすることにより，油ポンプの性能が低下し，給油量が減少して，圧縮機の軸受の焼付きの原因になるが，圧縮機の過熱運転の原因にはならない．

ニ：(正) 冬季に空気温度が下がり，凝縮圧力が大きく低下すると，温度自動膨張弁能力が不足して吸込み蒸気の過熱度が増大し，圧縮機が過熱運転となる．

[解答]　(4)

第2章　高圧部の保守管理

1　凝縮器の伝熱面積

(1)　各種凝縮器の伝熱面積

凝縮器の熱交換のための伝熱面積の概略値を表 2.1 に示す.

表 2.1　伝熱面積と熱通過率の概略値

形　式	熱通過率	1 冷却トン（1 Rt＝16 340 kJ/h）当たりの伝熱面積
水冷凝縮器	0.7 ～ 1.16 kW/（m^2·K）	0.6 ～ 1.2 m^2
蒸発凝縮器	0.35 ～ 0.41 kW/（m^2·K）	2.0 ～ 2.4 m^2
空冷凝縮器	0.023 ～ 0.035 kW/（m^2·K）	10 ～ 15 m^2

要点整理

凝縮器における熱通過率の値は，一般に水冷凝縮器の場合が最も大きく，水冷凝縮器＞蒸発式凝縮器＞空冷凝縮器の順に小さくなり，空冷凝縮器の場合が最も小さくなる.

空冷式凝縮器の伝熱面積が非常に大きいのは，伝熱管の熱通過率が蒸発式や水冷式に比べて極めて小さいことによる.

(2)　伝熱面積と凝縮温度

水冷および空冷凝縮器の凝縮負荷と伝熱面積ならびに冷却媒体（水および空気）温度の関係は，次式になる.

$$\boldsymbol{\Phi_k = KA\Delta t_m = KA\left(t_k - \frac{t_{w1}+t_{w2}}{2}\right)} \ \text{〔kW〕} \qquad ①$$

ここで，K：熱通過率〔kW/（m^2/K)〕

A：伝熱面積〔m^2〕

Δt_m：冷却媒体と冷媒との算術平均温度差〔℃〕

t_k：凝縮温度〔℃〕

t_{w1}：冷却媒体の入口温度〔℃〕

t_{w2}：冷却媒体の出口温度〔℃〕

①式より，**凝縮温度 t_k** を求める.

$$\text{凝縮温度}\quad \boldsymbol{t_k = \frac{\Phi_k}{KA} + \frac{t_{w1}+t_{w2}}{2}} \ \text{〔℃〕} \qquad ②$$

また，$\boldsymbol{\Phi_k = q_w\, c_w\,(t_{w2} - t_{w1})}$〔kW〕　③

ここで，q_w：冷却媒体の質量流量〔kg/s〕

c_w：冷却媒体の比熱（水：4.186，空気：1.006）〔kJ/（kg·K)〕

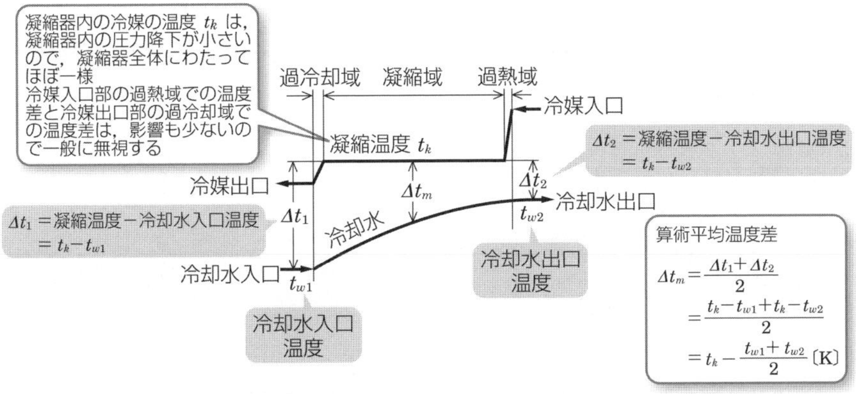

図 2.1 凝縮器における算術平均温度差

・ある凝縮負荷における凝縮温度に影響するのは，使用する凝縮器の伝熱面積を一定として式②および式③より，凝縮熱量の増加，熱通過率の減少，伝熱面積の減少，冷却媒体の温度上昇などが挙げられる．

(3) 凝縮圧力の規定値以上の主な上昇要因と影響

・凝縮器側の次の要因により凝縮温度・圧力が高くなる．

① 冷媒の過充填

② 不凝縮ガスの混入

③ 水冷凝縮器における冷却水温度の上昇，冷却水量の不足，冷却管内の水あかおよび油膜の付着

④ 空冷凝縮器における外気温度の上昇，風量不足

・凝縮圧力・凝縮温度の上昇に伴い，圧縮機の吐出しガス温度も高くなる．また，圧縮機の軸動力が増加し，冷凍能力が低下するので，装置の成績係数は低下する．

Point

空冷凝縮器では，インバータで送風機の回転速度を制御し，凝縮圧力の過大な変化を防止することができる．これは，風量の増減により凝縮能力が変わることによって達成している．

2 冷媒の過充填

(1) 受液器兼用水冷横形のシェルアンドチューブ凝縮器（コンデンサレシーバ）の場合

冷媒を過充填（オーバーチャージ）すると，余分な冷媒液が凝縮器内に蓄えられ冷媒液面が上昇し，冷媒液に浸される冷却管の本数が増加する．そのため，凝

縮に有効に使われる冷却管の伝熱面積が減少し，**凝縮圧力が上昇**するが，過冷却に使われる冷却管の伝熱面積は増加するので，凝縮器から出る**冷媒液の過冷却度は大きくなる**.

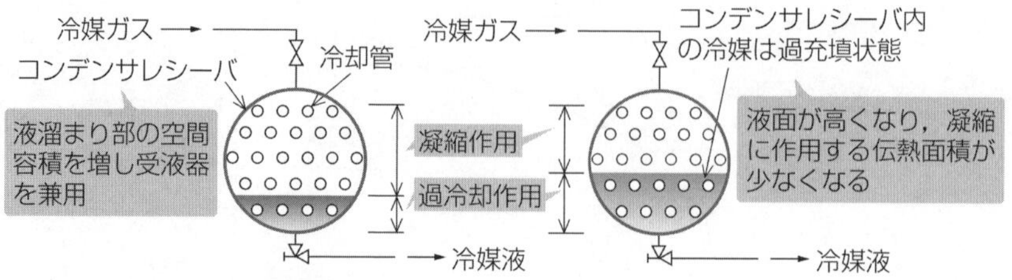

図 2.2　コンデンサレシーバと冷媒充填量

(2)　受液器をもたない空冷凝縮器の場合

冷媒を過充填すると，余分な**冷媒液は凝縮器出口側に蓄えられ**，凝縮した液の充満した領域分だけ凝縮に有効な伝熱面積が減少する．そのため，凝縮圧力は上昇する．一方，冷媒側の熱交換のための面積が増加することにより，凝縮器出口の冷媒液の過冷却度は大きくなる．

3　冷却管への水あか，油膜の付着

(1)　水あか，油膜の影響

・水冷凝縮器では，冷却水中の汚れや不純物が冷却管の内面に水あかとなって付着し，蒸発式凝縮器では管外面に水あかが付着する．

・フルオロカーボン冷媒は，油をかなりよく溶解するので伝熱面に油膜が形成されにくいが，粘度が高くなると，伝熱壁面付近の速度の遅い流れの層（境界層）の厚さが厚くなって，熱が移動しにくくなる．

・アンモニア冷媒は，鉱油をあまり溶解しないので冷媒側に油膜が形成されるが，その厚さはあまり厚くならない．

・水あかや油膜の熱伝導率は小さいため，水あかや油膜が冷却管に付着すると冷却管の熱通過率が小さくなり，冷却管の伝熱性能が低下する．このため，冷却水温度が一定であれば，凝縮温度が上昇して**凝縮温度と冷却水温度との温度差が大きくなる**．このとき，凝縮圧力（凝縮温度に対応する冷媒の飽和圧力）も凝縮温度の上昇に伴い上昇する．凝縮圧力が高くなると，**圧力比が大きくなる**ので，圧縮機の消費動力が増加するとともに，体積効率が小さくなって冷媒循環量が減少し，冷凍能力は減少する．

・水あかや油膜の熱伝導抵抗は，汚れの厚さを汚れの熱伝導率で除した**汚れ係数**〔m^2･K/kW〕で表す．**汚れ係数（スケールファクタ）が大きくなると熱通過率が小さく**なり，伝熱が阻害されることになる．

・汚れ係数による熱通過率の減少の割合は，汚れ係数の値が小さい範囲では大幅に低下し，汚れ係数の値が大きくなるとともに熱通過率はあまり変わらなくなる．

Point

水冷凝縮器でローフィンチューブ(冷媒側に高さの低いフィンを付けたチューブ)のような高性能伝熱管を使用すると，水あかが厚く付いた場合の熱伝導抵抗は，裸管の冷却管に比べて有効内外伝熱面積比 m 倍で影響するので，裸管より熱通過率の低下は著しくなる．

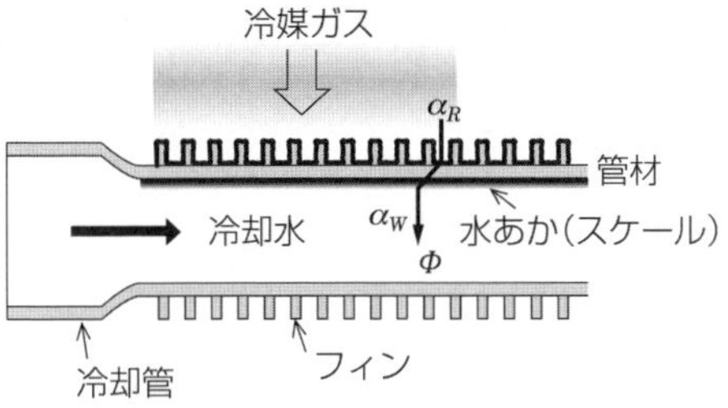

α_R：冷媒側の熱伝達率〔kW/(m^2･K)〕
α_W：冷却水側の熱伝達率〔kW/(m^2･K)〕

冷却管の熱通過率

$$K=\frac{1}{\dfrac{1}{\alpha_R}+m\left(\dfrac{1}{\alpha_W}+f_s\right)}\text{〔kW/(m}^2\cdot\text{K)〕}$$

m：有効内外伝熱面積比$\left(=\dfrac{\text{有効外表面積}}{\text{内表面積}}\right)$

f_s：水あかによる汚れ係数〔m^2･K/kW〕

$$\left(=\frac{\delta_s}{\lambda_s}\ (\delta_s\text{：厚さ，}\lambda_s\text{：熱伝導率})\right)$$

要点整理

水あかの熱伝導率は管材に比べて著しく小さい．汚れ係数は，水あかの厚さが厚いほど，また伝導率が小さいほど，汚れ係数 f_s は大きくなるので，熱通過率は小さくなる．

図 2.3　冷却管の伝熱（冷却管の熱伝導抵抗は小さいので省略）

(2)　水あかや油膜の除去

・水冷凝縮器の場合に，できるだけ冷却管に水あかが付着しないように水質の管理を行う（水質の良否の判断は，pH 値が 6.0 ～ 8.0）．なお，水質管理を行っている冷却塔を用いた水冷凝縮器でも，冷却水中に若干の有害な成分を含んでおり，凝縮器の冷却管の水側に汚れが付着するので，ブラシや薬品での水あかの除去作業が必要である．

・アンモニア冷媒では，伝熱面に形成する油膜の厚さはあまり厚くならないが，アンモニア液に比べると油の粘度は大きく，油の熱伝導率は小さく，伝熱面に付着滞留する油膜は伝熱の大きな障害となる．したがって，伝熱面上の油膜は伝熱面から排除することが望ましい（フルオロカーボン冷媒は，冷凍機油とよく溶解するので，凝縮器伝熱面に油膜を形成しない）．

・アンモニア冷媒の場合には，凝縮器下部に溜まった油を下部の油抜き弁からオイルドラムに取り出す．また，圧縮機吐出しガス配管に油分離器を設けて油を分離している．

4　不凝縮ガスの滞留とその影響

(1)　不凝縮ガスの影響

・冷凍装置内の**不凝縮ガス**（いくら冷却しても凝縮しないガス）は，主に**空気**である．

・通常，受液器や受液器兼用凝縮器の底部にある冷媒液出口管は冷媒液中にあるため，不凝縮ガスはそれを通過できないので，**受液器や凝縮器に溜まる**．

・**不凝縮ガスが冷媒に混入したまま冷凍装置を運転し，凝縮器内の不凝縮ガス濃度が高くなると**，それが滞留している部分の伝熱面積を覆うため冷媒側熱伝達抵抗が増し，凝縮熱伝達率が小さくなり熱通過率も小さくなるので，**凝縮器内圧力は不凝縮ガスの分圧よりもさらに高くなる**．したがって，圧縮機の吐出し温度が上昇し，圧縮機用電動機の消費電力が増大し，冷凍能力と成績係数が低下する．

・装置の**運転停止中**には，凝縮の伝熱作用は行われないため，存在する不凝縮ガスの分圧相当分だけ凝縮器内圧力は高くなる．

(2)　不凝縮ガス混入原因

不凝縮ガスが装置内に滞留する原因として，次のことが挙げられる．

①　冷媒充填前の冷媒系統内の真空引きが不十分で，空気が残っていた．

②　冷媒や冷凍機油を充填するとき，空気が混入した．

③　分解修理のために冷媒系統を開放・復旧したときに，その部分のエアパージが不十分のため，空気が残った．

④　吸込み蒸気圧力が大気圧以下で運転する低温冷凍装置などで，低圧部に漏れがあったときに装置内に空気を吸い込んだ．

⑤　水分が冷媒に混入した状態で運転されたり，吐出しガス温度が高い状態で運転されるなどで，冷媒と冷凍機油が分解して不凝縮ガスを生じた．

(3)　装置内の不凝縮ガスの有無の識別

水冷凝縮器内に不凝縮ガスが存在するか否かを確認するためには，次の方法がとられる．

圧縮機を停止して凝縮器の冷媒出入り口弁を閉止し，冷却水はそのまま凝縮器の圧力計の指示が安定するまで通水（20 ～ 30 分）を続けた後，その凝縮器の**圧力計の指示が冷却水温度に相当する冷媒の飽和圧力よりも高ければ**，不凝縮ガスが存在している可能性があると判断する．

(4)　不凝縮ガスの放出

冷凍装置からの**不凝縮ガス除去**は，次の方法がとられている．

①　大形装置で**ガスパージャ**（**不凝縮ガス分離器**）を使用する方法：冷媒は凝縮し不凝縮ガスと分離されるが，完全には分離されず，多少の冷媒ガスが残留した状態で排出される．

> **Point**
> パージャは「一掃するもの」という意味である．

②　**凝縮器上部の空気抜き弁**を使用する方法：弁を大きく開くと冷媒が大量に放出してしまう．

ただし，フルオロカーボン冷媒の大気への排出を抑制するため，フルオロカーボン冷媒装置内の不凝縮ガスを含んだ冷媒を全量回収し，装置内に混入した不凝縮ガスを排除する．また，**アンモニア冷媒の場合**には直接大気に放出せず，必ず**水槽などの除害設備**に放出する．

> **Point**
> アンモニアガスを水に溶解させて除害する必要がある．

5　液配管とフラッシュガス

・**高圧液配管内にフラッシュガス**（膨張弁の手前で気化する現象）**が発生する原因**として，次のものが挙げられる（図 2.4）．

①　飽和温度以上に高圧液配管が温められた場合．

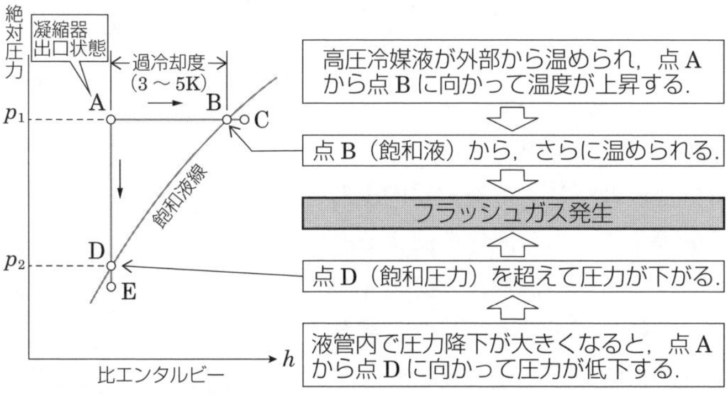

図 2.4　フラッシュガスの発生

② 飽和圧力よりも冷媒液の圧力が低下した場合.

・次の**フラッシュガス発生防止対策**がとられる.

① 圧力損失の大きいときは過冷却を大きくする.

② 周囲温度が高いときは，液配管の防熱を行う.

③ 管径を大きくしてできるだけ流速を小さくする.

Point

液配管での圧力降下の主な要因としては，液配管中に取り付けられた各種の附属品（弁，ドライヤなど）における流れの抵抗，液配管の立上りの液柱，液の流れの摩擦抵抗などである.

・高圧冷媒液管内にフラッシュガスが発生すると，次の影響を生じる.

① 膨張弁の冷媒流量（冷媒循環量）が減少して，蒸発器の冷却能力不足を引き起こす.

② 配管内の冷媒の流れ抵抗が大きくなって，フラッシュガスの発生がより激しくなる.

③ 膨張弁の冷媒流量が変動して，安定した冷凍作用が得られなくなる.

6 冷却水量の不足の影響

水ポンプの吸込み管のストレーナの目詰まりなどによって，冷却管を流れる冷却水量が不足すると，凝縮負荷と冷却水入口温度が変わらなければ，冷却水出入り口の温度差が大きくなり冷却水出口水温が上昇する．そのため，凝縮温度・圧力が上昇し，圧縮機駆動用電動機の消費電力の増加につながるので，**冷凍装置の成績係数は小さくなる**.

7 空冷凝縮器能力の季節的変動対策

・空冷凝縮器を用いた冷凍装置では，外気温度によって凝縮圧力が変わるため，夏季と冬季とでは凝縮圧力が大幅に異なるので，年間を通じて運転する装置では，冬季に外気温度低下による**凝縮器内圧力が著しく低下**する．ある限界を超えて凝縮圧力が低下すると，温度自動膨張弁のオリフィス前後の圧力差が不足し，**蒸発器への冷媒の供給量が不足**を起こすことがある．冷凍効果の増加以上に流量が減

Point

冷凍効果は，凝縮温度が低くなるほど少し増加するが，冷媒循環量が減少するので冷凍能力は低下する.

Point

冬季の外気温度の低下によって，凝縮圧力が低く，凝縮温度の低い冷媒液が液管を流れるので，液管の周囲の温かい室内を通る間に冷媒液に熱が侵入し，フラッシュガスが発生しやすくなる.

少すると，**冷凍能力不足**となる．

・空冷凝縮器の外気温度低下による温度自動膨張弁の能力低下を防止するため，次の方法などがとられる．

① **空冷凝縮器の送風機の風量を減少させる**：送風機の運転台数を減らしたり，送風機の回転速度を下げる．

② **疑縮圧力調整弁を用いる**：空冷凝縮器のコイル内に凝縮液を溜めて，凝縮器での凝縮に有効に使われる伝熱面積を減少させる．

例題

次のイ，ロ，ハ，ニの記述のうち，高圧部の保守管理について正しいものはどれか．

イ．アンモニアは鉱油をあまり溶解しないので，凝縮器伝熱面に油膜を形成する．この油膜は，それほど厚くならないものの，冷却能力の低下につながる．

ロ．受液器兼用のシェルアンドチューブ凝縮器を備える装置に冷媒を過充填すると，凝縮に有効に使われる冷却管の伝熱面積が減少して凝縮温度が上昇し，凝縮器から出る冷媒液の過冷却度は小さくなる．

ハ．水冷横形シェルアンドチューブ凝縮器内に不凝縮ガスが存在するか否かを確認するために圧縮機を停止して，凝縮器の冷媒出入り口弁を閉止し，冷却水はそのまま凝縮器の圧力計の指示が安定するまで通水を続けた．その後，その圧力計の指示が冷却水温度に相当する冷媒の飽和圧力よりも高かったので，不凝縮ガスが存在すると判断した．

ニ．水冷凝縮器では，冷却水量が減少すると冷却水出入り口の温度差が大きくなるが，凝縮圧力は変化しない．

(1) イ，ロ　(2) イ，ハ　(3) ロ，ニ　(4) イ，ハ，ニ　(5) ロ，ハ，ニ

▶解説

イ：(正) アンモニア液に比べると油の粘度は大きく，油の熱伝導率は小さい．伝熱面の油膜は伝熱の大きな障害となる．

ロ：(誤) 受液器兼用のシェルアンドチューブ凝縮器を備える装置に冷媒を過充填すると，凝縮に有効に使われる冷却管の伝熱面積が減少して凝縮温度・圧力が上昇する．また，過冷却に使われる冷却管の伝熱面積は増加するので，凝縮器から出る冷媒液の過冷却度は大きくなる．

ハ：(正) 記述のとおり．

ニ：(誤) 凝縮負荷と冷却水入口温度が変わらなければ，冷却水量の減少により，冷却水出入り口の温度差が大きくなり冷却水出口水温が上昇する．そのため，凝縮温度・圧力が上昇し，圧縮機駆動用電動機の消費電力の増加につながる．

[解答]　**(2)**

例題

次のイ，ロ，ハ，ニの記述のうち，高圧部の保守管理について正しいものはどれか．

イ．不凝縮ガスは，冷凍装置の運転中に凝縮せずに凝縮器内に残留する．凝縮器内の不凝縮ガス濃度が高くなると，熱伝達抵抗が増し冷媒側熱伝達率が小さくなって凝縮温度は高くなるが，不凝縮ガスの分圧相当分だけ凝縮器内圧力は低くなる．

ロ．空冷凝縮器の伝熱面積は，同じ冷凍能力で比較した場合には，蒸発式凝縮器よりも大きくなる．これは，空冷凝縮器の空気側熱伝達率が水の蒸発潜熱を利用する蒸発式凝縮器の蒸発側熱伝達率よりも小さいことによる．

ハ．水冷凝縮器でローフィンチューブのような高性能伝熱管を使用すると，裸管伝熱管に比べて水あかの汚れによる熱伝導抵抗の低下割合が大きくなり，熱通過率の値が小さくなるので，冷媒と冷却水との温度差が大きくなるが，凝縮圧力はほとんど上昇しない．

ニ．空冷凝縮器を用いた冷凍装置において，冬季に外気温度が低下する場合の凝縮圧力低下防止対策として，空冷凝縮器の送風機運転台数を減らす方法，送風機回転速度を下げる方法などがあるが，空冷凝縮器のコイル内に凝縮液を溜めて，凝縮器での凝縮に有効に使われる伝熱面積を増加させる方法もある．

(1) イ　(2) ロ　(3) ロ，ニ　(4) ハ，ニ　(5) イ，ハ，ニ

▶解説

イ：(誤) 凝縮器内の不凝縮ガス濃度が高くなると，伝熱管で冷媒蒸気が凝縮するときの熱伝達抵抗が増し，凝縮熱伝達率が小さくなるので，熱通過率も小さくなる．その結果，不凝縮ガスの分圧相当分以上に凝縮器内の圧力が高くなる．

ロ：(正) 記述のとおり．

ハ：(誤) 水冷凝縮器でローフィンチューブ伝熱管を使用すると，汚れ係数は裸管の冷却管に比べて m（有効内外伝熱面積比）倍で影響するので，熱通過率の低下は著しくなり，凝縮圧力が高くなる．

ニ：(誤) 凝縮圧力低下防止対策として，空冷凝縮器のコイル内に凝縮液を溜めて，凝縮器での凝縮に有効に使われる伝熱面積を減少させる方法もある．

[解答]　**(2)**

第3章　低圧部の保守管理

1　冷媒と被冷却物の温度差

・冷凍装置の使用目的により，蒸発温度（冷媒）と被冷却物（空気や水，ブライン）との温度差が設定されている．

①　空調用の冷房の設定温度差：15 ～ 20 K

②　冷蔵・冷凍の場合の設定温度差：5 ～ 10 K

・空調用空気冷却器は，圧縮機の圧力比が小さい．なお，蒸発圧力が若干低くなっても駆動動力に及ぼす影響が小さく，かつ，空気の除湿の必要もあるので，冷蔵・冷凍用の空気冷却器に比べて蒸発温度（冷媒）と被冷却物との温度差を大きくとっている．

・蒸発温度（冷媒）と被冷却物との**設定温度差が小さすぎる**と，伝熱面積の大きな蒸発器を使用しなければならない．また，**設定温度差を大きくしすぎる**と蒸発温度が低くなり，冷凍能力が低下し，成績係数が低下するので，一般に蒸発器の**冷却温度（庫内温度）が高い場合**には設定温度差を大きめにし，**冷却温度が低い場合**には設定温度差を小さくする．

2　蒸発温度と冷凍能力

(1)　蒸発温度低下の原因

①　冷媒循環量の不足

②　蒸発器への霜付き

③　蒸発器への送風量減少

④　蒸発器伝熱面積の不足

⑤　蒸発器内冷媒に油が多量に溶解

(2)　蒸発温度の低下

・**蒸発温度低下**による影響には次のようなものがある．

①　冷媒蒸気の**比体積が大きくなる**（湿り蒸気の密度が小さくなる）ため，**圧縮機に吸い込まれる蒸気量（冷媒循環量）が減少**する．

②　一定の凝縮圧力のもとでは圧力比が大きくなるので，**圧縮機の体積効率が低下**する．

・冷媒循環量の減少により装置の**冷凍能力**と圧縮機駆動の軸動力も**減少**するが，蒸発温度が低くなるほど，圧縮機の駆動軸動力の減少よりも冷凍能力の減少割合のほうが大きくなるので，蒸発温度が低いほど冷凍装置の**成績係**

> **Point**
> 圧縮機の駆動軸動力は，蒸発圧力の低下に伴う単位質量当たりの圧縮仕事の増大と冷媒循環量の減少との兼合いにより，ある圧力からは蒸発圧力の低下とともに減少する．

数はより小さくなる.

＜蒸発温度の低下によるフロー＞

蒸発温度の低下 → 蒸発圧力低下 → 比体積大（密度が小）→ 吸込み蒸気量少 → 冷媒循環量少 → 冷凍能力減少 → 成績係数低下

3　冷媒循環量

冷媒循環量の不足により適切な運転が確保できない原因として，次のことが挙げられる.

① 冷媒充填量の不足
② 膨張弁容量の過小
③ 過熱度設定が過大
④ 膨張弁前の冷媒液管にフラッシュガスが発生
⑤ 膨張弁での氷結
⑥ 液配管ストレーナの目詰まり
⑦ 圧縮機の吐出し弁または吸込み弁の作動不良

Point

冷凍装置の冷媒循環量が適切であるか否かは，装置の運転中の受液器の液面高さによって確認する（受液器の液面計の 1/2 ～ 1/3 程度の高さの液が適量）.

4　蒸発器の熱通過率

・蒸発器の熱通過率の値は，ブライン，水，空気などの被冷却物の種類，蒸発器の乾式，満液式などの形式によって異なる.

（例）　ブラインの場合　$K = 0.23 \sim 0.7\ \mathrm{kW/(m^2 \cdot K)}$

水の場合　$K = 0.7 \sim 1.4\ \mathrm{kW/(m^2 \cdot K)}$

・**熱通過率低下の要因**としては，空気冷却器の冷却管外では空気側の霜付きや前面風速の減少，水冷却器の冷却管外では水あかの付着や水流量の低下などがある．また，冷媒側の要因として，フルオロカーボン蒸発器内の油の滞留，アンモニア蒸発器内部における油膜の形成などがある.

Point

フルオロカーボン冷媒は油に溶け込むので蒸発器内に油が滞留し，アンモニア冷媒は油に溶け込まないので蒸発器伝熱管内部に油膜を形成する.

5　着霜，除霜（デフロフト）

乾式プレートフィン蒸発器に霜が厚く付着すると，熱伝導抵抗の増大，蒸発器への送風量の減少などによって，熱通過率が低下して交換熱量が減少するため蒸発圧力が大きく低下し，圧縮機への液戻りなどの冷凍装置の異常な運転状態になることがある．

Point

一般に，霜の厚さが厚くなるほど，熱通過率は著しく低下し，蒸発圧力の低下や冷却能力の減少を招く．

6　水冷却器，ブライン冷却器の凍結防止

・水が凍結するとその体積は約9%膨張する．密閉された容器や管の中で凍結が生じると，その体積膨張による圧力上昇によって容器や管が破壊されてしまうことがある．

・水やブラインを冷却する冷却器では，サーモスタットを用いて水やブラインの温度が下がりすぎたときに冷凍装置の運転を停止し，凍結防止をする．また，蒸発圧力調整弁を用いて，蒸発圧力が設定値よりも下がらないように制御して凍結を防止する方法もある．

Point

ブラインは，使用中に空気中の水分を凝縮させて取り込んで，濃度が薄くなるので，ブライン濃度の管理が悪いと0℃でも凍ることがある．そのため，凍結防止装置が必要である．

コラム

凍結による冷却器の破損

満液式シェルアンドチューブ蒸発器は，シェル側に冷媒液が胴内の直径の半分以上を満たし，冷却管内にブラインまたは水を流す構造の熱交換器であるため，ブラインまたは水が凍結点以下になると冷却管内で凍結し，冷却管を破損することが多い．

これに対して，乾式シェルアンドチューブ蒸発器では，冷媒液が冷却管の中を流れ，円筒胴と冷却管との間をブラインや水が流れる構造の熱交換器であるため，ブラインまたは水が凍結しても冷却管外なので，冷却管を破損させる危険は満液式に比べて少ない．

例題

次のイ，ロ，ハ，ニの記述のうち，低圧部の保守管理について正しいものはどれか.

イ．空気冷却器における蒸発温度と空気温度との温度差は，使用目的によって設定されており，設定温度差に従って装置が運転される．冷房の場合には．空気を除湿する必要があるので，設定温度差は大きくとり 15 K から 20 K 程度である．冷蔵の場合には，冷房の場合に比べて小さくとり，5 K から 10 K 程度である.

ロ．蒸発温度低下の原因として，蒸発器への冷媒供給量の不足，蒸発器への過大な着霜，蒸発器内冷媒への油の多量な溶解，圧縮機の弁割れなどが考えられる.

ハ．満液式シェルアンドチューブ蒸発器では冷却管内に冷媒を流し，シェル側に水やブラインを流すので，水やブラインが凍結しても冷却管を破損させる危険は少ない.

ニ．空気冷却器に厚く着霜すると，空気側の熱伝導抵抗が大きくなり，熱通過率が低下し，蒸発圧力も低下するので冷凍能力は減少する.

(1) イ　(2) ハ　(3) ニ　(4) イ，ニ　(5) ハ，ニ

▶解説

イ：(正) 冷蔵用の空気冷却器では，蒸発温度と入口空気温度との温度差は通常 5 ～ 10 K 程度に設定する．なお，空調用空気冷却器の場合は，除湿もあるため冷凍用よりその温度差は高い.

ロ：(誤) 蒸発温度低下の原因として，蒸発器への冷媒供給量の不足，蒸発器への過大な着霜，蒸発器内冷媒への油の多量な溶解などがあるが，圧縮機の弁割れは，蒸発温度低下の原因とはならない.

ハ：(誤) 満液式シェルアンドチューブ蒸発器では冷却管内に水やブラインを流し，シェル側に冷媒を流すので，冷却管内で凍結し，冷却管を破損することが多い.

ニ：(正) 空気冷却器に厚く着霜すると蒸発圧力が低下する.

[解答] **(4)**

例題

次のイ，ロ，ハ，ニの記述のうち，低圧部の保守管理について正しいものはどれか．

イ．乾式蒸発器で各冷却管への液分配が均等でないときやストレーナに目詰まりがあると，冷媒循環量が不足し，蒸発温度が低下するので，吸込み蒸気の比体積が小さくなり，冷凍能力が減少する．

ロ．蒸発温度と被冷却物との設定温度差が小さすぎると，伝熱面積の大きな蒸発器を使用しなければならなくなり，また，設定温度差が大きすぎると，蒸発温度を低くしなければならない．

ハ．蒸発温度が低下し，冷媒蒸気の密度が小さくなると，圧縮機に吸い込まれる冷媒蒸気の質量流量が低下し，冷媒循環量が小さくなるので，冷凍能力が減少する．

ニ．乾式シェルアンドチューブ水冷却器における熱通過率低下の要因として，水側への水あかの付着，水流量の低下，冷媒側伝熱面への油膜形成，不凝縮ガスの滞留などが考えられる．

(1) イ　(2) ロ　(3) ロ，ハ　(4) ロ，ニ　(5) イ，ロ，ニ

▶解説

イ：(誤) 乾式蒸発器で各冷却管への液分配が均等でないときやストレーナに目詰まりがあると，冷媒循環量が不足し，蒸発温度が低下するので，吸込み蒸気の比体積が大きくなる．その結果，冷媒循環量は減少し，体積効率も低下するため，冷凍能力は減少する．

ロ：(正) 冷凍能力を一定とすると蒸発器の伝熱面積は冷媒と被冷却物の温度差に反比例する．

ハ：(正) 蒸発温度を低くすると，蒸発器内の冷媒の圧力が低下し，比体積が大きくなり，圧縮機に吸い込まれる蒸気量が少なくなるので，冷凍能力が減少する．

ニ：(誤) 熱通過率低下の要因としては，水冷却器の冷却管外では水あかの付着や水流量の低下などがある．また，冷却管内の冷媒側伝熱面への油膜形成などが考えられる．不凝縮ガスは，通常冷却器内には滞留しないので，熱通過率の低下の要因とはならない．

[解答]　**(3)**

第4章 冷 媒

1 冷媒の排出抑制

CFC 系冷媒および HCFC 系冷媒は大気に放出すると，塩素原子があるため成層圏のオゾン層を破壊し，HFC 系冷媒は塩素原子がないため，オゾン層を破壊しないものの地球温暖化をもたらす．また，自然冷媒であるアンモニア，炭化水素類，二酸化炭素などは，地球温暖化係数がアンモニア 0，炭化水素類 3，二酸化炭素 1 であり，オゾン層を破壊しないが毒性や燃焼性に注意を払う必要がある．どのような冷媒であれ地球環境・住環境を健全に保つためには，大気放出は望ましいことではない．

＜冷媒の大気への放出による影響＞

① CFC 系，HCFC 系冷媒…成層圏のオゾン層破壊，温暖化による環境破壊

② HFC 系冷媒…温暖化による環境破壊

③ アンモニア冷媒…強い毒性，臭気

④ 炭化水素系冷媒…火災や爆発の危険，光化学スモッグの原因

表 4.1 主要冷媒の比較

冷媒の種類	冷媒名	オゾン層破壊係数（ODP）	地球温暖化係数（GWP）
CFC	R12	1	10 900
HCFC	R22	0.055	1 810
HFC	R407C	0	1 770
	R410A	0	2 090
	R134a	0	1 430

· ODP（Ozone Depletion Potential の略）CFC11 を 1 としたオゾン層破壊係数
· GWP（Global Warming Potential の略）CO_2 を 1 とした地球温暖化係数

要点整理

HFC 系冷媒は，オゾン層を破壊しないものの地球温暖化をもたらす．

2 水分の混入と金属の腐食

・フルオロカーボン冷媒に水分が混入すると，内部の金属の腐食原因になったり，油が劣化したりするので，水分の混入を避けなければならない．

・アンモニア冷媒に水分が混入した場合には，アンモニアに水が溶解して，安定したアンモニア水をつくるが，**銅やアルミなどはアンモニア水により腐食する．**

・水分の混入を防ぐために，冷媒充填前に真空ポンプで装置内を真空にして水分を蒸発させる（真空乾燥）．

Point

水は，大気中（101.3 kPa）では100℃で沸騰蒸発するが，真空状態にすると低い温度で沸騰蒸発するので，真空ポンプでの真空引き作業が完了すると冷媒管内の水分は常温（外気温）で蒸発乾燥する．

3　冷凍機油との関係

蒸発器内に入った油は蒸発することができないため濃縮され，冷媒側の熱伝達が阻害されたり，圧縮機内の冷凍機油不足などをもたらす．

(1)　フルオロカーボン系冷媒の場合

・フルオロカーボン冷媒液と冷凍機油は互いによく溶け合うため，圧縮機から吐き出された冷凍機油は冷媒とともに装置内を循環する．このため，配管に工夫を要したり，圧縮機吸込み側にアキュムレータを設ける．

・油戻しの方法としては，**油の濃度の高い液面の近く**から油と混合した冷媒を抜き出し，それを加熱して冷媒と油とを分離し，**油を圧縮機に戻す**．

(2)　アンモニア冷媒の場合

・多気筒圧縮機を使用したアンモニア低温用冷凍装置では，吐出しガス温度が高いので冷凍機油（鉱油）の劣化によりスラッジが生じるため，**劣化した油は抜き取り**，新しい油を補充する．

・油戻しの方法としては，アンモニアは鉱油とは相互に溶解しにくく，油よりも軽い（比重が小さい）ので，油は受液器などの**容器の底部に溜まる**．したがって，アンモニア冷凍装置からの油抜きは容器の底部から行う．

Point

低温用のアンモニア冷凍装置では，吐出しガス温度が130℃前後まで上昇し冷凍機油（鉱油）を劣化させるので自動返油をしてはならない．

Point

近年，乾式膨張のアンモニア冷凍装置において，熱による劣化が少ない合成油を使用しクランクケースに自動返油する方法もとられている．

4　漏れ検知方法

(1)　フルオロカーボン冷媒の場合

フルオロカーボン冷媒は無臭であるため，炎色反応を利用したハライドトーチ式ガス検知器や電気的に濃度を測定する電気式検知器などの器具による漏れ検知が行われる．なお，**電気式検知器**は，HFC系冷媒とHCFC系冷媒で検知する分子が異なるため，**専用の検知器を使用**する必要がある（近年は兼用できるものもある）．また，塗布した発泡液が発泡することによる漏れを目視で行う簡便な検知法もある．

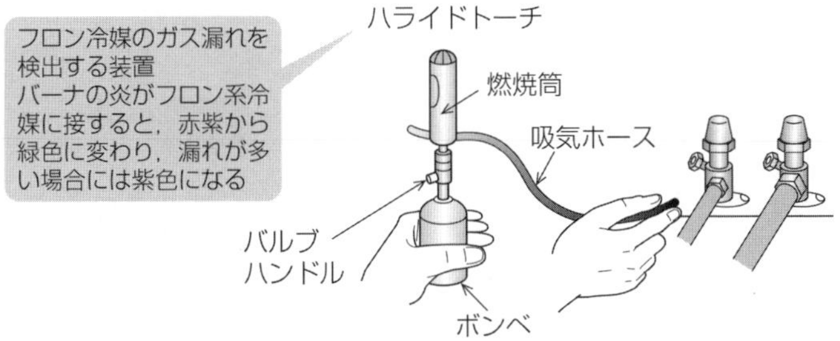

図 4.1　ハライドトーチ式ガス検知器

(2)　アンモニア冷媒の場合

アンモニアの独特の臭気により検知される．また，硫黄を燃やして生じた亜硫酸ガスとアンモニアとの反応により発生する硫化アンモニウムの白煙により調べる方法（近年は余り使用されていない）のほか，電気的に濃度を検知する検知器もある．

5　HFC 系混合冷媒の取扱い

(1)　HFC 系混合冷媒の補充

R407C，R410A，R404A などの HFC 系非共沸混合冷媒は，冷媒液と冷媒蒸気が共存する飽和二相域においては，冷媒蒸気と冷媒液とのそれぞれの成分比が異なる．

容器内の平均成分比を比べると，**冷媒蒸気では低沸点冷媒が多く**なり，**冷媒液では高沸点冷媒が多く**なる．

したがって，冷媒容器（ボンベ）から機器に非共沸混合冷媒を補充する場合，冷媒蒸気により充填すると規格成分比とは異なる冷媒が充填されることになるので，**冷媒液により充填する必要**がある．

HFC 系混合冷媒用ボンベにはサイホン管付とサイホン管なしがあるが，装置への冷媒液充填は，**サイホン管付ではボンベを正立させた状態**で，また**サイホン管なしではボンベを倒立させた状態**で行う．

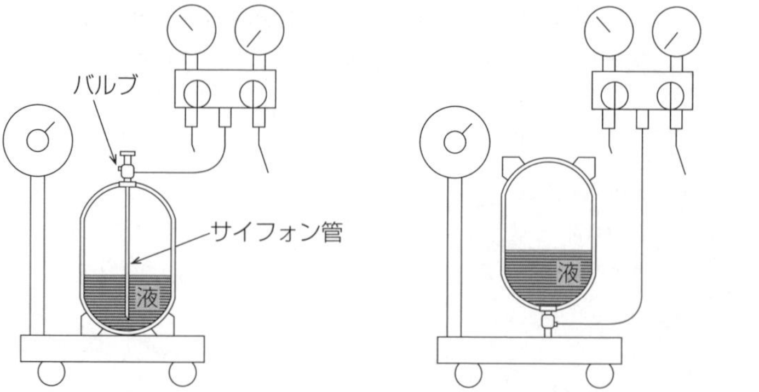

(a) サイフォン管付のボンベの場合　　(b) サイフォン管なしのボンベの場合

要点整理

HFC 系混合冷媒は蒸発温度が異なる 2 種類以上の冷媒を混合した冷媒で，ガスで封入すると，蒸発しやすい冷媒が封入され，蒸発しにくい冷媒がボンベの中に残るため，ボンベの液相からチャージ（封入）する．

図 4.2　**HFC** 系混合冷媒の充填（液冷媒で封入）

Point

一般に非共沸混合冷媒の相変化時の伝熱性能は単成分冷媒よりも劣る．伝熱性能の劣る冷媒用の熱交換器では，特殊な形状の熱交換器伝熱面の採用など伝熱性能向上策を講じることが多い．

(2)　HFC 系混合冷媒と冷凍機油

- HFC 系冷媒と相溶する極性を有する冷凍機油としてエステル油（POE など），エーテル油（PVE など）の合成油が一般に使用される．
- 冷凍機の配管や圧縮機の部品加工に使用される切削加工油が冷凍装置に滞留すると，極性のない加工油は，極性をもつ HFC 系冷媒には溶解せず分離してサイクル中を循環するので，圧縮機の摺動部で金属どうしの直接接触が生じた場合，高温となるため劣化してスラッジが生じ，膨張弁の詰まりなどで冷凍能力の低下や圧縮機の故障の原因になる．
- エーテル油などの合成油は，鉱油に比べて吸湿性が高いので，水分が混入しないようにオイルチャージのときや保管時には十分な注意が必要である．

Point

HFC 系冷媒用の冷凍機油として使用される合成油は吸湿性が高く，鉱油に比べて 4 ～ 7 倍の吸湿性がある．吸湿量が多いと加水分解して劣化し，潤滑性能が悪くなるので注意が必要である．

例題

次のイ，ロ，ハ，ニの記述のうち，冷媒と冷凍機油について正しいものはどれか．

イ．空調機の配管や圧縮機の部品加工に使用される切削加工油が，冷凍装置の中に残留すると，HFC 系冷媒は極性をもたないため，加工油が溶解せず，スラッジが発生する原因となる．

ロ．HFC 系冷媒は安定した冷媒であり，一般に，毒性や燃焼性が小さいが，オゾン層を破壊し，地球温暖化をもたらすので，大気放出を極力抑える必要がある．

ハ．R407C などの非共沸混合冷媒を補充する場合，冷媒容器（ボンベ）から蒸気の状態で充填しても，とくに問題は生じない．

ニ．多気筒圧縮機を使用したアンモニア低温用冷凍装置では，吐出しガス温度が高いので冷凍機油（鉱油）の劣化によりスラッジが生じるため，フルオロカーボン冷凍装置のように再使用せず，劣化した油は抜き取り，新しい油を補充する．

(1) ロ　(2) ニ　(3) イ，ロ　(4) ロ，ニ　(5) イ，ハ，ニ

▶解説

イ：（誤）**HFC 系冷媒は強い極性をもっている**が，切削加工油は極性をもたないため，切削加工油が HFC 系冷媒に溶解せず，高温のため劣化して粘着性のスラッジが発生する原因となる．

ロ：（誤）HFC 系冷媒は安定した冷媒であり，一般に，毒性や燃焼性が小さいが，塩素原子がないため**オゾン層を破壊しない**．ただし，地球温暖化をもたらすので，大気放出を極力抑える必要がある．

ハ：（誤）R407C などの非共沸混合冷媒を冷媒容器から機器に補充する場合，**冷媒液で充填**する必要がある．

ニ：（正）アンモア冷媒を使用した多気筒圧縮機の吐出しガス温度は，その物性上高温にりなりやすい．そのため，低温用の冷凍装置においては冷凍機油（鉱油）を消耗品とみなし，劣化した冷凍機油を抜き取って新しい冷凍機油と交換する．

[解答]　(2)

例題

次のイ，ロ，ハ，ニの記述のうち，冷媒および冷凍機油について正しいものはどれか．

イ．自然冷媒には，アンモニア，炭化水素類，二酸化炭素などがある．これらの自然冷媒は．地球温暖化係数が 1 であり，オゾン層を破壊しないが，毒性や燃焼性に注意を払う必要がある．

ロ．非共沸混合冷媒用ボンベにはサイホン管付とサイホン管なしがある．装置への冷媒液充填は，サイホン管付ではボンベを寝かせて，またサイホン管なしではボンベを倒立させて行う．

ハ．アンモニアは水が混入するとよく溶け合い，少量の水分が機器内に存在しても大きな影響はないが，多量の水分の存在は蒸発圧力の低下を招き冷凍能力が小さくなることがある．その際は凝縮器の底部より水分を除去する．

ニ．非共沸混合冷媒の相変化時の伝熱性能は単成分冷媒よりも劣る．伝熱性能の劣る冷媒用の熱交換器では，伝熱性能向上策を講じることが多い

(1) ロ　(2) ニ　(3) ロ，ハ　(4) ロ，ニ　(5) ロ，ハ，ニ

▶解説

イ：(誤) 自然冷媒には，アンモニア，炭化水素類，二酸化炭素などがあるが，地球温暖化係数は**アンモニア 0，炭化水素類 3**，二酸化炭素 1 である．自然冷媒はオゾン層を破壊しないが，毒性や燃焼性に注意を払う必要がある．

ロ：(誤) 非共沸混合冷媒用ボンベにはサイホン管付とサイホン管なしがある．装置への冷媒液充填は，**サイホン管付ではボンベを正立させて**，またサイホン管なしではボンベを倒立させて行う．

ハ：(誤) 多量の水分がアンモニアに溶け込むと蒸発器に滞留（水分の沸点が高いので蒸発しない）し，蒸発圧力が下がり冷凍能力の低下を招くほか冷凍機油の乳化や金属材料の腐食の原因となる．なお，**凝縮器の底部より水分を除去することはない**．

ニ：(正) 非共沸混合冷媒は，液と蒸気が共存する飽和二相域においては，液と蒸気のそれぞれの成分比は異なる．一般に共沸混合冷媒の相変変化時の伝熱性能は単成分冷媒よりも劣る．伝熱性能の劣る冷媒用の熱交換器では，伝熱性能向上策を講じることが多い．

[解答]　(2)

第5章 附属機器

1　受液器（レシーバ）

冷凍装置に用いられる受液器は，冷媒液を溜めておくところで，大別して凝縮器の下流（凝縮器出口と膨張弁の間）に設ける**高圧受液器**と，冷媒液強制循環式で蒸発器に連結して用いられる**低圧受液器**とがある．

(1)　高圧受液器

・高圧受液器（単に受液器と呼ぶことが多い）は，横形または立形円筒状の圧力容器で，次の役割をもっている．

① 運転状態に変化があっても冷媒液が凝縮器に滞留しないように，受液器内に吸収する．

② 冷凍設備の修理やメンテナンスをする際に，冷媒を回収できるようにする．

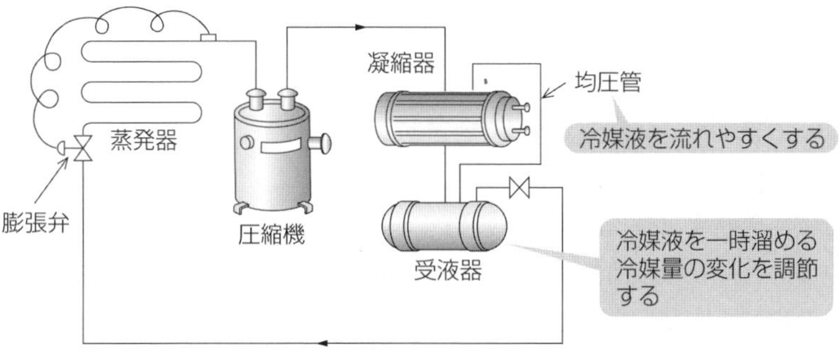

図 5.1　高圧受液器

・高圧受液器の内容積を決めるには，次のことを考慮する．

① 装置内の冷媒充填量の全量または大部分を回収できるものとする．回収する液量は**受液器内容積の80%以内**とし，受液器には少なくとも20%の冷媒蒸気空間を残すようにする．

> **Point**
> 高圧受液器の内容積は装置の冷凍能力によって決定されるのではなく，装置内の冷媒充填量によって決定される．

② 負荷変動が大きく，蒸発器の運転状態の変化（蒸発器の運転台数の変化など）に起因する凝縮器内と蒸発器内の冷媒の変化量を受液器で吸収する．

③ ヒートポンプ装置の受液器は，冷房と暖房の切換えにより熱交換器内の冷媒量が変わるので，その変化量を吸収する．

・受液器は，冷凍装置で最も多量に冷媒を保有するため，法規上の耐圧，気密，耐震のほか設置場所（周囲の状況，火気，漏えいガスが滞留する空間など）の保安面を考慮する必要がある.

(2)　低圧受液器

・低圧受液器は，冷媒液強制循環式冷凍装置の**蒸発器**へ低圧冷媒を送り込むための**液溜め機能**，および蒸発器から戻った気液混合状態の冷媒を**気液分離する機能**がある.

・運転状態が大きく変化しても冷媒液ポンプが安定した運転ができるように，**十分な冷媒液量の保持**と**一定した液ポンプ吸込み揚程を確保**する必要がある．そのため，フロート弁あるいはフロートスイッチと電磁弁の組合せで液面高さの制御が行われる.

Point

水冷横形シェルアンドチューブ凝縮器では，空冷凝縮器に比べて器内に冷媒液を溜める容積が大きいので，高圧受液器を必要としない場合が多い(空冷凝縮器は高圧受液器を必要とする場合が多い).

Point

液ポンプ吸込み口までのヘッドが吸込み配管の圧力損失より小さいと，ポンプ吸込み口でフラッシュガスによりキャビテーションが発生し安定した運転ができないので，液ポンプ吸込み揚程を確保する.

2　油分離器（オイルセパレータ）

(1)　用　途

圧縮機から吐き出される冷媒ガスには，若干の冷凍機油が混合されている．この量が多いと圧縮機の油量が不足し，潤滑不良を起こす．また，冷凍機油が凝縮器や蒸発器に入ると熱交換を阻害する．このため，中大形のフルオロカーボン冷凍装置とアンモニア冷凍装置では圧縮機の吐出しガス配管に油分離器を取り付けて，**吐出冷媒ガス中の冷凍機油を分離する**.

次の冷凍装置には油分離器が必要となる.

①　非相溶性の冷凍機油（鉱油）を使用するアンモニア冷凍装置では，必ず圧縮機の吐出し側に設ける.

②　蒸発温度の低い冷凍装置（一般的には－40℃以下の冷凍装置）では，低温で冷凍機油の粘度が高く，蒸発器からの油戻しが難しい場合.

③　フルオロカーボン冷凍装置で，冷媒に混入した油を蒸発器から圧縮機へ戻すことが難しい満液式蒸発器などを使用する場合.

④　装置全体の配管距離が長い場合や蒸発器の台数が多い場合（クランクケース内の油がなくなってしまうことがあるため）.

(2)　形式と構造

①　**遠心分離形**：立形円筒内の旋回板により吐出しガスを旋回運動させ，油滴を遠心力で分離する方法である.

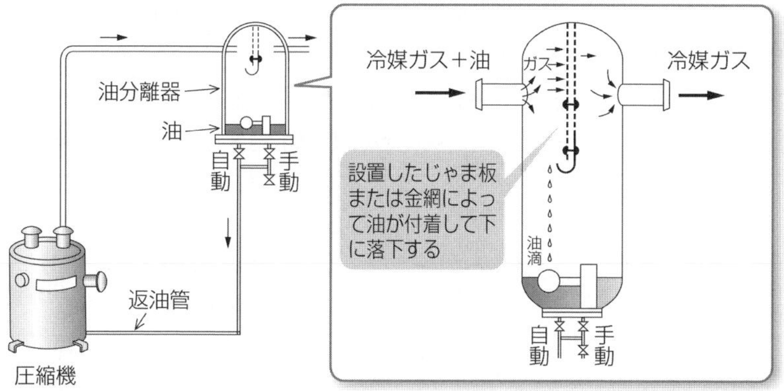

要点整理

油分離器は，中大形や低温用のフルオロカーボン冷凍装置，アンモニア冷凍装置に用いることが多いが，小形フルオロカーボン冷凍装置では，油分離器を設けていない場合も多い．

図 5.2 油分離器（フルオロカーボン冷凍機）

② **バッフル式**：立形円筒内に，数枚の多孔板（バッフル板）を斜めに設け，吐出しガスが小孔を通る際に油滴を分離する方法である．

③ **全網式**：容器内に金網を円筒状に，二重，三重に配置し，吐出しガスが金網を通過する際に油滴を分離する方法である．

④ **デミスタ式**：吐出しガス中の油滴を容器内のデミスタ内の線条で捕らえて分離する方法である．

Point

デミスタとは，細い金属線などで編んだ網を2枚1組とし交互にウェーブを付け（メリヤス状に編込み），分離作用をより効果的にするエレメントである．

3　液分離器（リキッドセパレータ，アキュムレータ）

(1)　用　途

液分離器は，蒸発器と圧縮機の間の吸込み蒸気配管に取り付けて，吸込み蒸気中に混在した冷媒液を分離し，蒸気だけを圧縮機に吸い込ませて液圧縮を防止し，圧縮機を保護する役目をする．

Point

多気筒圧縮機のアンローダ作動時の液戻り防止にも有効である．

(2)　構造と作用

・**小形のフルオロカーボン用液分離器**は，冷媒蒸気の流れの方向変化と流速の低下による密度差により冷媒液と冷媒蒸気を分離する．容器底部に分離された冷媒液と油を，メタリングオリフィス（小孔）から霧吹きの原理で少量ずつ圧縮機に吸い込ませて液圧縮を防いでいる．

・**アンモニア用の液分離器**は，円筒形の胴をもった容器内で，流入した冷媒液が蒸気と分離しやすいように，円筒胴内の**流速が 1 m/s 以下**の蒸気の流れに乗った液滴を重力で分離する方法や多孔板に衝突して下方に落とす方法によって，液と蒸気を分離する．

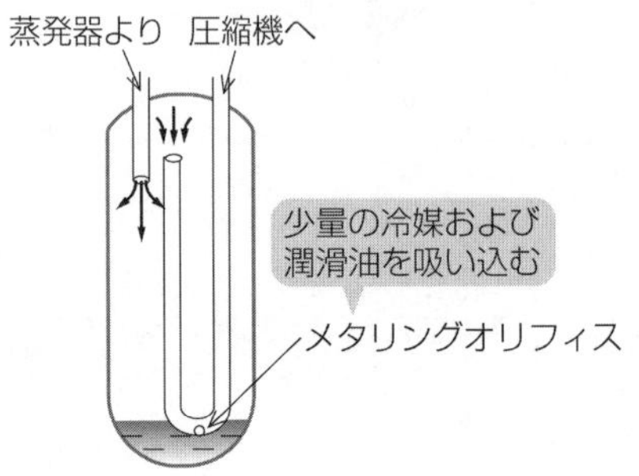

図 5.3 小形のフルオロカーボン用液分離器

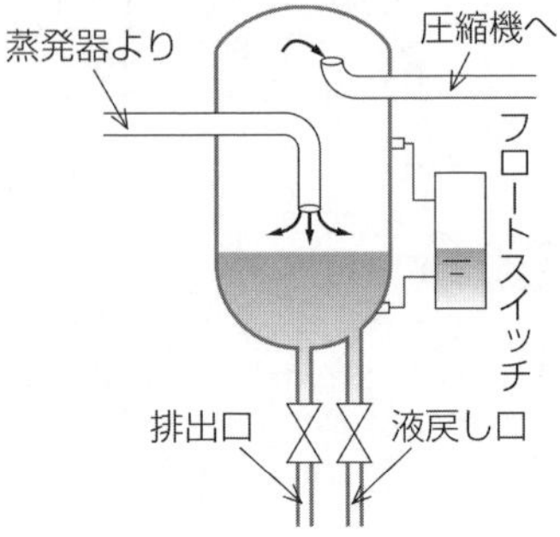

図 5.4 アンモニア用の液分離器

(3) 自動液戻し装置

・大形のアンモニアの冷凍装置の満液式や液ポンプ式で分離した冷媒液が大量の場合，蒸発器などに戻しきれないので，液分離器で分離された冷媒液を液溜め器を介して**高圧受液器に自動的に戻す液戻し装置**を設ける．

・液分離器で分離された冷媒液は，液溜め器内は低圧になっているので，逆止め弁を通って液溜め器に流れ込む．液溜め器が一定の液面になると，フロートスイッチが作動して三方弁を低圧側から高圧側に切り替えると，冷媒液は自重で高圧受液器内に流れ込む．このとき，液分離器と液溜め器の間に逆止め弁がないと逆流することになるので，**液分離器と液溜め器の連絡配管に逆止め弁を取り付ける**のが一般的である．

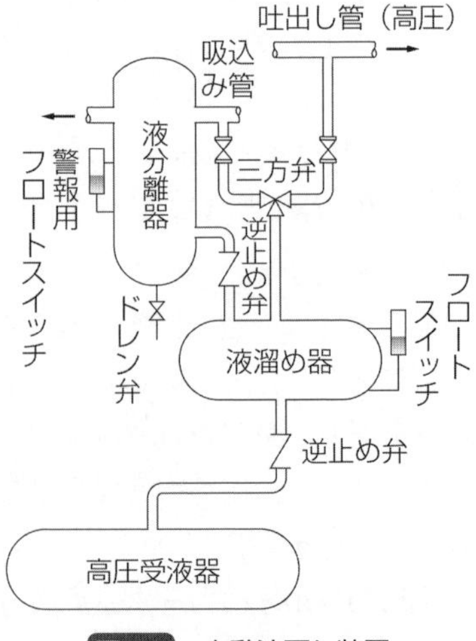

図 5.5 自動液戻し装置

4　液ガス熱交換器

・**フルオロカーボン冷凍装置**では，凝縮器を出た高温冷媒液を過冷却するとともに，圧縮機に戻る低温冷媒蒸気を適度に過熱させるために，液ガス熱交換器を設けることがある．

・液ガス熱交換器の設置目的は，次のとおりである．

①　冷媒液を過冷却して液管内での**フラッシュガスの発生を防止**する．とくに液管が長い場合や，液管の立上りの高さが大きいときに有効である．

②　圧縮機吸込み蒸気を加熱して適度な過熱度をもたせて液戻りを防止する．

・**アンモニア冷凍装置**では吸込み蒸気の過熱度の増大に伴う吐出しガス温度が大きく上昇するので，圧縮機は過熱運転になり，圧縮機性能の低下や冷凍機油の劣化のおそれもあるため，**液ガス熱交換器は使用されない**.

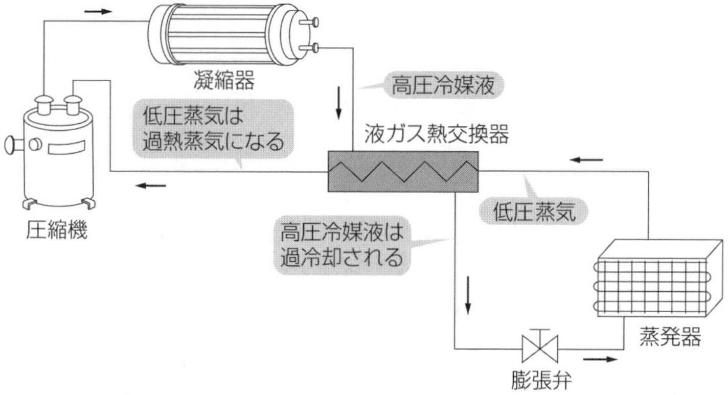

要点整理

液ガス熱交換器の主目的は，液管内のフラッシュガス発生の防止，圧縮機吸込み蒸気の適度な過熱で，成績係数は若干，改善されるが主目的ではない．

図 5.6　液ガス熱交換器

5　リキッドフィルタ，サクションストレーナ

・冷媒中にごみや金属粉などの異物が混入すると，膨張弁の詰まりや，圧縮機の吸込み弁や吐出し弁への付着などの原因となるため，フィルタやストレーナにより**ごみや異物を除去**する．

・膨張弁手前の液管に付けるものが**リキッドフィルタ**，圧縮機吸込み口に付けるものが**サクションストレーナ**である．

6　乾燥器（ドライヤ）

・フルオロカーボン冷凍装置の冷媒系統に水分が混入すると，膨張弁で氷結し閉塞するなど悪影響を及ぼす．そこで，一般にドライヤ（乾燥器）を**高圧液配管**の膨張弁の手前に取り付け，**冷媒系統の水分を除去**する．

> **Point**
> アンモニア冷凍装置の場合，冷媒系統内の水分はアンモニアと結合しているため，乾燥剤による吸着分離が難しく，通常，（ろ過）乾燥器（フィルタドライヤ）は使用しない．

・ドライヤは，**シリカゲルやゼオライトなどの乾燥剤**を使用し，水分を吸着して化学変化を起こさないこと，砕けにくいことなどが大切である（再生して使用する）．

・ドライヤ（水分除去）とフィルタ（ごみの除去）兼用のものもあり，**ろ過乾燥器（フィルタドライヤ）**と呼ばれている．

・大形の装置で用いられるフィルタドライヤは，冷媒入口と出口がL形に配置されているもので，配管を外さずに乾燥剤の交換やフィルタの清掃を行うことができるが，小形の場合はフィルタドライヤ本体ごと交換する．

> **Point**
> 入口配管温度と出口配管温度に温度差があるとき，器内にゴミなどが詰まり圧力降下を起こしているため，清掃・交換時期である（温度差は圧力降下があるため）．

7　不凝縮ガス分離器（ガスパージャ）

開放形圧縮機を用いる大形低温用冷凍装置（とくに，低圧側の運転圧力が大気圧以下になる冷凍装置）では，不凝縮ガス（空気）が冷媒系統に侵入することがある．そこで，装置を停止させずにできるだけ冷媒を逃がさないで不凝縮ガスを取り出すために，不凝縮ガス分離器を用いる．不凝縮ガス分離器から排出される不凝縮ガスは，若干の冷媒も一緒に排出されるので，アンモニア冷凍装置では除害設備を設けてアンモニアを直接大気中に排出しないようにする．

8　サイトグラス

冷媒の流れの状態を目視で観察するために，冷媒液配管中のフィルタドライヤの下流にサイトグラスを設置する．

サイトグラスは，液管中の冷媒液の流れの状態を目視する**のぞきガラス**と，その内側に水分含有量によって変色する**モイスチャーインジケータ**（**指示板**）からなる．なお，モイスチャーインジケータのないのぞきガラスだけのものもある．

例題

次のイ，ロ，ハ，ニの記述のうち，附属機器について正しいものはどれか．

イ．高圧受液器は凝縮器で凝縮した冷媒液を蓄える容器であり，その内容積は装置の冷凍能力によって決定される．

ロ．液分離器は，蒸発器と圧縮機の間に取り付けられ，冷凍装置の負荷変動の際に圧縮機吸込み蒸気に混入した冷媒液を分離して蒸気だけを圧縮機に吸い込ませ，液戻りによる圧縮機の事故を防ぐ．しかし，多気筒圧縮機のアンローダが作動したときの，液戻り防止には効果がない．

ハ．アンモニア冷凍装置の冷媒系統に水分が存在すると，膨張弁での氷結や金属材料の腐食など装置各部に悪影響を及ぼす．そこで，吸込み蒸気配管にフィルタドライヤを取り付け，水分を吸着除去する．

ニ．低圧受液器は，冷媒液強制循環式冷凍装置の蒸発器へ低圧冷媒を送り込むための液溜めとしての機能がある．冷凍装置の運転状態が大きく変化しても，冷媒液ポンプと蒸発器が安定して運転できるように十分な冷媒液量の保持と一定した液ポンプ吸込み揚程の確保が必要である．

(1) イ　(2) ロ　(3) ニ　(4) ロ，ニ　(5) ハ，ニ

▶解説

イ：(誤) 高圧受液器の内容積は装置の冷凍能力によって決定されるのではなく，装置内の冷媒充填量によって決定される．高圧受液器の容量は，修理時に装置内の冷媒充填量の全部または大部分を回収できる容量で，回収された液は受液器の内容積の 80％以内（20％の蒸気空間）とする．

ロ：(誤) 液分離器は，多気筒圧縮機のアンローダ作動時の液戻り防止にも有効である．

ハ：(誤) アンモニア冷凍装置の場合，冷媒系統内の水分はアンモニアと結合（アンモニア水）しているため，乾燥剤による吸着分離が難しいので，冷凍装置の吸込み蒸気配管にフィルタドライヤを使用しない．

ニ：(正) 低圧受液器では，運転状態が大きく変化しても，十分な冷媒液量の保持と一定した液ポンプ吸込み揚程が確保できるようにするために，フロート弁あるいはフロートスイッチと電磁弁の組合せで液面高さの制御が行われる．

[解答]　**(3)**

例題

次のイ，ロ，ハ，ニの記述のうち，附属機器について正しいものはどれか．

イ．フルオロカーボン冷凍装置全体の配管距離が長い場合や，蒸発器の台数が多く，冷凍機油が冷媒系統内を循環して，圧縮機クランクケースに戻ってくるのに時間がかかる冷凍装置では，クランクケース内の油がなくなってしまうことがあるため，油分離器を設ける．

ロ．サイトグラスは，冷媒配管中のフィルタドライヤの上流に設置して，冷媒の流れの状態とフルオロカーボン冷媒中の水分含有量を見るためのものである．

ハ．フルオロカーボン冷凍装置に用いられる液ガス熱交換器の主目的は，装置の成績係数の改善を行うことである．

ニ．フルオロカーボン冷凍装置には，一般に吸込み蒸気配管にろ過乾燥器が取り付けられており．このろ過乾燥器に冷媒蒸気を通し冷媒蒸気中の水分を吸着して水分を除去する，ろ過乾燥器に充填されている乾燥剤には．シリカゲルやゼオライトなどが用いられている．

(1) イ　(2) ハ　(3) ニ　(4) イ，ハ　(5) ハ，ニ

▶解説

イ：(正) 全体の配管距離が長い場合や，蒸発器の台数が多く，油が圧縮機クランクケースに戻るのに時間がかかる場合に，圧縮機吐出し側に油分離器を設けてクランクケース内の油がなくならないような配慮が必要である．

ロ：(誤) サイトグラスは，冷媒配管中のフィルタドライヤの**下流**に設置して，冷媒の流れの状態とフルオロカーボン冷媒中の水分含有量を見るためのものである．

ハ：(誤) 液ガス熱交換器の主目的は，液管内のフラッシュガス発生の防止，圧縮機吸込み蒸気の適度な過熱である．若干ではあるが成績係数は改善されるが，**液ガス熱交換器の主目的ではない**．

ニ：(誤) フルオロカーボン冷凍装置には，一般に，ろ過乾燥器（フィルタドライヤ）の設置箇所は，吸込み蒸気配管ではなく，**高圧液配管に取り付ける**．ろ過乾燥器に**冷媒液**を通して，冷媒中の水分を吸着して除去する．

［解答］ **(1)**

6-1　冷媒配管の基本

1　冷凍装置の冷媒配管の役割

冷凍装置の冷媒配管（冷媒を循環させる配管）は，圧縮機→凝縮器→（受液器）→膨張弁→蒸発器→圧縮機のように各機器を接続して冷凍サイクルを構成するだけでなく，配管の施工方法，配管の選定の良否によって，冷凍能力に大きな影響をもたらす．

2　冷媒配管の区分

冷媒配管は，冷凍サイクルの各区分に応じて，次の四つに大別される（図 6.1）．

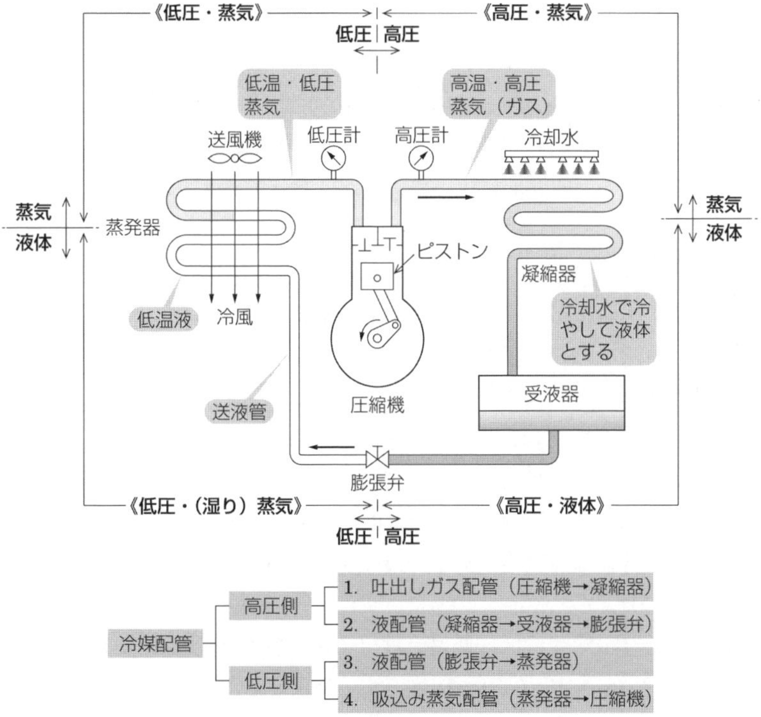

図 6.1　冷媒配管の区分

3　冷媒配管の基本事項

冷媒配管の**基本的な留意事項**として，次のものがある．

① 十分な耐圧性能と気密性能を確保する．

② 配管材料は用途，冷媒の種類，使用温度，加工方法に応じて選択する．

③ 各機器との接続はできるだけ短くする．

④ 圧力損失が過大にならないようにする．

・配管の長さは短くする．

・配管の曲がり部はできるだけ少なくし，曲がり半径は大きくする．

・弁類などは極力少なくする．

⑤ 各機器に過剰の冷凍機油が滞留したり，冷凍機油不足により圧縮器が焼損することのないようにする．

・配管の途中で**不必要なトラップ（U字状の配管）や行き止まり管を設けないよう**にする．

・**吸込み蒸気配管内の蒸気速度**は，油の戻りのための同伴速度を考えて適切な流速となるようにする．

・**横走り管**は原則として，**冷媒の流れの方向に1/150～1/250の下り勾配**を付ける．

⑥ 配管途中での周囲温度変化はできるだけ避ける．

4　配管材料

冷媒の種類や圧力に応じて適切な配管材料を選ばなければならない．

① 冷媒と冷凍機油の化学的作用によって，劣化しない．

② 冷媒の種類に応じた材料を選定する．

・**アンモニア冷媒**には，銅および銅合金（銅と亜鉛の合金である真ちゅう，別名黄銅など）の材料を使用してはならないので，鋼管を使用する．

・**フルオロカーボン冷媒**には，2％以上のマグネシウムを含有したアルミニウム合金材料は腐食性があるので使用してはならない．銅管や鋼管を使用する．

③ 低圧（低温）配管には，低温脆性（金属材料が温度低下によって脆《もろ》くなる性質）の生じない温度（最低使用温度）で使用する．下記はその一例である．

・一般鋼材用圧延鋼材（SS）…－20℃

・**配管用炭素鋼鋼管（SGP）**…－25℃

・**圧力配管用炭素鋼鋼管（STPG）**…－50℃

・低温配管用鋼管（STPL）…－60℃

なお，ステンレス鋼，銅管，アルミニウム管は，超低温（－60℃以下）に使用できる（低温脆性が発生しない）．

表 6.1　配管材料

材　料	内　容
アンモニア冷媒と配管材料	①鋼管を使用できる
	②銅および銅合金を侵す
フルオロカーボン冷媒と配管材料	①銅管および鋼管が使用できる
	② 2%以上のマグネシウムを含んだアルミニウム合金を侵す
配管用炭素鋼鋼管（SGP）	①アンモニアには使用できない
	②設計圧力 1 MPa を超えるところには使用できない
	③設計温度 100℃を超える耐圧部分には使用できない
	④－25℃より低い低温部には使用できない
圧力配管用炭素鋼鋼管（STPG）	最低使用温度－50℃

要点整理

配管用炭素鋼鋼管（SGP）は，毒性ガスの冷媒，フルオロカーボン冷媒の設計圧力が 1 MPa を超える耐圧部分，温度が 100℃を超える耐圧部分および温度が－25℃より低温の部分に使用できない．

5　銅管の接続方法

銅管の接続は，ろう付け継手，フレア継手，フランジ継手により行うが，フルオロカーボン冷凍装置に使用する銅配管の接続方式は，一般にフレア継手，ろう付け継手を用いることが多い．

Point

鋼管の接続は，溶接継手，フランジ継手，ねじ込み継手を用いて行う．

(1)　ろう付け継手

・ろう付けは，銅管を差し込んで接合面を重ね合わせ，ろう材の流れをよくし確実なろう付けを行うために，そのすきまにフラックスを用いて溶けたろうを流し込んで溶着する．

・冷媒用フレアおよびろう付け継手では，**銅管の差込みの最小深さは管の外径により決められて**おり，管径が 5 mm では差込みの最小深さが 6 mm と規定されている．

・ろう材の銀ろう（BAg）系は，溶融したろうの流動性がよく強度も大きいので，黄銅（BCuZn）系よりもよく使用されている．

・BAg 系のろう付け温度は 625 ～ 700℃，BCuZn 系は 850 ～ 890℃で，**BAg 系のほうが BCuZn 系よりも低い**.

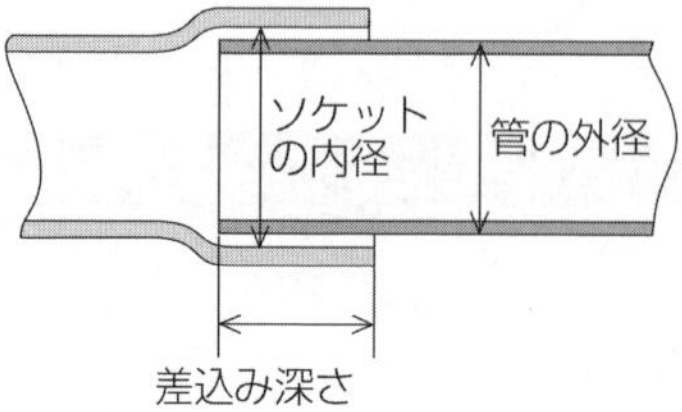

管の外径〔mm〕	差込み最小深さ〔mm〕	隙　間〔mm〕
5 以上 8 未満	6	0.04 ～ 0.16
8 以上 12 未満	7	
12 以上 16 未満	8	0.06 ～ 0.21
16 以上 25 未満	10	
25 以上 35 未満	12	0.10 ～ 0.29
35 以上 45 未満	14	

図 6.2　銅管および銅合金用継手の差込み最小深さ

(2)　フレア継手

フレア継手は，銅管などの先端を円錐状（フレア）に広げてこれをナットで締め付けるもので，管径 19.05 mm 以下の銅管で取り外す可能性のある部位に使用することが多い.

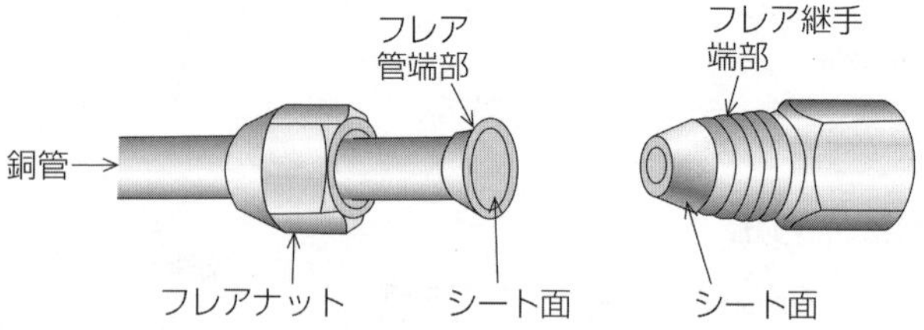

図 6.3　フレア接続

(3)　フランジ継手

冷媒配管の修理や点検の際に，取り外したい箇所に冷媒用管フランジ継手を使用する（銅管，鋼管）.

6　配管の支持

冷媒配管は，地震なども考慮し，十分な強度をもつ支持金具で固定する．横走り管の標準支持間隔は，管の材質（鋼管と銅管）によって，管径でその値がおのおの定められている．例えば，耐震設計指針で定められた**横走り管の標準支持間隔は**，管径 25 ～ 40 mm の場合，鋼管では 2.0 m 以内，銅管では 1.5 m 以内の支持間隔にするようになっている．なお，管径が細いほど支持点間は短くなる.

例題

次のイ，ロ，ハ，ニの記述のうち，配管について正しいものはどれか．

イ．アンモニア冷媒の配管材料として，銅および銅合金は使用できない．また，フルオロカーボン冷媒では，2%を超えるマグネシウムを含有したアルミニウム合金は使用できない．

ロ．横走り冷媒配管の支持間隔は，銅管の場合は鋼管に比べて柔軟性があるので，同じ管径なら鋼管よりも支持間隔を長くできる．

ハ．銅管のろう付けに使用するろう材には，BAg 系や BCuZn 系などのろう材があり，BCuZn 系のほうが BAg 系よりもろう付け温度が高い．

ニ．アンモニア冷凍装置において，−35℃の冷媒ガス用低温配管には，一般に，配管用炭素鋼鋼管（SGP）を使用する．

(1) イ　(2) イ，ハ　(3) ロ，ハ　(4) ロ，ニ　(5) ハ，ニ

▶解説

イ：(正) アンモニアは銅および銅合金に対して，とくに水分と共存するときに激しい腐食性を示すため，アンモニア冷凍装置には銅および銅合金を使用することができない．−50℃まで使用可能な圧力配管用炭素鋼鋼管（STPG）を使用する．

ロ：(誤) 横走り冷媒配管の支持間隔は，耐震設計指針の標準支持間隔では，同じ管径なら銅管より鋼管のほうが長い間隔で定められている．例えば，管径 25 ～ 40 mm の場合，鋼管では 2.0 m 以内，銅管では 1.5 m 以内の支持間隔にするようになっている．

ハ：(正) 銅管の接合にはろう付けが使用され，ろう材には BAg（銀ろう）系が使用されるが，BCuZn（黄銅ろう）系のろう材も使用される．BAg 系ろう材のろう付け温度は 625 ～ 700℃である．一方，BCuZn 系ろう材のろう付け温度は 850 ～ 890℃であり，ろう付け温度は，BAg 系のほうが BCuZn 系よりも低い．

ニ：(誤) アンモニア冷凍装置においては，−50℃まで使用可能な圧力配管用炭素鋼鋼管（STPG）を使用する．冷凍保安規則関係例示基準では，**配管用炭素鋼鋼管（SGP）は−25℃まで，圧力配管用炭素鋼鋼管（STPG）は−50℃**まで使用できるように規定している．

［解答］ (2)

6-2 冷媒配管の施工

1　低圧冷媒蒸気配管（吸込み蒸気配管）

（1）　圧縮機吸込み蒸気配管径

・フルオロカーボン圧縮機吸込み蒸気配管径は，**冷媒蒸気中に混在している油を，最小負荷時にも圧縮機に戻せるような冷媒蒸気速度**を保持できる管径にする．

　①　**横走り管では約 3.5 m/s 以上**

　②　**立上がり管では約 6 m/s 以上**

・過大な圧力降下および騒音を生じない程度の蒸気速度（一般に 20 m/s 以下）に押さえる．

・吸込み蒸気配管による摩擦損失が，吸込み蒸気の飽和温度が 2 K の降下に相当する圧力降下を超えないようにする．

（2）　油戻しのための配管

吸込み蒸気配管の施工上の主な留意事項を次に示す．

　①　**フルオロカーボン冷凍装置**では，容量制御装置をもった圧縮機の吸込み立上がり管に，**二重立上がり管**が採用される．これは，アンロード運転やロード運転の負荷変動時の**返油のために必要な最小蒸気速度を確保するため**である．

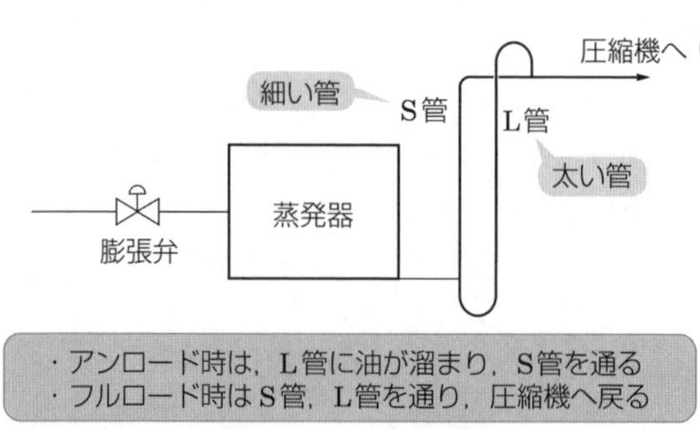

要点整理

容量制御装置付きのフルオロカーボン多気筒圧縮機の立上がり吸込み管は，立上がり吸込み管径を圧縮機最大負荷時における最小蒸気速度で決定すると，負荷が減少したときに返油に必要な速度が保てないので二重立上がり管にする必要がある．

図 6.4　二重立上がり管

② 圧縮機の近くでは，立上がり吸込み管以外には，**U トラップを避ける**．横走り管中に U トラップを設けると，軽負荷運転時や停止時に油や冷媒液が溜まり，圧縮機が再始動したときや軽負荷から全負荷運転に切り換わったときに，一挙に液や油が圧縮機に入り，液圧縮（リキッドハンマ）を生じる．

③ 吸込みの立上がり管が長い場合には，冷凍油が戻りやすいように，約 **10 m 以下ごとに中間トラップ**を設ける．

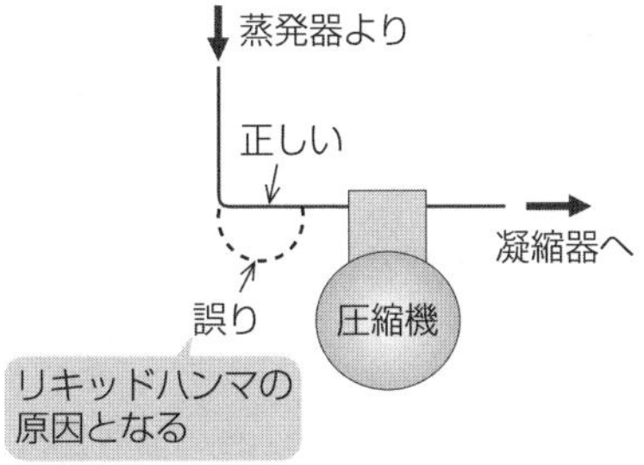

図 6.5 圧縮機吸込み口近くのトラップ

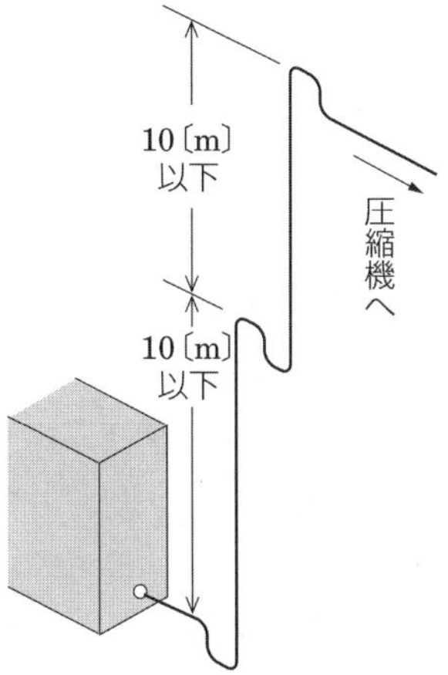

図 6.6 吸込み管の長い立上がりの場合

④ **圧縮機が蒸発器より低い位置にある場合**，停止中に冷媒液が圧縮機へ流れ落ちるのを防ぐため，蒸発器出口の管は小さい油戻しトラップを作り，**蒸発器上部以上に立上がり管を設けて圧縮機に接続する**．

⑤ **複数の蒸発器から吸込み主管に接続する管**は，それぞれの吸込み管にトラップと立上り管を設け，主管の冷媒液や油が無負荷の蒸発器に流れ込まないように，**主管の上側に立ち上げて配管**する．

Point

ポンプダウン（冷媒を受液器などに回収してから停止する）では，冷媒液の流れ落ち防止のためのトラップや立上がりは不要である．

(3) 吸込み蒸気配管の防熱

圧縮機吸込み蒸気配管は，外部からの熱の侵入や管表面の結露あるいは着霜を防ぐために，**防熱材**を巻いて防熱を施す．防熱が不十分であると，吸込み蒸気温度が上昇し，圧縮機吐出しガス温度が異常に高くなり，油を劣化させたり，冷凍能力を減少させることがある．

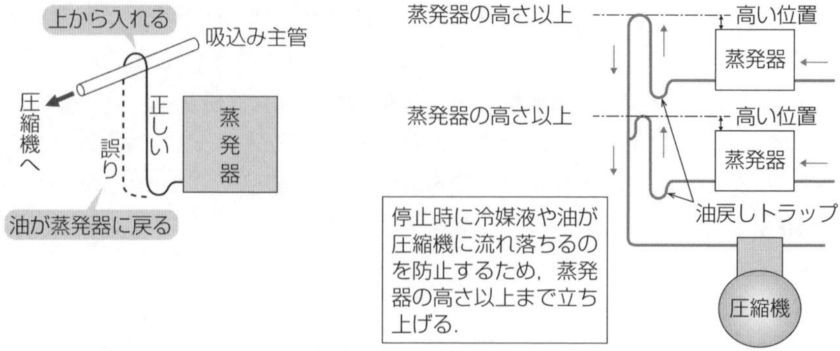

図 6.7　吸込み主管への接続

2　高圧冷媒ガス配管（吐出しガス配管）

(1)　圧縮機吐出しガス配管の管径

吐出しガス配管の管径は，以下を考慮して決定する.

① 圧縮機吐出しガス配管の管径は，冷媒ガス中に混在している油が運ばれるだけのガス速度を確保できる管径にする.

- **横走り管では約 3.5 m/s 以上**
- **立上がり管では約 6 m/s 以上**

② 吐出しガス配管では，過大な圧力降下や騒音が生じないように，一般に**冷媒ガス速度を 25 m/s** 以下に抑える.

③ 吐出しガス配管によって生じる**全摩擦損失圧力は 0.02 MPa を超えない**ようにする.

(2)　圧縮機への液と油の逆流防止

吐出しガス配管施工上の重要な注意点として，圧縮機の停止中配管内で凝縮した冷媒液や油が逆流しないようにすることが挙げられる．圧縮機の停止中に冷媒液や油が逆流して圧縮機に溜まってしまうと，始動時に液ハンマやオイルハンマを起こし，圧縮機破損の原因となる.

- 圧縮機の吐出し配管は，流れ方向（凝縮器側）に**下り勾配（1/150 ～ 1/250）**とする.
- 圧縮機と凝縮器が同じ高さ，あるいは，**圧縮機が凝縮器より低い位置にある場合**では，いったん立上がり管を設けてから，**下り勾配**で凝縮器に配管する（吐出し配管の高低差に応じてトラップや逆止め弁を設ける).
- 年間を通して運転する装置では，冬季に停止中の圧縮機に，凝縮器内の冷媒が

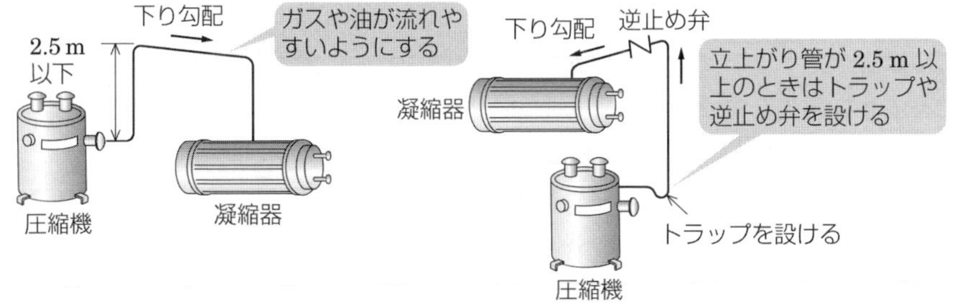

図 6.8　吐出しの立上がり

再蒸発して圧縮機頭部で凝縮しないように，吐出しガス配管上部に逆止め弁を設ける．

・**2 台以上の圧縮機を並列運転する場合**，停止している圧縮機に吐出しガス配管内の冷媒や油が流れ込まないように，それぞれの圧縮機の吐出しガス配管には**逆止め弁**を取り付け，主管の上側（上面側）に接続する．また，各圧縮機は同一レベルに設置し，均圧管および均油管で結び，クランクケース内の油量が同じになるようにする．

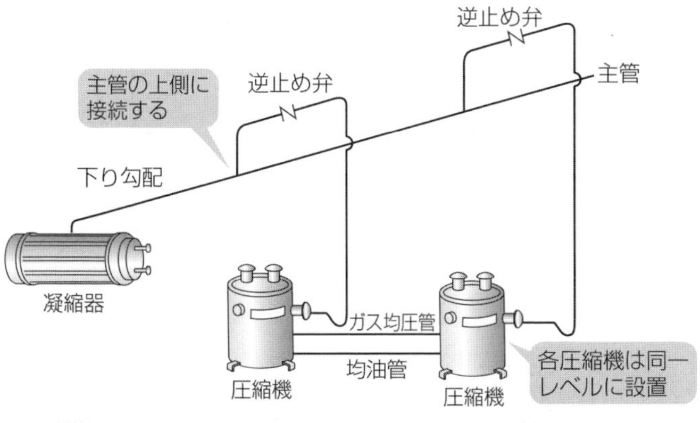

図 6.9　2 台以上の圧縮機を並行運転している場合の吐出し管

3　高圧液冷媒配管

(1)　受液器から膨張弁の高圧液配管

液配管は，**フラッシュガス**（液の温度上昇や圧力降下により，液の一部が気化すること）が発生しないようにすることと，運転停止中に**液封**が生じないようにすることである.

・冷媒液がフラッシング（気化）するのを防ぐために**流速はできるだけ小さくなるような管径**とする.
  ・液管内の**冷媒の流速は，1.5 m/s** 以下.
  ・液管の流れの抵抗による**圧力降下が 20 kPa** 以下.

・冷媒液の飽和温度以上の温かい箇所に配管する場合は，液配管に防熱を施す（フラッシュガス発生防止）.

・装置の運転中の周囲温度よりも低い冷媒温度の液配管は，運転停止時に止め弁や電磁弁などで液配管が封鎖される箇所をつくらないようにする（液封防止）.

(2) 凝縮器の液落とし管と均圧管

・**凝縮器から受液器への液落とし管**は，その管での**液の流速を 0.5 m/s** 以下とし，液落とし管の口径を適正にして自然落下させるか，別に均圧管を設ける.

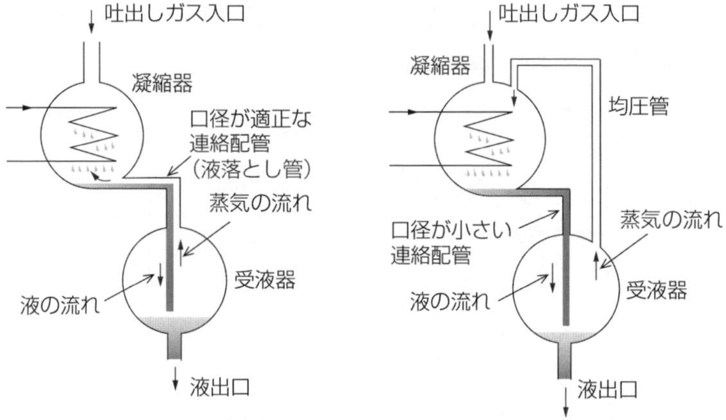

図 6.10 凝縮器と受液器の均圧管

・複数の凝縮器から，1 本の主管にまとめて冷媒液を受液器に落とす場合は，凝縮器から受液器への**液落とし管**に液トラップを設け，液の流れの圧力損失差をトラップで吸収する.

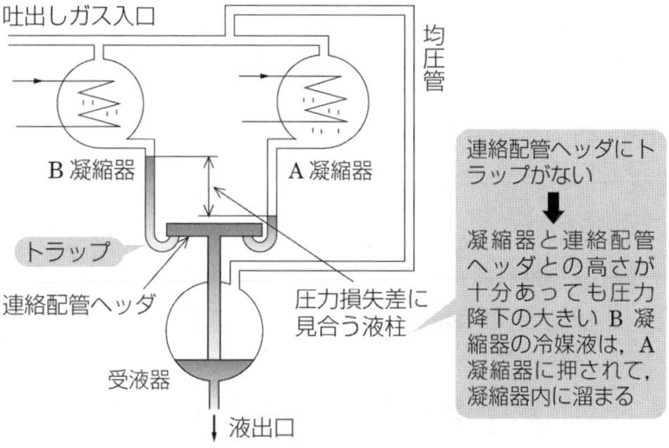

図 6.11　複数台の凝縮器と受液器

Point

トラップを設けないと，冷媒液が流れ落ちないので，液落とし管の圧力降下の大きいほうの凝縮器内に凝縮液が溜まり込む．このため，液の流れの抵抗による圧力差をトラップで吸収する必要がある．

例題

次のイ，ロ，ハ，ニの記述のうち，配管について正しいものはどれか．

イ．容量制御装置をもつ圧縮機の吸込み蒸気配管では．アンロード運転やロード運転の負荷変動時の返油に必要な最小蒸気速度を確保するため，二重立上がり管を設けることがある．

ロ．液配管の施工を行うため，凝縮器から受液器への液落とし管における液の流速を 1.5 m/s とし液落とし管自身に均圧管の役割をもたせるように設計した．

ハ．圧縮機の吐出しガス配管径を決定する際に，確実に冷媒ガスに吐き出された油が同伴される流速を確保できるように，立上がり吐出しガス配管内の冷媒ガス流速を 7 m/s とした．

ニ．圧縮機の吐出しガス配管は上り勾配とし，圧縮機停止時に，油を圧縮機に戻すようするのが望ましい．

(1) ハ　(2) イ，ハ　(3) イ，ニ　(4) ロ，ハ　(5) ロ，ニ

▶解説

イ：(正) 容量制御装置付きのフルオロカーボン多気筒圧縮機の立上がり吸込み蒸気配管は，圧縮機最大負荷時における最小蒸気速度で決定すると，負荷が減少したときに返油に必要な速度が得られなくなるため，二重立上がり配管にする．

ロ：(誤) 凝縮器から受液器への液落とし管は，その管における液の流速を **0.5 m/s 以下**として，液落とし管自身に均圧管の役割をもたせるか，あるいは別に均圧管を設ける．

ハ：(正) 圧縮機吐出しガス配管の管径は，冷媒ガス中に混在している油が運ばれるだけのガス速度を確保できる管径（横走り管では約 3.5 m/s 以上，立上がり管では約 6 m/s 以上）にする．

ニ：(誤) 圧縮機が停止中に，油や管内で凝縮した液冷媒が圧縮機に逆流しないように**下り勾配**とする．

[解答]　**(2)**

例題

次のイ，ロ，ハ，ニの記述のうち，配管について正しいものはどれか．

イ．フルオロカーボン冷凍装置の蒸発器から圧縮機への横走り管では，冷媒蒸気流速を 3.5 m/s 以上となるように吸込み蒸気配管の配管径を決定する．

ロ．蒸発器へ供給する液管内の冷媒の速度は 1.5 m/s 以下とし，摩擦抵抗による圧力降下は 0.02 MPa 以下になるように管径を決めた．

ハ．ポンプダウン停止をしない装置では，圧縮機が蒸発器より下側に設置されている装置の吸込み蒸気配管を，蒸発器上部まで一度立ち上げてから圧縮機へ接続し，装置停止中に冷媒液が圧縮機に流れ落ちるのを防止する．

ニ．吸込み蒸気配管の横走り管にトラップを設けることにより，負荷変動時の油や冷媒液を溜めて，液が圧縮機に戻るのを防止する．

(1) ロ　(2) イ，ロ　(3) イ，ハ　(4) ロ，ニ　(5) イ，ロ，ハ

▶解説

イ：(正) フルオロカーボン冷凍装置の蒸発器から圧縮機への配管内の蒸気速度は，横走り管では 3.5 m/s 以上，立上がり管では 6 m/s 以上とする．

ロ：(正) 液配管内の冷媒の流速は，0.5 ～ 1.5 m/s 程度とし，液管の摩擦抵抗による圧力降下が 0.02 MPa 以下になるように管径を決定する．

ハ：(正) 装置停止中に冷媒液が圧縮機に流れ落ちるのを防止するために，吸込み蒸気配管を，蒸発器上部まで一度立ち上げてから圧縮機へ接続する．

ニ：(誤) 圧縮機の吸込み蒸気配管の横走り管中にトラップがあると，軽負荷運転時に冷凍機油や冷媒液が溜まり，再始動時や部分負荷から全負荷運転に切り替わったときに冷媒液が一挙に圧縮機へ戻るので好ましくない．

[解答]　**(5)**

第7章 安全装置

1 主な安全装置の種類

冷凍装置は，高圧ガスを使用しているため，火災が近くで発生したり，冷却水が冷凍機の運転中に止まった場合など，圧力が異常に高くなったときに，その圧力を許容以下に戻すことができる安全装置を取り付ける必要がある．冷凍装置の主な安全装置としては，次のものがある．

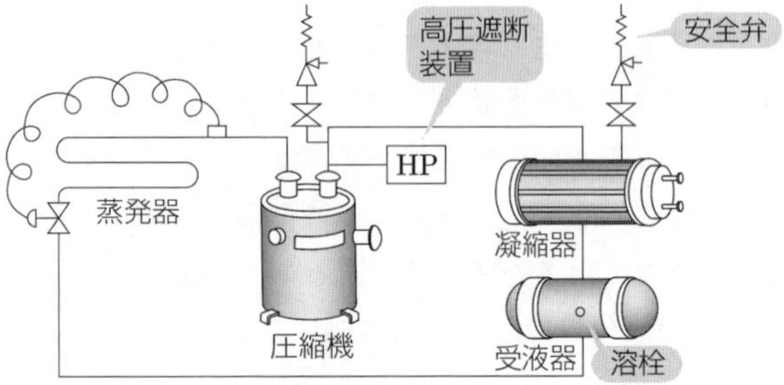

図 7.1 安全装置

① 安全弁（圧縮器内蔵形安全弁を含む）
② 高圧遮断装置
③ 破裂板（可燃性ガス，毒性ガスは使用不可）
④ 溶栓（可燃性ガス，毒性ガスは使用不可）
⑤ 圧力逃がし装置（有効に直接圧力を逃がすことができる装置）

2 安全弁

(1) 安全弁の働きおよび規定

・冷凍装置の圧縮機や容器などの圧力が設定値以上に上昇をしたとき，まず，高圧遮断装置が作動して圧縮機を駆動している電動機の電源を切って圧縮機を停止させる．このとき，もし高圧遮断装置が作動しなかったら，安全弁が自動的に開いて容器内の高圧ガスを噴出し，圧力が設定値以下になれば弁は閉じて異常な圧力上昇を防止する．

・冷凍装置の安全弁は一般的に，ばね式安全弁が使用されている．圧縮機に取り付けるときは，**吐出し止め弁の手前**に取り付ける．

・圧縮機（遠心式圧縮機を除く）やシェルアンドチューブ**凝縮器や受液器など**の圧力容器には，安全弁の取付けが義務づけられている．ただし，**20 冷凍トン未満の圧縮機**には安全弁の取付けを省略することができる．また，**内容積 500**

ℓ 未満の圧力容器には，溶栓をもって代えることができるとされている（冷凍保安規則関係例示基準）.

・安全弁の保守管理に関しては，危害予防規程などで規定し，**1 年以内ごとに安全弁の作動の検査**を行い，**検査記録**を残しておく必要がある.

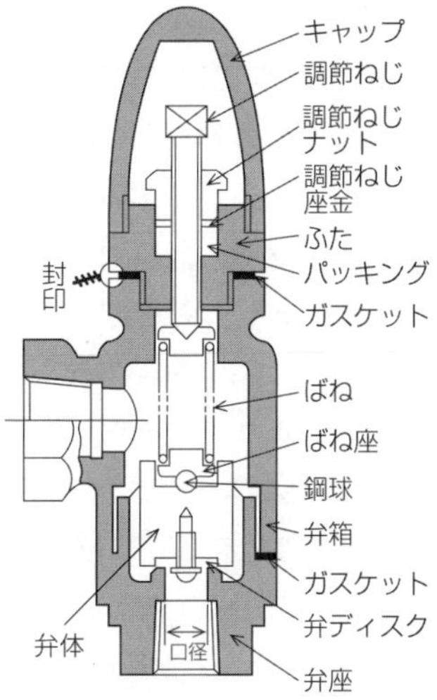

図 7.2 安全弁

(2) 安全弁の作動圧力

・冷凍装置の安全弁の作動圧力とは，吹始め圧力と吹出し圧力のことである.

① **吹始め圧力**：微量のガスが吹き出し始める圧力.

② **吹出し圧力**：吹始め圧力よりもさらに圧力が上昇して，安全弁が全開して，激しくガスが吹き出す圧力.

・安全弁の作動圧力は，許容圧力をもとにして次のように定められている.

(a) 圧縮機に取り付ける安全弁

① 吹出し圧力≦許容圧力×1.2

（なお，吐出しガスの圧力を直接受ける容器の許容圧力の 1.2 倍と比較していずれかの低い圧力を超えてはならない.）

② 吹出し圧力≦吹始め圧力×1.15

(b) 圧力容器に取り付ける安全弁

① 高圧部の安全弁の吹出し圧力≦(高圧部の許容圧力)×1.15

② 低圧部の安全弁の吹出し圧力≦(低圧部の許容圧力)×1.1

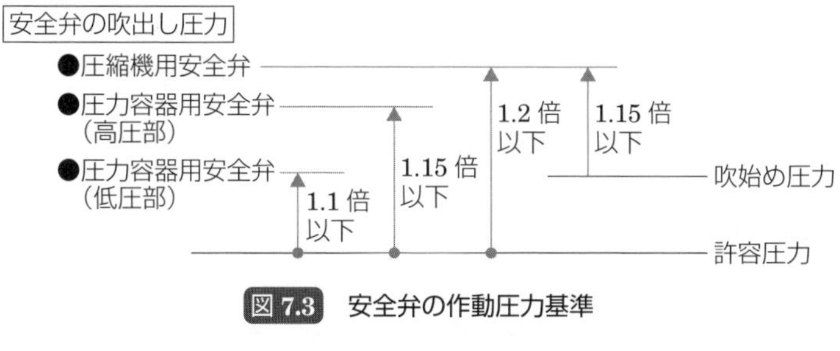

図 7.3 安全弁の作動圧力基準

(3)　安全弁の必要最小口径

(a)　圧縮機に取り付けられる安全弁の必要最小口径 d_1〔mm〕

圧縮機用の安全弁は，吹出し圧力において圧縮機が**吐き出すガスの全量を噴出する口径**が必要である．

圧縮機に取り付けられる安全弁の必要最小口径　$d_1 = C_1\sqrt{V_1}$

ここで，V_1：標準回転速度における1時間当たりのピストン押しのけ量〔m^3/h〕

C_1：冷媒の種類による定数

これにより，**圧縮機に取り付けるべき安全弁の最小口径は，圧縮機のピストン押しのけ量の平方根**と，**冷媒の種類によって定められた定数に比例する**．

(b)　圧力容器に取り付ける安全弁の必要最小口径 d_3〔mm〕

圧力容器用安全弁は，火災などで外部から加熱されて容器内の冷媒が温度上昇したとき，その飽和圧力が設定された圧力に達したとき，蒸発する冷媒を噴出して，過度に圧力上昇するのを防ぐ．

圧力容器に取り付ける安全弁の必要最小口径　$d_3 = C_3\sqrt{D \cdot L}$

ここで，D：容器の外径〔m〕

L：容器の長さ〔m〕

C_3：冷媒の種類ごとに高圧部，低圧部に分けて決められた定数

これにより，**圧力容器に取り付ける安全弁の必要最小口径は，容器の外径と長さの積の平方根に正比例**し，同じ大きさの圧力容器であっても高圧部と低圧部によって異なる（多くの冷媒では低圧部のほうが大きくなる）．

(4)　安全弁の放出管

・安全弁放出口に接続される放出管の口径は，噴出ガス量に影響を受けない口径にする必要があり，一般に**安全弁の口径以上の内径**とする（放出管が長い場合は背圧を考慮して配管径を大きくする）．

・安全弁の放出口から放出されるガスは，アンモニアガスのような毒性ガスの場合は**除害装置**へ，プロパンのような可燃性ガスは，着火源などのない安全な位置に放出するように規定されている．不燃性ガスで毒性のないガスは，酸欠にならないよう放出位置に注意が必要である．

3　高圧遮断装置

高圧遮断装置は，一般に**高圧遮断圧力スイッチ**が使用され，安全弁噴出以前に異常な高圧圧力を検知して圧縮機駆動用の電動機を停止させ，圧力が異常に上昇するのを防止する．

・**高圧遮断圧力スイッチの作動圧力**は，高圧部に取り付けられたすべての**安全弁**（内蔵形安全弁を除く）**の最低吹始め圧力以下で，かつ，高圧部の許容圧力以下の圧力で作動**するように設定しなければならない.

・高圧圧力遮断スイッチは，圧力が異常に上昇した場合に作動するので，いったん作動したら，圧力上昇の原因を除去するために**手動復帰式**を原則とするが，可燃性ガスおよび毒性ガス以外の冷媒ガス（フルオロカーボン冷媒など）を使用する**法定の冷凍能力が 10 トン未満**のユニット形で自動運転方式のものは，**自動復帰式**も認められている.

・高圧遮断圧力スイッチは，圧縮機吐出し部で吐出し圧力を正しく検出する位置に圧力誘導管で接続する．また，圧力誘導管を配管に接続する場合には，油やスケールが流入しないように，配管の上側（上面側）に接続する.

4 溶 栓

(1) 溶栓の働きおよび規定

・溶栓は **75℃以下で溶融**する合金（可溶合金）でつくられており，圧力容器が火災などで表面から加熱されて昇温したときに溶栓が溶融することにより，冷媒ガスを放出させて圧力の異常な上昇を防ぐように作動する.

・**溶栓の必要最小口径は，容器の安全弁の最小口径 d_3〔mm〕の 1/2 以上**でなければならない.

・シェルアンドチューブ凝縮器および受液器には，安全弁を取り付けなければならないが，**内容積 500 ℓ 未満のフルオロカーボン用シェルアンドチューブ凝縮器や受液器などでは，溶栓をもって代える**ことができる.

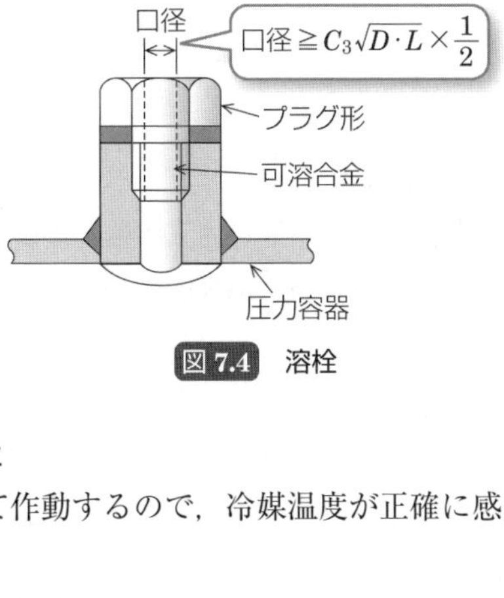

図 7.4　溶栓

(2) 溶栓の使用禁止

・溶栓は温度によって作動するので，冷媒温度が正確に感知できない次の場所などには取り付けない．

① 圧縮機などの高温の吐出しガスに影響を受ける高温部分など

② 水冷凝縮器の冷却水で冷却される管板など

・溶栓は，一度作動すると，内部が大気圧になるまで冷媒を放出するので，**可燃性または毒性ガスを冷媒**とした冷凍装置には使用できない（アンモニア冷媒は毒性なので使用できない）．

・**液封の起こるおそれのある場所**には，溶栓は使用できない．

5　破裂板

破裂板は，圧力によって金属の薄板が破れ，溶栓と同様に内部の冷媒ガス圧力が大気圧に下がるまで，噴出を続ける構造の安全装置である．

・大口径で構造が簡単であるため，主として大形の圧力容器に使用される．

・溶栓と同様に，**可燃性ガスや毒性ガスには使用してはならない．**

・破裂板の破裂圧力は，経年変化による低下だけでなく，圧力の脈動の影響も考慮して，耐圧試験圧力以下（耐圧試験圧力の 0.8 ～ 1.0 倍）に設定する．なお，冷媒設備に安全弁を取り付けているときは，破裂圧力は，**安全弁の作動圧力以上**でなければならない．

・圧力容器に取り付ける破裂板の**必要最小口径は安全弁と同一口径**が必要である．

6　液封防止の安全装置

液封による配管や弁などが破壊，破裂する事故を防止するために，**液封の起こるおそれのある部分**には，溶栓以外の安全弁，破裂板または圧力逃がし装置（圧力を逃がす目的を達成できる装置）を取り付けることになっている．ただし，銅管および外径 26 mm 未満の配管は除かれる．

7　ガス漏えい検知警報設備

・**可燃性ガス，毒性ガスまたは特定不活性ガスの製造施設**には，漏えいしたガスが滞留するおそれのある場所に，**ガス漏えい検知警報設備の設置**が義務付けられている（冷凍保安規則第 7 条）．

・**ガス漏えい検知警報設備**は，警報設定値（あらかじめ設定されたガス濃度）において自動的に警報するもので，アンモニアの場合の警報設定値は 50 ppm 以下である．

・警報は，ランプの点灯または点滅と同時に警告音を発するもので，原則として，雰囲気中のガス濃度が変化しても，警報を発信し続けるものとし，その確認または対策を講ずることにより警報が停止するものである．

コ ラ ム

液　封

液封とは，冷媒配管内において，その両端が止め弁などで封鎖されたとき周囲からの熱によって配管内部の冷媒液が熱膨張し，著しく高圧となり，配管や弁などが破壊，破裂する現象である（配管内の圧力上昇幅は，封鎖時の液温と配管内の液の温度上昇幅によって決まる）．

液封の事故は，止め弁，電磁弁などの誤操作による原因が多いが，次の液封が起こるおそれのある箇所があり，運転中の温度が低い冷媒配管に多い．

① 冷媒液強制循環方式の冷媒液ポンプ出口から蒸発器までの低圧液配管

② 高圧受液器から膨張弁（蒸発器）までの高圧液配管

③ 二段圧縮冷凍装置の過冷却された液配管

液封による配管や弁などが破壊，破裂する事故を防止するために，液封の起こるおそれのある部分には，溶栓以外の安全弁，破裂板または圧力逃がし装置を取り付ける必要がある（銅管および外径 26 mm 未満の鋼管を除く）．

なお，冷媒ガスが可燃性ガスまたは毒性ガスである冷凍設備の安全装置には，破裂板または溶栓以外のものを用いることとしている．

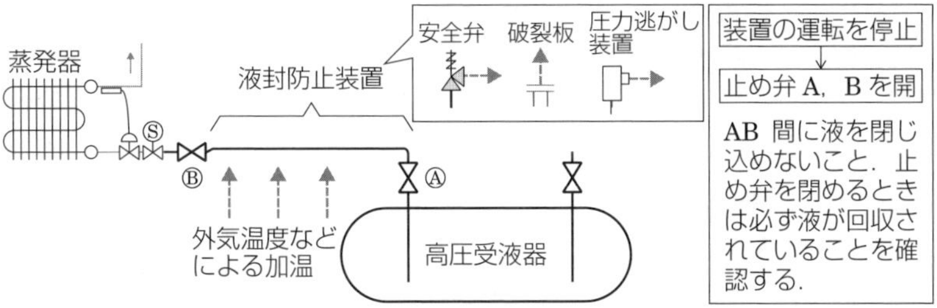

図 7.5　高圧受液器と膨張弁ヘッダーとの間の液管

例題

次のイ，ロ，ハ，ニの記述のうち，安全装置について正しいものはどれか．

イ．高圧遮断圧力スイッチは安全弁が作動する前に圧縮機を停止させる．停止後の圧力スイッチの復帰は，原則として手動復帰式とするが，冷媒の種類に関係なく，冷凍能力や運転方式によっては，自動復帰式でもよい．

ロ．冷凍装置の安全弁は一般的にばね式安全弁が使用されており，圧縮機に取り付けるときは．吐出し止め弁の手前に取り付ける．圧縮機用安全弁は，吹出し圧力において圧縮機が吐き出すガスの全量を噴出することができなければならない．

ハ．シェル形凝縮器および受液器において，それぞれの内容積が 600 リットルのものは安全弁に代えて 75℃以下で溶融する溶栓でもよい．

ニ．安全弁から放出する不燃性の冷媒ガスの場合は，毒性がなくても酸欠にならないように放出する必要がある．また，毒性ガスや可燃性ガスの場合は，火気に注意して，除害装置へ放出するようにしなければならない．

(1) イ　(2) ロ　(3)，ハ　(4) ニ　(5) ロ，ハ

▶解説

イ：(誤) 高圧遮断圧力スイッチは原則として手動復帰式とするが，**法定の冷凍能力 10 トン未満の不活性のフルオロカーボン冷媒使用のユニット形で，自動運転方式のもの**は自動復帰式でもよい．

ロ：(正) 圧縮機用安全弁は，吹出し圧力において圧縮機が吐き出すガスの全量を噴出することができなければならない．したがって，安全弁の必要最小口径は，圧縮機のピストン押しのけ量を基準として定められている．

ハ：(誤) **500 ℓ 未満**のシェルアンドチューブ凝縮器および受液器については，安全弁に代えて 75℃以下で溶融する溶栓でもよいと規定されている．したがって，**内容積が 600 ℓ のシェルアンドチューブ凝縮器および受液器は適用されない**．

ニ：(誤) 除害装置へ放出する冷媒ガスは．毒性ガスの場合である，**可燃性ガスは除害装置の対象にはならない**．

[解答]　**(2)**

例題

次のイ，ロ，ハ，ニの記述のうち，安全装置について正しいものはどれか．

イ．高圧部の圧力容器に取り付ける溶栓は，一般に 75℃以下で溶融する合金でつくられ，必要最小口径は安全弁の必要最小口径と同じである．また，毒性，可燃性のある冷媒の冷凍設備には用いてはならない．

ロ．高圧遮断圧力スイッチは，安全弁の作動圧力よりも低い圧力で作動する．高圧遮断圧力スイッチは，圧縮機吐出し部で吐出し圧力を正しく検出する位置に圧力誘導管で接続する．また，圧力誘導管を配管に接続する場合には，一般に配管の下側（下面側）に接続する．

ハ．アンモニア冷凍装置の低圧部の容器で，容器本体に附属する止め弁によって封鎖（液封）されるものは，安全弁，破裂板または圧力逃がし装置を取り付ける．

ニ．破裂板は，経年変化によって破裂圧力が次第に低下する傾向があり，また，圧力の脈動の影響も考慮して，耐圧試験圧力の 0.8 倍から 1.0 倍の範囲の圧力を破裂圧力とすることが多い．

(1) イ　(2) ニ　(3) イ，ハ　(4) ロ，ニ　(5) イ，ハ，ニ

▶解説

イ：(誤) 高圧部の圧力容器に取り付ける溶栓は，一般に 75℃以下で溶融する合金でつくられ，必要最小口経は安全弁の必要最小口径の **1/2 以上**である．また，毒性，可燃性のある冷媒の冷凍設備には用いてはならない．

ロ：(誤) 高圧遮断圧力スイッチの圧力誘導管は，油やスケールが流入しないように配管の**上側（上面側）**に接続する．

ハ：(誤) **破裂板は，可燃性ガス，毒性ガスには使用できない**．したがって，アンモニア冷凍装置の低圧部の容器で，容器本体に附属する止め弁によって液封されるものは，安全弁または圧力逃がし装置を取り付ける．

ニ：(正) 破裂板の破壊圧力は，安全弁の作動圧力よりも高く，耐圧試験圧力以下（耐圧試験圧力の 0.8 倍から 1.0 倍の範囲）に設定する．

[解答]　**(2)**

例題

次のイ，ロ，ハ，ニの記述のうち，安全装置について正しいものはどれか．

イ．高圧遮断圧力スイッチの設定圧力は，高圧部に取り付けられたすべての安全弁（内蔵形安全弁を除く）の最低吹始め圧力以下で，かつ，高圧部の許容圧力以下の圧力で作動するように設定する．

ロ．圧力容器に取り付ける安全弁の最小口径は，同じ大きさの圧力容器であっても高圧部と低圧部によって異なり，多くの冷媒では高圧部のほうが大きい．

ハ．液封の事故は，止め弁，電磁弁などの誤操作による原因が多いが，液封を起こしやすい箇所として，液ポンプ出口の逆止め弁と蒸発器入口弁の液管部分や，中間冷却器の過冷却液出口止め弁と蒸発器入口弁の液管部分などがある．

ニ．溶栓は，すべての冷凍装置に設けられるが，温度によって作動するので，高温の吐出しガスの影響を受けやすい場所や冷却水で冷却される管板などに取り付けてはならない．

(1) イ，ハ　(2) ロ，ハ　(3) ハ，ニ　(4) イ，ロ，ニ　(5) イ，ハ，ニ

▶解説

イ：(正) 高圧圧力スイッチの作動圧力は，安全弁の吹始め圧力の最低値以下の圧力で，かつ，高圧部の許容圧力以下に設定しなければならない．

ロ：(誤) 圧力容器に取り付ける安全弁の最小口径は，同じ大きさの圧力容器であっても高圧部と低圧部によって異なり，多くの冷媒では低圧部のほうが大きくなる．

ハ：(正) 液封の事故は，止め弁，電磁弁などの誤操作による原因が多いが，液封が起こるおそれのある箇所として，運転中の温度が低い冷媒配管に多い．

ニ：(誤) 溶栓は，圧力容器が表面から加熱されて昇温したときに所定の温度で溶融して容器内部の冷媒を放出するものであり，毒性ガス，可燃性ガスを用いた冷凍装置に使用してはならない．

[解答] (1)

第8章 圧力試験

圧力試験は，冷凍装置の圧縮機，圧力容器およびそれらを連絡する配管に対して，耐圧強度および気密性能を確認する試験の総称で，真空（放置）試験も含まれる．

冷凍装置の圧縮機，圧力容器，冷媒液ポンプなどの配管以外の部分は耐圧試験を，また，配管を含むすべての部分は気密試験を実施しなければならない．

圧力試験を行う場合は，**耐圧試験**で耐圧の強度が確認された後に**気密試験**で気密性を検査し，**必要に応じて真空試験（真空放置試験）の順**に行う．

Point

冷凍保安規則関係例示基準に定められているものは，耐圧試験と気密試験である．なお，冷媒設備の耐圧試験と気密試験に使用する圧力は，すべてゲージ圧力である．

1　耐圧試験

(1)　耐圧試験の目的

耐圧試験は，圧縮機，冷媒液ポンプ（吸収冷凍機の場合は吸収溶液ポンプ），油ポンプ，容器およびその他の**配管以外の部分（「容器等」という）の耐圧強度の確認試験**である．

(2)　耐圧試験の対象

① 耐圧試験は，圧縮機や圧力容器などの耐圧強度を確認するために行われるものであるため，配管やその附属品では不要である．

② **圧力容器の内径が 160 mm を超えるもの**は圧力試験の対象と定義しているので耐圧試験をする必要があるが，**自動制御機器，軸封装置**は構成部品の機能を損なうおそれがあるため，除外してもよいことになっている．

③ 耐圧試験は，耐圧強度を確認しなければならない構成機器，またはその部品ごとに行う**全数試験**である．なお，部品ごとに試験したときは，それを組み立てた機器も耐圧強度が確認されたものと見なされる．

④ 耐圧試験の代わりに量産品について適用する**抜取り試験**に**強度試験**があり，**試験圧力は設計圧力の 3 倍以上**でなければならない．

Point

耐圧試験は，設計圧力の範囲内で事故の発生が避けられることの確認のために行うものであり，加圧時に機器の材料に発生する応力が，その材料の降伏点より低くなければならない．

(3) 耐圧試験の実施要項

① 耐圧試験は，被試験品が破壊しても危険が少ないように，水や油を用いる**液圧試験**で，引火性，揮発性のあるもの，また毒性や腐食性のあるものは使用できない．なお，液体を使用することが困難である場合には，空気，窒素などの気体を用いて耐圧試験を行うことも認められている．

② **液体で行う耐圧試験の圧力は，設計圧力または許容圧力のいずれか低いほうの圧力の 1.5 倍（気体で行う場合は 1.25 倍）以上の圧力**である．

Point

液体を使用することが困難である場合には，空気（圧縮空気では 140℃以下），窒素，ヘリウム，フルオロカーボン（不活性のものに限る），二酸化炭素（アンモニア冷凍設備では使用しないこと）などの気体を用いて耐圧試験を行うことも認められている．酸素（支燃性ガス）や毒性ガス，可燃性ガスは使用できない．

③ 耐圧試験に使用する圧力計の条件は次のようになっている．

・文字板の大きさ：**液体で行う場合には 75 mm（気体で行う場合には 100 mm）以上**

・**圧力計の最高目盛：耐圧試験圧力の 1.25 倍以上，2 倍以下**のもの

・圧力計の個数：**2 個以上**

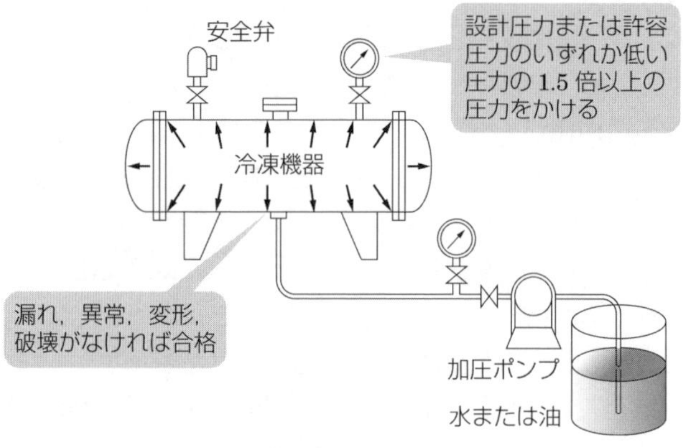

図 8.1 耐圧試験

2 気密試験

(1) 気密試験の目的

耐圧試験を行って耐圧強度が確認された容器等について，気密性能を確認するために気密試験を行う．

(2) 気密試験の対象

気密試験は，耐圧試験後の圧縮機や圧力容器などの**構成機器の個々のもの（組立品）について行う**ものと，冷媒配管が完了した後に，**防熱の施工および冷媒の充填の前**に冷媒設備全系統について漏れを調べ，設備全体の気密を確認するものとがある．

Point

冷凍装置を構成する各機器について，それぞれの気密試験によって個々に気密性能が確認されていても，配管完了後の冷凍設備全体に対する気密試験は省略できない．

(3) 気密試験の実施要項

① 気密試験は，気密の性能を確かめるための試験であり，漏れを確認しやすいように，**ガス圧で試験を行う**．

② 気密試験に使用するガスは，空気，窒素，ヘリウム，フルオロカーボン（不活性のもの）または二酸化炭素とする．

・**酸素（支燃性ガス）や毒性ガス，可燃性ガスを使用してはならない**．

・**アンモニア冷凍装置**の気密試験に炭酸ガス（二酸化炭素）を使用すると，試験後に残留した炭酸ガスとアンモニアが反応して炭酸アンモニウムの粉末が生成され，アンモニアの流れを妨げるから**炭酸ガスは使用しない**．

・**フルオロカーボン冷凍装置**では**空気は水分が多いので用いられない**．一般に二酸化炭素または窒素ガスを使用する．

・空気圧縮機を使用して圧縮空気を供給するときは，圧縮により空気が高温になるので，徐々に圧力を上げるようにし，圧縮機の吐出し**空気温度が 140℃を超えない**ようにする．

③ 気密試験圧力は，**設計圧力または許容圧力のいずれか低いほうの圧力以上**の圧力とし，昇圧は徐々に行う．

④ 内部に圧力のかかった状態で，**つち打ち**（金槌などでたたくこと）**などの衝撃**を与えたり，溶接補修などの熱を加えてはならない．

Point

漏れ箇所の修理をするときは，圧力を大気圧まで下げて行い，修理完了後に改めて規定の圧力まで加圧して，再び漏れ試験を行う．

⑤ 気密試験に使用する圧力計の条件は次のようになっている．

・文字板の大きさ：**75 mm 以上**

・**圧力計の最高目盛**：気密試験圧力の **1.25** 倍以上，**2** 倍以下のもの
・**圧力計の個数**：**2** 個以上

⑥ 気密試験の判定は，被試験品内のガス圧を気密試験圧力に保った状態で，水中に入れたり（水槽気泡法），外部に発泡液を塗布し泡の発生の有無で漏れのないことを確認する（発泡液塗布法）．

なお，気密試験の気体にフルオロカーボン使用した場合は，ガス漏れ検知器（**ハライドトーチ**，ハロゲン漏れ検知器など）で容易に漏れ検知が行える．

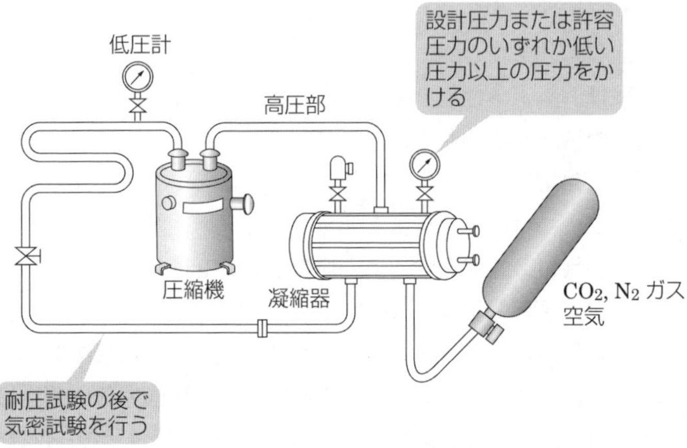

図 8.2 気密試験

3 真空試験（真空放置試験）

(1) 真空試験の目的

フルオロカーボン冷凍装置では，とくに微量な漏れも，水分の存在も，さらに不凝縮ガスとして空気や窒素ガスの残留も嫌うので，気密試験の後に**冷媒系統の装置内部を真空状態**にして真空試験を行う．

真空試験は，次の目的で実施する．

① **装置の微量な漏れの確認**…真空試験は**気密の最終確認**で，わずかな漏れでも確認できるが，漏れ箇所を特定（判別）することはできない．

② 装置内の不凝縮ガスの排出と水分乾燥…空気などの不凝縮ガスを排出し，かつ，系

Point

気密試験に用いたガス（空気，窒素ガスなど）は，試験終了後に完全に排出する．
真空試験は，法令で規定されてはいないが，防熱施工，冷媒充填前に必ず実施するのが一般的である．

統内の**水分を蒸発させて排除し，内部を乾燥させる**ために行う．

(2) 真空試験の留意事項

真空試験で留意すべき事項について以下に列記する．

① 真空試験は，**真空ポンプ**（冷凍装置の圧縮機では不可能）を用いて，到達真空は少なくとも**真空度（絶対真空が基準の圧力）0.6 kPa** が必要である（真空にすると水分は低い温度で蒸発する）．なお，真空圧力の測定にはマノメータ（圧力計の一種で，管や容器内の気体や液体を測定する計器）や**真空計**（真空の程度を測定する計器）**が用いられる**（連成計では不正確）．

② 装置内に，残留水分があると真空になるのに時間がかかり，また，真空ポンプを停止すると直ちに圧力が上がってくる．

③ フルオロカーボン冷凍装置内を真空乾燥する場合，水蒸気飽和圧力曲線を参考にして，所定以下の真空度を保持しながら，必要に応じて，設備内の水分残留場所の加熱（120℃以下）を実施する．

Point

冷凍装置の真空乾燥では，装置自身の温度をできるだけ高くして，水の凝固を避けながら真空にすると，水分が蒸発しやすく，乾燥しやすい．

④ 真空ポンプを停止したとき，真空ポンプの潤滑油が冷媒設備内に逆流しないようにする（真空ポンプの上流側に逆流防止器を取り付けるなどの対策をとる）．

⑤ 長時間（1 時間から昼夜近く）にわたって真空状態のまま放置した後，内部の真空乾燥と微量な漏れの有無を確認する（**漏れの箇所は特定できない**）．

⑥ 合否の判断は，真空計が 0.6 kPa 以下になってから 1 時間以上真空ポンプを連続運転して，1 時間放置して真空計の指示が上がらないことである．

例題

次のイ，ロ，ハ，ニの記述のうち，圧力試験について正しいものはどれか．

イ．冷媒設備の圧力試験には，耐圧試験，強度試験，気密試験，真空試験などがあるが，圧力試験の圧力はすべて，ゲージ圧力で表示される．

ロ．耐圧試験は，耐圧強度を確認しなければならない構成機器，または，その部品ごとに行う抜取り試験である．部品ごとに試験したときは，それを組み立てた機器も耐圧強度が確認されたものとみなされる．

ハ．アンモニア冷凍装置の気密試験では．試験流体に空気，窒素，二酸化炭素などの非毒性ガスが用いられる．しかし，フルオロカーボン冷凍装置では，水分を含む空気を使用しないほうがよい．

ニ．フルオロカーボン冷凍装置内を真空乾燥する場合，真空度が増すにしたがって水の飽和温度は下がるので，水分が残留している可能性のある部分を加熱すると効果的である．

(1) イ，ロ　(2) イ，ニ　(3) ロ，ハ　(4) イ，ハ，ニ　(5) ロ，ハ，ニ

▶解説

イ：(正) 高圧ガス保安法などの法規上の圧力は，ゲージ圧力を用いている．

ロ：(誤) 耐圧試験は，耐圧強度を確認しなければならない構成機器，または，その部品ごとに行う**全数試験**である．なお，部品ごとに試験したときは，それを組み立てた機器も耐圧強度が確認されたものとみなされる．

ハ：(誤) アンモニア冷凍装置の気密試験では，試験流体として**二酸化炭素は使用できない**．これは，試験後に残留した二酸化炭素とアンモニアが反応して炭酸アンモニウムの白色粉末が生成され，冷凍装置に悪影響を及ぼすことになるからである．

ニ：(正) 真空乾燥の際，水蒸気飽和圧力曲線を参考にして，所定以下の真空度を保持しながら，必要に応じて，設備内の水分残留場所の加熱を実施する．

[解答]　(2)

例題

次のイ，ロ，ハ，ニの記述のうち，圧力試験について正しいものはどれか．

イ．真空試験に用いる真空計には，文字盤の大きさが 75 mm 以上あれば冷凍装置附属の連成計を使用できる．

ロ．耐圧試験は，設計圧力の範囲内で事故の発生が避けられることの確認のために行うものであり，加圧時に機器の材料に発生する応力が，その材料の降伏点より低くなければならない．

ハ．気密試験は，一般に耐圧試験を実施した後の圧縮機や圧力容器などの冷媒設備の配管部分を除く構成機器の個々の組立品について行うものと，冷媒配管および防熱施工が完了した後に，冷媒設備全系統の漏れを調べるために行うものがある．

ニ．気密試験では圧力をかけたままで発泡液を塗布し，つち打ちなどの軽い衝撃を与え，漏れ箇所の確認を行う．漏れ箇所の修理はすべての圧力を大気圧まで下げてから行い，修理完了後に改めて規定の圧力まで加圧して，再び漏れの点検を行う．

(1) イ　(2) ロ　(3) ニ　(4) イ，ハ　(5) ロ，ニ

▶解説

イ：（誤）冷凍装置に取り付けられている一般の連成計では，正確な真空の圧力が読み取れないので，使用できない．真空計を用いて計測しなければならない．

ロ：（正）耐圧試験時に機器の材料に発生する応力が，その材料の降伏点よりも低くなければならないので，試験圧力は必要以上に高くしてはならない．

ハ：（誤）冷媒配管施工工事が完了した後に行う気密試験は，冷媒設備全系統の漏れを調べ，設備全体の気密を確認する試験であるので，防熱施工および冷媒を充填する前に行う．

ニ：（誤）気密試験などの圧力をかけた状態のままで，つち打ちなどの衝撃を与えることは行ってはならない．圧力をかけたままで漏れ箇所の修理することは，極めて危険であるので，修理はすべて圧力を大気圧まで下げてから行い，修理完了後に改めて規定の圧力まで加圧して，再び漏れの点検を行う．

[解答]　(2)

第9章　冷凍装置の据付けおよび試運転

1　冷凍装置の据付け

(1)　機器の基礎

・機器の基礎は，基礎底面にかかる荷重（静的，動的を含む）がどの部分でも**地盤の許容応力度以下**となるようにし，また，できるだけ**荷重を地盤に平均にかかるように**にし，不同沈下が起こらないようにする．

・**基礎の質量は上に設置する機器の質量よりも重くする**ことにより振動を軽減し，転倒を防止する．例えば，多気筒圧縮機を設置するコンクリート基礎の質量は，圧縮機質量の **2～3倍程度**とする（基礎と機械との共振を防止するために，基礎の固有振動数と機械が発生する振動の振動数には20％以上の差をつける）．なお．防振装置を備えた防振支持の基礎は．通常の基礎に比べて軽量にすることができる．

(2)　機器の据付け

・使用する基礎ボルトに規格品を用いるだけでなく，基礎ボルトの周囲に流し込むモルタルには，セメントと砂の比が1：2の良質なものを使用する．

・**機器の防振装置**としては，一般に**防振ゴム**や**ゴムパット**が用いられ，これらを使用するときには，その特性やばね定数を検討し最適なものを選ぶ．それとともに，乗せた**機器が水平**になるように防振ゴムなどの配置を決める．

・機器の防振装置の使用目的としては，一般に振動がほかの場所へ伝わるのを防止することのほかに，振動によって発生する二次的な騒音の防止もある．

・防振架台で基礎上に据え付けられた圧縮機は，運転開始または停止の際，大きく揺れることがあるので，圧縮機の近くの**吸込み蒸気配管**や**吐出しガス配管などには可とう管（フレキシブルチューブ）**を入れる．なお，可とう管を**ゴム**で被覆すると，**氷結による破壊を防止**する効果がある．

・凝縮器，受液器などは水平に据え付ける．屋外に設置する空冷凝縮器と蒸発式凝縮器は重く，重心が比較的高いので，地震によって据付け位置がずれることがある．そのため，屋外に設置する基礎の鉄筋を強固に組み合わせ，屋上床盤の鉄筋に固く結び付け，凝縮器本体と基礎も十分に締結する．

・**受液器の下部**は，床面の水や湿気により腐食されやすいので，床面との間を十分とるように据え付ける．

・低温のために，冷蔵室床下の土壌が氷結して床面が盛り上がってくることがある．その原因は，床下の土壌の性質あるいは床下の構造が大きく関係することもあるが，地質調査をしても凍上が起こるかどうか事前に適切な判断ができないため，凍上防止対策が必要である（床面を地盤面より高く上げ，床下に空間を設ける方法や，床面の下に通気管を設ける方法など).

(3)　冷媒の取扱い

・フルオロカーボン冷媒は安定した冷媒で，一般的に毒性は弱く可燃性もないものが多いが，大気中では空気よりも重く，漏れると床面付近に滞留して**酸欠の危険**があるので，機械室の換気に注意しなければならない.

・**フルオロカーボン冷媒**でも，所定の機械換気装置または安全弁の放出管が必要な場合で，それらを設けることができないときには，**ガス漏れまたは酸素濃度18%以下での酸欠事故を防止**することが規定されている.

・冷媒設備の冷媒ガスが室内に漏えいしたときに，その濃度において人間が失神や重大な障害を受けることなく，緊急の処置をとったうえで，自らも避難できる程度の濃度を基準とした**限界濃度**が，冷凍空調装置の施設基準において規定されている.

　　限界濃度　$P = m/V$〔kg/m^3〕

ここで，m：冷媒設備の全充填量〔kg〕

　　　　V：冷媒を内蔵した機器を設置した最小室内容積〔m^3〕

・**フルオロカーボン冷媒が裸火や高温の物体に触れると，分解してふっ化水素やホスゲンなどの毒性の強いガスを生成する**ので，修理の際には，内部に残留ガスがないことをよく確かめる必要がある.

・アンモニア冷凍設備には**除害設備**と**漏えい検知警報設備**の設置が義務づけられている.

2　油の充填と冷媒の充填

真空乾燥の終わった冷凍装置には，冷媒と冷凍機油を充填する.

(1)　冷凍機油の充填

・冷凍装置に使用する冷凍機油は，圧縮機の種類，冷媒の種類，運転温度条件などによって異なるので，装置のメーカが指定した油を使用する.

・冷凍機油は水分を吸収しやすいので，密封容器に入っている油を使い，古い油や大気中に放出してある油の使用は避ける.

・一般的な冷凍機油の選定条件は，凝固点が低

> **Point**
> 冷凍機油の容器の蓋を開放して大気に触れた場合，合成油は鉱油に比較して湿気を吸収しやすい.

> **Point**
> 冷凍装置の圧縮機に充填する冷凍機油として，低温用には一般に流動点が低い油，高速回転圧縮機で軸受荷重の比較的小さいものには粘度の低い油を選定する.

くろう分が少ないこと，粘性が適当で油膜が強いこと，水分により乳化しにくいこと，酸に対する安定性がよいことなどであるが，熱安定性がよく，引火点が高いことも重要である．

(2) 冷媒の充填

・冷媒の充填は，中・大形冷凍装置に冷媒を充填する場合は，受液器（または受液器兼用の凝縮器）の冷媒液出口弁を閉じ，その先の冷媒チャージ弁から**液状の冷媒**を入れる．また，小形の装置では高圧と低圧の両方の冷媒チャージ弁（サービスバルブ）から**蒸気状の冷媒**を入れる．

・冷媒の**過充填とならない**ように，規定の充填量を守らなければならない．

・追加の充填を行う場合には，冷媒の種類を確認して，同じ種類の冷媒を充填する．

・冷媒充填の際には，不必要にフルオロカーボン冷媒を大気中に放出しないようにする（地球温暖化などの環境保全に影響する）．なお，フルオロカーボン冷媒充填作業は資格を持った有資格作業者（冷媒フロン類取扱技術者）が行わなければならない．また，アンモニア冷媒は，毒性ガスで可燃性ガスなのでガス漏れに十分に注意する．

3 試運転

・試運転開始前の準備として，電気系統の点検，冷媒系統・冷却水系統の配管経路の接続や弁の開閉状態，冷媒・潤滑油の種類と量などを十分に確認する．

・装置の始動試験を行い，異常がなければ数時間運転を継続して運転データを採取する．

・負荷変動のある装置では，それぞれの条件について調べ，正規運転時の状態を確認する．その際に保安装置，自動制御装置の作動確認を行い，異常の有無を確認する．

例題

次のイ，ロ，ハ，ニの記述のうち，据付けおよび試運転について正しいものはどれか．

イ．圧縮機基礎の固有振動数は，圧縮機が発生する振動数と20％以上の差をつけて，機械と基礎が共振しないようにする．

ロ．冷凍機器を据え付ける場合，一般的に基礎の質量は据え付ける機器の質量より大きくする必要がある．圧縮機は，運転中の負荷変動が大きく，特に多気筒圧縮機では，基礎の質量を圧縮機の質量の4倍から5倍としている．

ハ．冷媒の漏えい時の注意事項として，酸素濃度18％以下での酸欠に対する危険，空気に対する比重などがある．R410A，R404A，R744などの空気よりも重い冷媒では床面での滞留に注意が必要である．

ニ．アンモニア冷媒は強い刺激臭があり，微量の漏れも早期に発見できて処置ができるので，漏えい検知警報設備を設けなくてもよい．

(1) イ，ハ　(2) イ，ニ　(3) ロ，ハ　(4) ロ，ニ　(5) ハ，ニ

▶解説

イ：(正) 基礎の質量は，上に設置する機器の質量よりも2～3倍程度重くすることにより，機器が発生する振動数と20％以上の差をつけて，機器と基礎が共振しないようにする．

ロ：(誤) 冷凍機器を据え付ける場合，一般に，基礎の質量は据え付ける機器の質量より大きくする．圧縮機は，運転中の負荷変動が大きいので，多気筒圧縮機の場合は**2～3倍**としている，

ハ：(正) R744は二酸化炭素である．なお，R717（アンモニア）は空気より軽いが，毒ガスであるから注意が必要である．

ニ：(誤) アンモニア冷媒は強い刺激臭があり，微量の漏れも早期に発見できて処置ができるが，事故により大量に漏れると大きな災害を招く．可燃性ガスおよび毒性ガスであるアンモニア冷媒を使用する機器では，その使用機器から漏えいしたガスが滞留するおそれのある場所に，**漏えい検知警報設備を設けなければならない**．

[解答]　**(1)**

Ch.1
Ch.2
Ch.3
Ch.4
Ch.5
Ch.6
Ch.7
Ch.8
Ch.9

冷凍装置の据付けおよび試運転

例題

次のイ，ロ，ハ，ニの記述のうち，冷凍装置の据付けおよび試運転について正しいものはどれか．

イ．機器の基礎底面にかかる荷重は，どの部分でも地盤の許容応力より大きくし，できるだけ荷重が地盤に均等にかかるようにする．また，基礎の質量は，一般にその上に据え付ける機器の質量よりも大きくする．

ロ．冷凍装置は運転開始時・停止時に大きく振れることがあるので，圧縮機近くの配管などは強度が高いものを用い，堅固に固定する必要がある．

ハ．フルオロカーボン冷媒を用いた圧力容器や配管を修理する際に熱を加える場合は，フルオロカーボン冷媒は燃焼性がなく，内部残留ガスの考慮をしなくてよい．

ニ．冷凍装置の冷媒の充填量が不足すると，蒸発圧力が低下し，圧縮機の吸込み蒸気の過熱度が大きくなり，吐出し圧力が低下するが，吐出しガス温度は上昇するので，油が劣化するおそれがある．

(1) イ　(2) ロ　(3) ハ　(4) ニ　(5) ロ，ニ

▶解説

イ：(誤) 機器の基礎底面にかかる荷重は，どの部分でも地盤の許容応力度以下にし，できるだけ荷重が平均にかかるように分布させる．また，基礎の質量は，一般にその上に据え付ける機器の質量よりも大きくする．

ロ：(誤) 防振支持では，振動の伝達はかなり絶縁されるが，機械自身の振動により配管が破損することを防止するため，一般に圧縮機近くの吸込み管などには可とう管（フレキシブルチューブ）を入れる．

ハ：(誤) フルオロカーボン冷媒を用いた圧力容器や配管を修理する際に熱を加える場合は，高温によりフルオロカーボン冷媒が分解し，ふっ化水素やホスゲンなどの毒性のガスを生成したりするので，修理の際には，内部に残留ガスがないことをよく確かめる必要がある．

ニ：(正) 冷媒量が不足すると，蒸発圧力が低下し，圧縮機の吸込み蒸気の過熱度が大きくなり，吐出し圧力が低下するが，吐出しガス温度は上昇するので，油が劣化するおそれがある．

[解答]　**(4)**

▶ 保安管理技術演習問題

次の各問について，正しいと思われる最も適切な答をその問の下に掲げてある（1），（2），（3），（4），（5）の選択肢の中から1個選びなさい．

問1　次のイ，ロ，ハ，ニの記述のうち，圧縮機などについて正しいものはどれか．

イ．圧縮機運転中，温度自動膨張弁の感温筒が吸込み管から外れて，感温筒の温度が上昇すると，膨張弁が開きすぎになって，過剰な冷媒液が蒸発器に流入して液戻りが起きる．

ロ．圧縮機運転中，負荷が増大すると，吸込み蒸気圧力，吐出しガス圧力，吐出しガス温度ともに上昇し，圧縮機運転電流も増大するが，温度自動膨張弁の制御範囲内であれば吸込み蒸気の過熱度は維持できる．

ハ．圧縮機の吸込み弁が漏れると，圧縮機の吐出しガス温度が低下し，体積効率が大きく低下する．

ニ．多気筒圧縮機で強制給油潤滑式の場合，給油圧力は油圧計指示圧力からクランクケース内ガス圧力を減じた値である．

（1）イ　（2）イ，ニ　（3）ロ，ハ　（4）ハ，ニ　（5）イ，ロ，ニ

問2　次のイ，ロ，ハ，ニの記述のうち，高圧部の保守管理について正しいものはどれか．

イ．空冷凝縮器では，冬季に外気温度が低いと凝縮温度が下がり冷凍効果が増えるので，膨張弁前後の差圧が大きく減っても温度自動膨張弁の能力不足になることはない．

ロ．水冷凝縮器では冷媒と冷却水との間の算術平均温度差が5～6K程度になるように，空冷凝縮器では入口空気温度よりも12～20K程度高い凝縮温度になるように，それぞれ伝熱面積が選ばれる．

ハ．水冷凝縮器で水あかが厚く付いた場合の熱通過率の低下割合が，裸管よりローフィンチューブのほうが大きくなるのは，有効内外伝熱面積比が影響しているためである．

ニ．フルオロカーボン冷媒の水冷横形シェルアンドチューブ凝縮器では，凝縮する際の熱を冷却管に伝えやすくするために，冷却水側の伝熱面積を冷媒側よりも大きくしている．

（1）イ，ロ　（2）イ，ハ　（3）ロ，ハ　（4）ロ，ニ　（5）ハ，ニ

問3　次のイ，ロ，ハ，ニの記述のうち，低圧部の保守管理について正しいものはどれか．

イ．冷蔵・冷凍用の空気冷却器では，冷却器の伝熱面積を小さくするために，蒸発温度と空気との設定温度差は空調用の場合よりも大きく，通常 15 ～ 20 K としている．

ロ．乾式蒸発器の MOP 付きの温度自動膨張弁は，弁本体温度が感温筒温度よりも低くなるように取り付けると適切に作動する．

ハ．蒸発温度の低下の原因として，蒸発器への冷媒供給量不足，蒸発器内の大量な油の残留などがある．蒸発器に霜が付くと，風の通過面積は狭くなり，その結果風速が上がり，熱通過率は改善される．多量の霜付きにより送風量の低下はあるが，霜による蒸発温度の低下はない．

ニ．蒸発器への冷媒循環量が適正に確保できない原因として，冷媒充填量の不足，膨張弁容量の過小，液管でのフラッシュガスの発生，圧縮機の吐出し弁または吸込み弁の作動不良などが考えられる．

(1) イ　(2) ニ　(3) イ，ニ　(4) ロ．ニ　(5) ハ，ニ

問 4　次のイ，ロ，ハ，ニの記述のうち，冷媒および冷凍機油について正しいものはどれか．

イ．非共沸混合冷媒を冷凍装置に充填する場合は，充填しすぎたときに大気に放出しなくてもすむように，ボンベの冷媒蒸気側から充填する．

ロ．自然冷媒の一種である R717 は，その独特の臭気によって漏えいを知ることができるため，電気的に濃度を検知する検知器は用いない．

ハ．多気筒圧縮機のクランクケース内では，フルオロカーボン冷媒が冷凍機油に溶解しており，長時間停止した後に圧縮機を始動すると，オイルフォーミングを発生することがある．

ニ．フルオロカーボン冷媒を使用したヒートポンプ装置が，100℃の圧縮機吐出しガス温度で運転されているとき，この温度による冷凍機油の劣化のおそれはない．

(1) イ，ハ　(2) ロ，ハ　(3)，ハ，ニ　(4) ロ，ニ　(5) ロ，ハ，ニ

問 5　次のイ，ロ，ハ，ニの記述のうち，制御機器について正しいものはどれか．

イ．断水リレーは，冷却水回路の断水や減水を検知して圧縮機を停止させたり警報を発して装置を保護する安全装置で，圧力式とフロート式がある．

ロ．直動式の電磁弁は小口径の配管に用いられ，大口径の配管にはパイロット式の電磁弁を用いる．パイロット式の電磁弁は弁前後の圧力差がゼロでは作動しない．

ハ．圧縮機の油圧保護圧力スイッチは，圧縮機の軸受などを焼付き事故から保護するため，油圧が定められた値より低下すると，低下した瞬間に圧縮機を停止させる．

ニ．蒸発圧力調整弁と温度自動膨張弁とを組み合わせて用いる場合には，感温筒は蒸発圧力調整弁の上流側に取り付けなければならない．

(1) イ，ハ　(2) イ，ニ　(3) ロ，ハ　(4) ロ，ニ　(5) イ，ロ，ニ

問 6　次のイ，ロ，ハ，ニの記述のうち，附属機器について正しいものはどれか．

イ．蒸発温度が－40℃以下の冷凍装置では，冷凍機油の粘度が高くなり，蒸発器からの油戻しが難しいため，油分離器を設けて循環する冷凍機油量を減らすようにする．

ロ．ヒートポンプでは，冷房と暖房の間で運転モードを切り換えたときに熱交換器内の冷媒量が変化するため，液分離器を設置し，この変化量を吸収する．

ハ．水冷横形シェルアンドチューブ凝縮器では，空冷凝縮器に比べて器内に冷媒液をためる容積が小さいので，受液器を必要とする場合が多い．

ニ．大形のアンモニア冷凍装置では，液分離器で分離された冷媒液を液溜め器を介して高圧受液器に戻す液戻し装置を設ける場合がある．液分離器と液溜め器および液溜め器と高圧受液器との間には，それぞれ逆止め弁を取り付ける．

(1) イ，ニ　(2) ロ，ハ　(3) ロ，ニ　(4) ハ，ニ　(5) イ，ロ，ハ

問 7　次のイ，ロ，ハ，ニの記述のうち，配管について正しいものはどれか．

イ．冷凍サイクルは，一般的に圧縮機→油分離器→凝縮器→受液器→膨張弁→蒸発器→圧縮機の順に冷媒が循環する．これらの機器を結ぶ冷媒配管は，高圧側の吐出しガス配管および液配管，低圧側の液（気液混合）配管および吸込み蒸気配管の四つに大別することができる．

ロ．疑縮器が圧縮機よりも高い位置に設置されている場合，圧縮機が停止しているときに．油や管内で凝縮した冷媒液が圧縮機に逆流しないように吐出し管の高低差の大きさに応じてトラップを設けることがある．

ハ．液配管の施工を行うため，凝縮器から受液器への液落とし管における液の流速を 1.5 m/s とし，液落とし管自身に均圧管の役割を持たせるように設計した．

ニ．吸込み蒸気配管の施工では，吸込みの立上がり管が非常に長い場合には，約 10 m ごとに中間トラップを設ける．これは，油が戻りやすいようにするためである．

(1) イ，ロ　(2) イ，ニ　(3) ロ，ハ　(4) ハ，ニ　(5) イ，ロ，ニ

問 8　次のイ，ロ，ハ，ニの記述のうち，安全装置について正しいものはどれか．

イ．破裂板は，圧力によって金属の薄板が破れる方式の安全装置で，主として大形の圧力容器に使われる．破裂板の最小口径は，圧力容器に取り付ける溶栓の必要最小口径と同じである．

ロ．高圧遮断圧力スイッチの設定圧力は，高圧部に取り付けられたすべての安全弁（内蔵形安全弁を除く）の最低吹始め圧力以下で，かつ，高圧部の許容圧力以下の圧力で作動するように設定する．

ハ．高圧遮断圧力スイッチは，安全弁の作動圧力よりも低い圧力で作動する．また，

法定の冷凍能力10トン以上の冷凍設備では，圧力上昇の原因を除去してから復帰させるために手動復帰式の圧力スイッチが用いられる．

ニ．圧力逃がし装置は液封のおそれのある配管（銅管および外径26 mm未満の配管を除く）などに取り付けるもので，圧力を逃がす目的を達成できるものでなければならない．

(1) イ，ロ　(2) イ，ニ　(3) ロ，ハ　(4) ロ，ニ　(5) ロ，ハ，ニ

問9　次のイ，ロ，ハ，ニの記述のうち，圧力試験，溶接施工などについて正しいものはどれか．

イ．耐圧試験は，圧縮機，圧力容器など耐圧強度を確認しなければならない構成機器またはその部品を対象として，実際の使用状態での耐圧性能を確認するために行う．

ロ．真空放置試験は．微小な漏れでも判定できるが，漏れ箇所の特定はできない．装置内に残留水分が存在すると，真空になるのに時間がかかり，また，真空ポンプを止めると圧力が上昇する．

ハ．耐圧試験は，圧縮機や圧力容器などの耐圧強度を確認するために行われているものであるため，配管やその附属品では不要で，内径が180 mm未満のフィルタドライヤも実施する必要がない．

ニ．冷凍装置を構成する各機器のアーク溶接施工の良否は，母材の材質，板厚と開先形状，溶接棒の種類，溶接の電流と電圧などの条件が関係する．溶接部の強度は，母材の最小引張強さ以上の強度が必要である．

(1) イ，ロ　(2) イ，ニ　(3) ロ，ハ　(4) イ，ロ，ニ　(5) ロ，ハ，ニ

問10　次のイ，ロ，ハ，ニの記述のうち，据付け，試運転などについて正しいものはどれか．

イ．一般的な冷凍機油の選定条件は，凝固点が低くろう分が少ないこと，粘性が適当で油膜が強いこと，水分により乳化しにくいこと，酸に対する安定性がよいことなどであるが，熱安定性がよく，引火点が高いことも重要である．

ロ．冷凍装置への冷媒充填量不足は，冷凍能力の低下，吐出し圧力の低下および吐出しガス温度の低下の原因となる．一方，過充填は．吐出し圧力の上昇および凝縮液の過冷却度の増加の原因となる．

ハ．機器の据付けに際し留意することは，使用する基礎ボルトに規格品を用いるだけでなく，基礎ボルトの周囲に流し込むモルタルには，セメントと砂の比が2：1の良質なものを使用することである．

ニ．防振支持では，振動の伝達はかなり絶縁されるが，機械自身の振動により配管が破損することを防止するため，一般に圧縮機近くの吸込み管などには可とう管（フレキシブルチューブ）を入れる．

(1) イ，ロ　(2) イ，ニ　(3) ロ，ハ　(4) ロ，ニ　(5) ハ，ニ

▶ 保安管理技術演習問題　解答と解説

問 1　解答　(5)

イ：(正) 記述のとおり.

ロ：(正) 記述のとおり.

ハ：(誤) シリンダ内の高圧ガスの一部が圧縮・吐出しの行程で吸込み側に逆流し，吐出し量が減少するので体積効率は低下するが，圧縮機の吐出しガス温度はあまり上昇しない.

ニ：(正) 記述のとおり.

問 2　解答　(3)

イ：(誤) 空冷凝縮器では，冬季に外気温度が低いと凝縮温度が下がり冷凍効果は増加するが，膨張弁前後の差圧が大きく減ると温度自動膨張弁での冷媒流量は足りなくなる．冷凍効果の増加以上に冷媒流量が減少すると，温度自動膨張弁の能力不足となる.

ロ：(正) 記述のとおり.

ハ：(正) 記述のとおり.

ニ：(誤) フルオロカーボン冷媒の水冷横形シェルアンドチューブ凝縮器では，凝縮する際の熱を冷却管に伝えやすくするために，冷媒側の伝熱面積を冷却水側よりも大きくしている.

問 3　解答　(2)

イ：(誤) 冷蔵，冷凍用の空気冷却器では，蒸発温度と空気との設定温度差を通常 **5 ～ 10 K** としており，空調用の場合（**15 ～ 20 K**）よりも小さい.

ロ：(誤) MOP 付きの温度自動膨張弁は，弁本体温度が感温筒温度よりも常に高くなるように取り付けないと適正な過熱度制御ができなくなる. MOP 付きの温度自動膨張弁はチャージ媒体が少ないので，弁本体温度が感温筒温度よりも低くなるように取り付けると，チャージ媒体液のすべてが弁本体側に集まり，感温筒内に飽和液がなくなる.

ハ：(誤) 蒸発器に多量の霜が付くと，風の通過面積は狭くなり風速は上がるが，送風量は低下する．また霜による熱抵抗も増えて伝熱量は低下する．そのため蒸発温度は低下する.

ニ：(正) 記述のとおり.

問4　解答　(3)

イ：(誤) 非共沸混合冷媒を冷凍装置に充填する場合は，規格成分比と異なった成分比の冷媒を充填しないようにボンベの冷媒液を充填する.

ロ：(誤) 自然冷媒の一種であるR717（アンモニア）の漏れ検知方法には，その独特の臭気によって漏えいを知ることができるが，電気的に濃度を検知する検知器を用いることもできる.

ハ：(正) 記述のとおり.

ニ：(正) フルオロカーボン冷媒を使用したヒートポンプ装置が，120℃～130℃であれば，冷凍機油の劣化のおそれはなく，油を交換する必要がない.

問5　解答　(4)

イ：(誤) 断水リレーは，冷却水回路の断水や減水を検知しで圧縮機を停止させたり警報を発して装置を保護する安全装置で，圧力式と流量式とがある.

ロ：(正) 記述のとおり.

ハ：(誤) 圧縮機の油圧保護圧力スイッチは，圧力差が設定植（0.15～0.4 MPa）以下になると，一定時間（約90秒）経過しても定められた油圧を保持できなくなった場合に，油圧保護圧力スイッチの接点を開き，圧縮機を停止させる.

ニ：(正) 蒸発圧力調整弁は，温度自動膨張弁の感温筒と均圧管取付け位置よりも下流側の圧縮機吸込み管に取り付けなければならない.

問6　解答　(1)

イ：(正) 記述のとおり.

ロ：(誤) ヒートポンプでは，冷房と暖房の間で運転モードを切り換えたときに熱交換器内の冷媒量が変化するため，高圧受液器を設置し，この変化量を吸収する.

ハ：(誤) 水冷横形シェルアンドチューブ凝縮器では，空冷凝縮器に比べて器内に冷媒液を溜める容積が大きいので．受液器を必要としない場合が，多い．なお．空冷凝縮器は受液器を必要とする場合が多い.

ニ：(正) 記述のとおり.

問7　解答　(5)

イ：(正) 記述のとおり.

ロ：(正) 記述のとおり.

ハ：(誤) 凝縮器から受液器への液落とし管は，その管における液の流速を

0.5 m/s 以下とする．

ニ：(正) 記述のとおり．

問 8　解答　(5)

イ：(誤) 破裂板の最小口径は，圧力容器に取り付ける安全弁の必要最小口径と同じである．

ロ：(正) 記述のとおり．

ハ：(正) 記述のとおり．

ニ：(正) 記述のとおり．

問 9　解答　(4)

イ：(正) 記述のとおり．

ロ：(正) 記述のとおり．

ハ：(誤) 耐圧試験は構成機器またはその部品で，配管以外の部分が対象である．法令上では，圧力容器は内径が 160 mm を超えるもの（160 mm 以下は配管扱い）と定義している．したがって内径が 180 mm のフィルタドライヤは，圧力容器として扱われる．

ニ：(正) 記述のとおり．

問 10　解答　(2)

イ：(正) 記述のとおり．

ロ：(誤) 冷凍装置への冷媒充填量不足は，冷凍能力の低下，吐出し圧力の低下および吐出しガス温度の上昇の原因となる．

ハ：(誤) 機器の据付けに際し留意することは，使用する基礎ボルトに規格品を用いるだけでなく，基礎ボルトの周囲に流し込むモルタルは，セメントと砂の比が 1：2 の良質なものを使用する．

ニ：(正) 記述のとおり．

第3編

法　令

第３編では，以下のように表記する．

法　　：高圧ガス保安法
政令　：高圧ガス保安法施行令
冷凍則：冷凍保安規則
一般則：一般高圧ガス保安規則
容器則：容器保安規則
特定則：特定設備検査規則

第1章 高圧ガス保安法の目的・定義

1-1 高圧ガス保安法の体系と目的

1 高圧ガス保安法の目的（法第１条）

高圧ガス保安法の目的は次のように定義されている.

「**高圧ガスによる災害を防止するため**，高圧ガスの製造，貯蔵，販売，移動その他の取扱いおよび消費ならびに容器の製造および取扱いを規制するとともに，**民間事業者および高圧ガス保安協会による高圧ガスの保安に関する自主的な活動を促進**し，もって**公共の安全を確保することを目的**とする.」

Point

高圧ガス保安法は，高圧ガスによる災害を防止して公共の安全を確保する目的のため，高圧ガスの製造，貯蔵，販売，移動，廃棄，消費，容器の製造や取扱いについて，法により規制（認可，許可，届出など）するとともに，民間事業者および高圧ガス保安協会による高圧ガスの保安に関する自主的な活動を促進することが定められている.

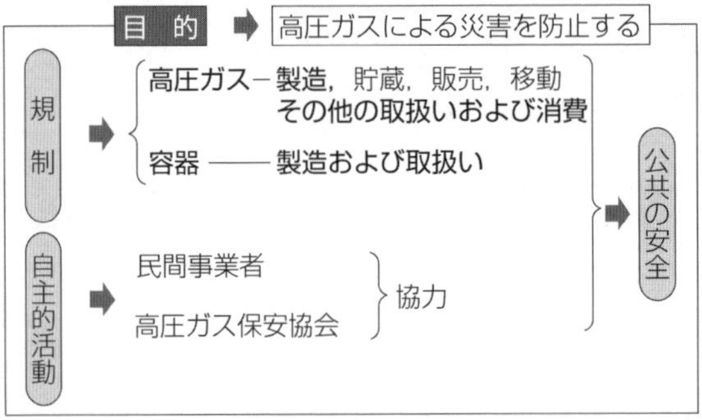

要点整理

高圧ガス保安法は，高圧ガスによる災害の防止と自主的な保安活動の促進によって公共の安全を確保することを目的とする法律である.

図 1.1 高圧ガス保安法の目的

2 高圧ガスの製造

・高圧ガスの製造とは，原料ガスの製造だけでなく，圧力や状態を変化させて高圧ガスを製造することや高圧ガスを容器に充填することをいい，一般的な製造とは定義が異なる.

・冷凍設備では，一般的に冷媒を圧縮機で高圧ガスの状態にし，凝縮器で凝縮して液化するなど「高圧ガスの製造」に該当する．

高圧ガスの製造

- 圧力を変化させる場合
  - ・圧縮機（コンプレッサ）で高圧ガスでないガスを高圧ガスにする
  - ・高圧ガスを圧縮機などでさらに高い圧力の高圧ガスにする
  - ・圧力の高い高圧ガスを圧力の低い高圧ガスにする
- 状態を変化させる場合
  - ・液化ガスを気化させ，気化したガスを高圧ガスにする
  - ・気体を液化させ，液化したガスを高圧ガスにする
- 容器に充填する場合
  - ・大きな容器から小さな容器へ充填する

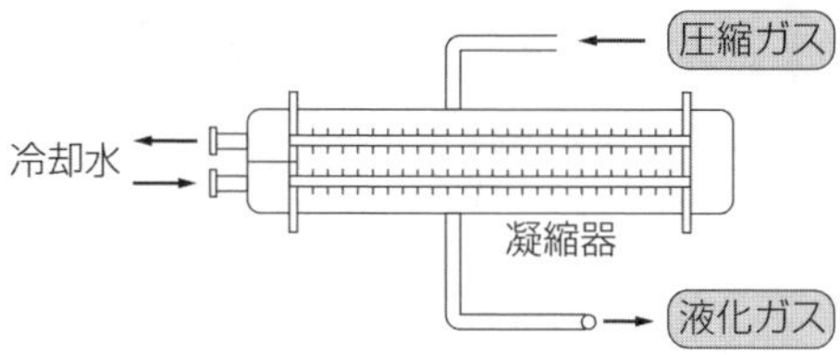

図 1.2　高圧ガスの製造とは

コラム

高圧ガスの保安法令の体系

高圧ガス保安法令の体系は，図 1.3 のようになっている．

- 高圧ガス保安法（法律）
  - 高圧ガス保安法施行令（政令）
    - 省令
      - 冷凍保安規則（冷凍則）
      - 一般高圧ガス保安規則（一般則）
      - 容器保安規則（容器則）
      - 特定設備検査規則（特定則）
        - 告示：施行令関係告示，製造細目告示，保安検査の方法を定める告示，容器細目告示…

法律：憲法に基づく国会の議決により制定される
政令：法律を実施するため，内閣が制定する命令
省令：各省大臣が相当行政機関に発する命令
告示：各省の補完事項などを公示するもの

図 1.3　高圧ガスの保安法令の体系

例題

次のイ，ロ，ハの記述のうち，正しいものはどれか．

イ．高圧ガス保安法は，高圧ガスによる災害を防止するため，高圧ガスの製造，貯蔵，販売，移動その他の取扱いおよび消費ならびに容器の製造および取扱いを規制することのみを目的としている．

ロ．高圧ガス保安法は，高圧ガスによる災害を防止して公共の安全を確保する目的のために民間事業者および高圧ガス保安協会による高圧ガスの保安に関する自主的な活動を促進することも定めている．

ハ．高圧ガス保安法は，高圧ガスによる災害を防止して公共の安全を確保する目的のため，民間事業者による高圧ガスの保安に関する自主的な活動を促進することを定めているが，高圧ガス保安協会による高圧ガスの保安に関する自主的な活動を促進することは定めていない．

(1) イ　(2) ロ　(3) ハ　(4) イ，ロ　(5) ロ，ハ

▶解説

イ：（誤）高圧ガス保安法は，高圧ガスの取扱形態（製造，貯蔵，販売，移動その他の取扱いなど）に応じた規制**とともに，民間事業者および高圧ガス保安協会による高圧ガスに関する自主的な活動を促進することも定められている**．

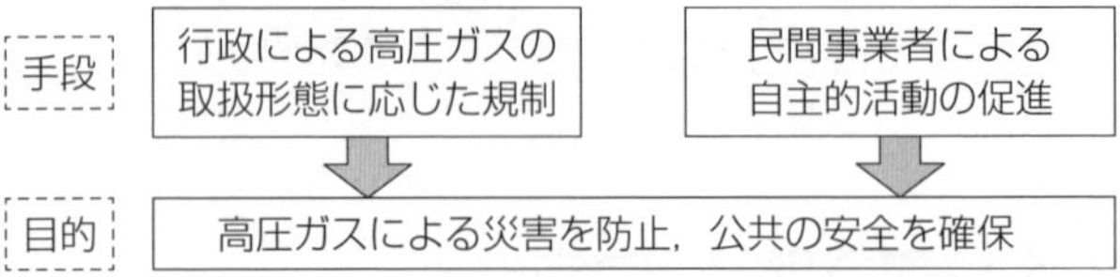

ロ：（正）高圧ガス保安法は，高圧ガスによる災害の防止と自主的な保安活動の促進によって公共の安全を確保することを目的とする法律である．

ハ：（誤）「高圧ガス保安法は，高圧ガスによる災害を防止するため，高圧ガスの製造，貯蔵，販売，移動などを規制するとともに民間事業者および**高圧ガス保安協会**による高圧ガスの保安に関する自主的な活動を促進し，もって公共の安全を確保することを目的としている．」と定めている．したがって，高圧ガス保安協会による高圧ガスの保安に関する自主的な活動を促進することも**定めている**．

[解答]　(2)

1-2 高圧ガスの定義と適用除外

1 高圧ガスの区分

高圧ガスの区分として，圧縮ガス（現に気体）と液化ガス（現に液体）がある．この区分は，ガスの種類によるものでなく，その時の状態によって定まる．

① **圧縮ガス**（気体状態のガス）：常温では液化しない程度に圧縮されて取り扱うガスで水素，酸素，窒素などがある．

② **液化ガス**（液体状態のガス）：常温で気体であるが，冷却や圧縮により液体になったガスを高圧容器内に貯蔵して取り扱うガスで，塩素，二酸化硫黄《いおう》，アンモニア，プロパンなどがある．

2 高圧ガスの定義（法第2条）

「高圧ガス」とは，表1.1のいずれかに該当するものをいう．

表1.1 高圧ガス

状態		高圧ガスの定義
圧縮ガス	圧縮アセチレンガス以外	・常用の温度において圧力が1 MPa以上で，現（在）の圧力が1 MPa以上であるもの ・温度35℃において圧力1 MPa以上となるもの
	圧縮アセチレンガス	・常用の温度において圧力が0.2 MPa以上で，現（在）の圧力が0.2 MPa以上であるもの ・温度15℃において圧力が0.2 MPa以上となるもの
液化ガス	下記の液化ガス以外	・常用の温度において圧力が0.2 MPa以上で，現（在）の圧力が0.2 MPa以上であるもの ・圧力が0.2 MPa以上となる場合の温度が35℃以下であるもの
	液化シアン化水素	・温度35℃において圧力0 Paを超えるもの
	液化ブロムメチル	
	液化酸化エチレン	

注）＊ボンベ内のように圧縮ガスと液化ガスが混在する場合は，液化ガスとして適用される．
＊「常用の温度」とは，設備が実際の運転状態（異常の状態でない）のときの通常なりうる最高温度をいう．
＊「現（在）の圧力」とは，そのガスが高圧ガスかどうか判断しようとする時点の圧力をいう．

Point

高圧ガス保安法関連の圧力は，すべて「ゲージ圧力」として取り扱う．すなわち，耐圧試験や気密試験，設計圧力，許容圧力などは，すべてゲージ圧力となる．

3　高圧ガス保安法の適用除外（法第３条，施行令第２条）

高圧ガス保安法では，以下に掲げる高圧ガスは適用除外になる．

（1）　他の法律により同等以上の規制を受けているもの（抜粋）

①　高圧ボイラー内の高圧蒸気（ボイラー及び圧力容器安全規則）

②　鉄道車両のエアコン内の高圧ガス（鉄道法）

③　航空機内の高圧ガス（航空法）

④　電気工作物内の高圧ガス（電気事業法）

（2）　取扱量が少量であるなど災害の発生のおそれがない高圧ガスで，政令（施行令第２条）で定めるもの

①　圧縮装置内の圧縮空気（35℃で 5 MPa 以下）

②　圧縮装置内の圧縮ガス（空気を除く第一種ガスで 35℃で 5 MPa 以下）

③　**法定冷凍能力が 3 トン未満の冷凍設備内の高圧ガス**

④　**法定冷凍能力が 3 トン以上 5 トン未満の冷凍設備内の高圧ガスである第一種ガス**

⑤　オートクレーブ内の水素，アセチレンおよび塩化ビニルを除く高圧ガス

⑥　内容積 1 ℓ 以下の容器内における液化ガス（35℃で 0.8 MPa 以下）

> **Point**
> 第一種ガスとは，ヘリウム，ネオン，アルゴン，クリプトン，キセノン，ラドン，窒素，二酸化炭素，難燃性のフルオロカーボンまたは空気である．

> **Point**
> 法定冷凍能力とは，冷凍則第 5 条に定める基準に従って算定した 1 日の冷凍能力をいう．

<table>
<tr><th></th><th>3</th><th>5</th><th>〔トン〕</th></tr>
<tr><td>第一種ガス</td><td colspan="2">適用除外</td><td></td></tr>
<tr><td>難燃性ガス以外のフルオロカーボン</td><td>適用除外</td><td></td><td></td></tr>
<tr><td>アンモニア</td><td>適用除外</td><td></td><td></td></tr>
<tr><td>その他のガス（プロパンなど）</td><td>適用除外</td><td></td><td></td></tr>
</table>

※法定冷凍トン（法定冷凍能力）とは，冷凍則第 5 条に定める基準に従って算定した 1 日の冷凍能力である．

※第一種ガスとは，ヘリウム，ネオン，アルゴン，クリプトン，キセノン，ラドン，窒素，二酸化炭素，フルオロカーボン（難燃性を有するものとして省令で定める燃焼性の基準に適合するものに限る）または空気である．

図 1.4　冷媒ガス種別ごとの法適用除外

例題

次のイ，ロ，ハの記述のうち，正しいものはどれか．

イ．圧力が 0.2 MPa となる場合の温度が 30℃である液化ガスであって，常用の温度において圧力が 0.15 MPa であるものは高圧ガスではない．

ロ．現在の圧力が 0.1 MPa の圧縮ガス（圧縮アセチレンガスを除く）であって，温度 35℃において圧力が 0.2 MPa となるものは高圧ガスである．

ハ．1日の冷凍能力が 4 トンの冷凍設備内における高圧ガスである不活性のフルオロカーボンは，高圧ガス保安法の適用を受けない．

(1) イ　(2) ロ　(3) ハ　(4) イ，ロ　(5) ロ，ハ

▶解説

イ：(誤) 圧力が 0.2 MPa となる場合の温度が 35℃以下である液化ガスは，常用の温度において圧力が 0.15 MPa であっても高圧ガスである．

ロ：(誤) 圧縮アセチレンガスを除く圧縮ガスの場合，現在の圧力が 0.1 MPa であっても，温度 35℃において圧力が **1 MPa 以上**となれば高圧ガスである．

ハ：(正) 法定冷凍能力が 5 トン未満の冷凍設備内の高圧ガスである不活性のフルオロカーボンなどの第一種ガスは，高圧ガス保安法の適用を受けない．

[解答]　**(3)**

例題

次のイ，ロ，ハの記述のうち，正しいものはどれか．

イ．常用の温度において圧力が 1.1 MPa となる圧縮ガス（圧縮アセチレンガスを除く）であって，現にその圧力が 1.0 MPa であるものは，温度 35℃における圧力が 0.8 MPa であっても，高圧ガスである．

ロ．液化ガスであって，その圧力が 0.2 MPa となる温度が 25℃であるものは，現在の圧力が 0.19 MPa であっても高圧ガスである．

ハ．1 日の冷凍能力が 5 トン未満の冷凍設備内における冷媒ガスであるすべてのフルオロカーボンは，高圧ガス保安法の適用を受けない．

(1) イ　(2) ロ　(3) ハ　(4) イ，ロ　(5) ロ，ハ

▶解説

イ：（正）常用の温度において圧力が 1 MPa 以上となる圧縮ガスで，現にその圧力が 1 MPa 以上であるものは，温度 35℃における圧力が 0.8 MPa 未満であっても，高圧ガスである．

ロ：（正）圧力が 0.2 MPa となる場合の温度が 35℃以下である液化ガスは，常用の温度での圧力に関係なく高圧ガスである．

ハ：（誤）第一種ガス以外のアンモニアと難燃性ガス以外のフルオロカーボンは，3 トン以上 5 トン未満は事業届出はないが，法の適用除外にはなっていない（適用を受ける）．

［解答］ **(4)**

例題

次のイ，ロ，ハの記述のうち，正しいものはどれか．

イ．常用の温度 40℃において圧力が 1 MPa となる圧縮ガス（圧縮アセチレンガスを除く）であって，現在の圧力が 0.9 MPa のものは高圧ガスではない．

ロ．アンモニアは，そのときの状態が液化ガスであるか圧縮ガスであるかにかかわらず，常用の温度において，高圧ガスとなる場合の圧力の最小の値は 0.2 MPa である．

ハ．1 日の冷凍能力が 3 トン未満の冷凍設備内における高圧ガスは，そのガスの種類にかかわらず，高圧ガス保安法の適用を受けない．

(1) イ　(2) ロ　(3) ハ　(4) イ，ハ　(5) ロ，ハ

▶解説

イ：(正) 常用の温度 40℃で 1 MPa であっても，現在の圧力が 0.9 MPa なので，高圧ガスではない．

ロ：(誤) アンモニアが常用の温度において高圧ガスとなる場合の圧力の最小の値は，**圧縮ガスの場合は 1 MPa**，液化ガスの場合は 0.2 MPa である．

ハ：(正) 1 日の法定冷凍能力が 3 トン未満の冷凍設備内における高圧ガスは，そのガスの種類にかかわらず，取扱量が少量で災害の発生のおそれがないため，高圧ガス保安法の適用を受けない．

［解答］ **(4)**

1-3 冷凍保安規則における用語の定義と冷凍能力

冷凍保安規則（冷凍則）は，高圧ガス保安法に基づいて，冷凍（冷凍設備を使用する暖房を含む）に係る高圧ガスに関する保安について規定したものである．

1 高圧ガスの用語の定義（冷凍則第２条）

(1) 可燃性ガス

・アンモニア　・イソブタン　・エタン　・エチレン　・クロルメチル
・水素　・ノルマルブタン　・プロパン　・プロピレン

その他のガスで，次の①または②に該当するもの（R1234yf，R1234ze を除く）．

① 爆発限界（空気と混合した場合の爆発限界）の下限が 10％以下のもの
② 爆発限界の上限と下限の差が 20％以上のもの

Point

可燃性ガスの濃度が低すぎても高すぎても爆発は起こらない．この限界を爆発限界といい，低いほうを爆発下限界，高いほうを爆発上限界という．

(2) 毒性ガス

・アンモニア　・クロルメチル
・その他のガスであって毒物及び劇物取締法第２条第１項に規定する毒物

(3) 不活性ガス

・ヘリウム　・ネオン　・アルゴン　・クリプトン　・キセノン
・ラドン　・窒素　・二酸化炭素
・フルオロカーボン（可燃性ガスを除く）

(4) 特性不活性ガス

不活性ガスのうち，フルオロカーボンで，温度 60℃，圧力 0 Pa において着火したときに火炎伝播を発生させるもの（R1234yf，R1234ze，R32）．

(5) 移動式製造設備

製造設備で，地盤面に対して移動することができるものである．

(6) 定置式製造設備

製造設備で，移動式製造設備以外のものである．

(7)　冷媒設備

冷凍設備のうち，**冷媒ガスが通る部分**をいう．**冷媒設備**は，冷凍サイクルを構成する圧縮機，凝縮器，受液器，膨張弁，蒸発器などの冷凍機器や冷媒配管，弁など冷媒ガスが通過するすべての部分である．

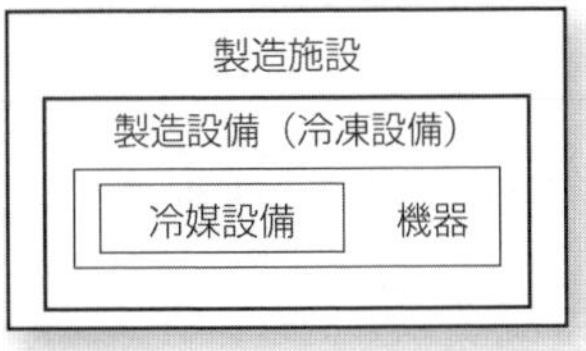

○**冷媒設備**：冷凍設備のうち，冷媒ガスが通る部分．
○**機器**：圧縮機，凝縮器，受液器およびその他の部品よりなり，それらを配管で連絡したもの．
○**製造設備**：高圧ガスを製造するのに必要な設備．
○**製造施設**：製造設備およびこれに付随して必要な建築物，換気装置および毒性ガス吸収装置など．

要点整理

冷凍設備で冷媒が流れている部分を冷媒設備というが，凝縮器の冷却水や蒸発器の冷水（ブライン）配管は冷媒設備ではない．

図 1.5　法令上の製造施設などの概念

(8)　最小引張強さ

同じ種類の材料からつくられた複数の材料引張試験片の材料引張試験により得られた引張強さのうち最も小さい値で，材料引張試験について十分な知見を有する者が定めたものである．

2　冷凍能力の算定基準（冷凍則第５条）

製造許可や製造届を行う際の基準となる**法定冷凍能力（トン）**は，標準的条件による算定式が冷凍設備ごとに，次のように規定されている．

(1)　**遠心式圧縮機**を使用する製造設備では，**圧縮機の原動機の定格出力 1.2 kW** をもって 1 日の冷凍能力 1 トンとする．

(2)　**吸収式冷凍設備**では，**発生器を加熱する 1 時間の入熱量 27 800 kJ** をもって 1 日の冷凍能力 1 トンとする．

(3)　**自然環流式冷凍設備および自然循環式冷凍設備**では，次の算式によるものをもって 1 日の冷凍能力とする．

1 日の冷凍能力　$\boldsymbol{R=QA}$

ここで，Q：冷媒ガスの種類に応じた数値

A：蒸発部または蒸発器の冷媒ガスに接する表面積〔m^2〕

(4)　**多段圧縮方式または多元冷凍方式による製造設備，回転ピストン型圧縮機を使用する製造設備**では，次の算式によるものをもって 1 日の冷凍能力とする．

Point

回転ピストン型圧縮機のピストン押しのけ量の算出として，気筒の内径やピストンの外形の数値〔m〕も関係する．

1 日の冷凍能力　$R=\frac{V}{C}$〔トン〕

ここで，C：**冷媒ガスの種類に応じた数値**

V：圧縮機の標準回転速度における **1 時間のピストン押しのけ量**〔m^3〕

例題

次のイ，ロ，ハの記述のうち，冷凍保安規則上正しいものはどれか．

イ．フルオロカーボン R407C は，可燃性ガスである．

ロ．アンモニアは，可燃性ガスであり，かつ，毒性ガスである．

ハ．冷媒設備とは，冷却水の通る部分をいう．

(1) イ　(2) ロ　(3) ハ　(4) イ，ロ　(5) イ，ロ，ハ

▶解説

イ：(誤) フルオロカーボン R407C は，不活性ガスで，**可燃性ガスではない**．

ロ：(正) アンモニアは，冷凍則では可燃性で毒性ガスである（アメリカ暖房冷凍空調学会：ASHRAE では，微燃有毒性冷媒）．

ハ：(誤) 冷媒設備は，冷凍設備のうち，**冷媒ガスが通る部分**をいう．

[解答]　**(2)**

例題

次のイ，ロ，ハの記述のうち，冷凍能力の算定基準について冷凍保安規則上正しいものはどれか．

イ．冷媒ガスの種類に応じて定められた数値（C）は，回転ピストン型圧縮機を使用する製造設備の１日の冷凍能力の算定に必要な数値の一つである．

ロ．冷媒設備内の冷媒ガスの充填量の数値は，自然環流式冷凍設備の１日の冷凍能力の算定に必要な数値の一つである．

ハ．圧縮機の原動機の定格出力の数値は，回転ピストン型圧縮機を使用する冷凍設備の１日の冷凍能力の算定に必要な数値の一つである．

(1) イ　(2) ハ　(3) イ，ロ　(4) ロ，ハ　(5) イ，ロ，ハ

▶解説

イ：(正) 冷媒ガスの種類に応じて定められた数値（C）は，容積圧縮式（往復動式）圧縮機を使用する製造設備の１日の冷凍能力の算定に必要な数値である．

ロ：(誤) 自然環流式冷凍設備の１日の冷凍能力の算定に必要な数値としては，冷媒ガスの種類に応じた数値と蒸発部または蒸発器の冷媒ガスの接する表面積がある．冷媒設備内の冷媒ガスの充填量の数値は，必要な数値として定められていない．

ハ：(誤) 回転ピストン型圧縮機を使用する冷凍設備の１日の冷凍能力の算定に必要な数値としては，冷媒ガスの種類に応じた数値と圧縮機の標準回転速度における１時間のピストン押しのけ量がある．圧縮機の原動機の定格出力の数値は，必要な数値として定められていない．

[解答]　(1)

第2章　事　業

2-1　高圧ガス製造の許可と届出

1　製造の許可等（法第５条）

(1)　第一種製造者

第一種製造者は，**事業所ごとに，都道府県知事等の許可**を受けなければならない．なお，冷凍において事業所とは，一つの冷凍設備と考えられる設備が設置されている場所とされている．また，ブラインを共通にしている2以上の冷凍設備も，一つの冷凍設備（事業所）として扱われる．

Point

「都道府県知事等」とは，都道府県知事または高圧ガス保安法に関する事務を処理する指定都市の長をいう．

・第一種製造者は，1日の冷凍能力が次の値以上の高圧ガスの製造設備で高圧ガスの製造する者（**一つの設備で，認定指定設備でないもの**）である．

- **冷媒ガスが第一種ガス，アンモニアおよび難燃性ガス以外のフルオロカーボン：50トン**
- **その他の冷媒ガス（プロパンなど）：20トン**

Point

1日の冷凍能力が50トン以上である認定指定設備のみを使用して冷凍のため，高圧ガスの製造する者は，都道府県知事等の許可を受けなくてよい（第二種製造者としての扱いで，届出が必要）．

(2)　第二種製造者

第二種製造者は，**事業所ごとに，製造開始の日の20日前まで**に，製造する高圧ガスの種類，製造のための施設の位置，構造および設備ならびに製造の方法を記載した書面を添えて，その旨を**都道府県知事等に届け出**なければならない．

・第二種製造者は，1日の冷凍能力が次の値の高圧ガスを製造する設備で高圧ガスの製造する者である．

- **冷媒ガスが第一種ガス：20トン以上50トン未満**
- **冷媒ガスがアンモニアおよび難燃性ガス以外のフルオロカーボン：5トン以上50トン未満**
- **その他の冷媒ガス：3トン以上20トン未満**

図 2.1 高圧ガス製造者の区分

2 第一種製造者への規制

第一種製造者として，以下の規制を受ける．

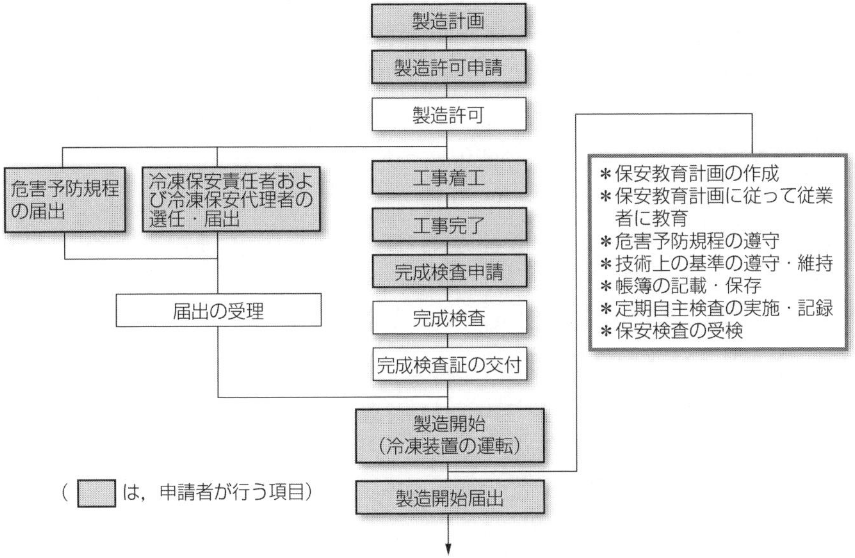

図 2.2 第一種製造者の製造開始までの流れ

① 事業所ごとに都道府県知事等の許可（第 5 条第 1 項）
② 省令で定める技術上の基準への適合（第 11 条）
③ 完成検査の受検（第 20 条）
④ 危害予防規程の制定・遵守と都道府県知事等への届出（第 26 条）
⑤ 保安教育計画の設定と実施（第 27 条）
⑥ 事業所ごとに冷凍保安責任者および代理者の選任届（第 27 条の 4）
⑦ 定期に都道府県知事等が行う保安検査の受検（第 35 条）
⑧ 定期自主検査の実施と検査記録の作成および保存（第 35 条の 2）

3　第二種製造者への規制

・第二種製造者として，以下の規制を受ける．

①　事業所ごとに製造開始の 20 日前までに都道府県知事等に届出（第 5 条第 2 項）

②　省令で定める技術上の基準への適合（第 12 条）

③　保安教育の実施（第 27 条）

④　一部の製造施設のみ事業所ごとに冷凍保安責任者および代理者の選任届（第 27 条の 4）

⑤　一部の製造施設のみ定期自主検査の実施と検査記録の作成および保存（第 35 条の 2）

・第二種製造者は，完成検査や保安検査が除かれ，危害予防規程や保安教育計画の設定が不要である．

Point
第二種製造者は，第一種製造者に比べ規制がゆるくなっている．

・冷凍保安責任者とその代理者の選任および定期自主検査は，冷凍能力 20 トン以上のアンモニア（ユニット型は除く）および可燃性のフルオロカーボンの冷凍施設には必要となっている．

4　製造等の廃止等の届出（法第 21 条）

・第一種製造者は，高圧ガスの製造を開始し，または廃止したときは，遅滞なく，その旨を都道府県知事等に届け出なければならない．

・第二種製造者で，高圧ガスの製造を廃止したときは，遅滞なく，その旨を都道府県知事等に届け出なければならない．

Point
「遅滞なく」とは,「すぐに」という意味.

例題

次のイ，ロ，ハの記述のうち，正しいものはどれか．

イ．冷凍のための設備を使用して高圧ガスの製造をしようとする者が，その製造について都道府県知事等の許可を受けなければならない場合の1日の冷凍能力の最小の値は，冷媒ガスである高圧ガスの種類に関係なく同じである．

ロ．不活性ガスのフルオロカーボンを冷媒ガスとする1日の冷凍能力が30トンの設備を使用して冷凍のための高圧ガスの製造をしようとする者は，都道府県知事等の許可を受けなければならない．

ハ．1日の冷凍能力が50トン以上である認定指定設備のみを使用して冷凍のため高圧ガスの製造をしようとする者は，都道府県知事等の許可を受けなくてもよい．

(1) イ　(2) ロ　(3) ハ　(4) イ，ハ　(5) イ，ロ，ハ

▶解説

イ：(誤) 第一種製造者は，1日の冷凍能力が次の値以上の高圧ガスの製造設備で高圧ガスの製造する者である．

- 冷媒ガスが第一種ガス，難燃性以外のフルオロカーボン，アンモニア：50トン
- その他の冷媒ガス（プロパンやイソブタンなど）：20トン

したがって，都道府県知事等の許可を受けなければならない場合の1日の冷凍能力の最小の値は冷媒ガスである**高圧ガスの種類よって異なる**．

ロ：(誤) 1日の冷凍能力が，不活性のフルオロカーボンなどの第一種ガスでは20トン以上50トン未満（アンモニアおよび難燃性以外のフルオロカーボンでは5トン以上50トン未満）の設備で高圧ガスの製造をするものは，事業所ごとに，**製造開始の日の20日前までに，都道府県知事等に届け出なければならない**．

ハ：(正) 1日の冷凍能力が50トン以上である認定指定設備のみを使用して冷凍のため高圧ガスの製造をしようとする者は，第二種製造者として届出の対象となり，許可を受けることを要しない．

[解答]　(3)

例題

次のイ，ロ，ハの記述のうち，正しいものはどれか．

イ．二酸化炭素を冷媒ガスとする1日の冷凍能力が25トンである設備を使用して，冷凍のため高圧ガスの製造をする者は，第二種製造者である．

ロ．1日の冷凍能力が50トンである冷凍のための設備（一つの設備であって，認定指定設備でないもの）を使用して高圧ガスの製造をしようとする者は，その製造をする高圧ガスの種類にかかわらず，事業所ごとに都道府県知事等の許可を受けなければならない．

ハ．第二種製造者は，事業所ごとに製造を開始後遅滞なく，製造をする高圧ガスの種類，製造のための施設の位置，構造および設備ならびに製造の方法を記載した書面を添えて，その旨を都道府県知事等に届け出なければならない．

(1) イ　(2) ロ　(3) イ，ロ　(4) ロ，ハ　(5) イ，ロ，ハ

▶解説

イ：（正）二酸化炭素などの第一種ガスを冷媒ガスとする者は，20トン以上50トン未満である設備を使用して，冷凍のため高圧ガスの製造をする者は，第二種製造者である．

ロ：（正）冷媒ガスの種類により，許可申請は，第一種ガス，アンモニア，難燃性以外のフルオロカーボンは50トン以上，その他のガスは20トン以上とされている．設問の設備は50トンであるから，冷媒ガスの種類にかかわらず，事業所ごとに都道府県知事等の許可を受けなければならない．

ハ：（誤）第二種製造者は，事業所ごとに，**製造開始の日の20日前までに**，製造をする高圧ガスの種類，製造のための施設の位置，構造および設備ならびに製造の方法を記載した書面を添えて，その旨を都道府県知事等に届け出なければならない．

［解答］**(3)**

2-2 高圧ガスの貯蔵

1　高圧ガスの貯蔵（法第 15 条，一般則第 19 条）

(1)　高圧ガスの貯蔵は，所定の貯蔵に係る技術上の基準（一般則第 18 条）に従わなければならない．ただし，容積が**0.15 m^{3}以下（液化ガスで 1.5 kg 以下）**の高圧ガスについては，この限りでない．

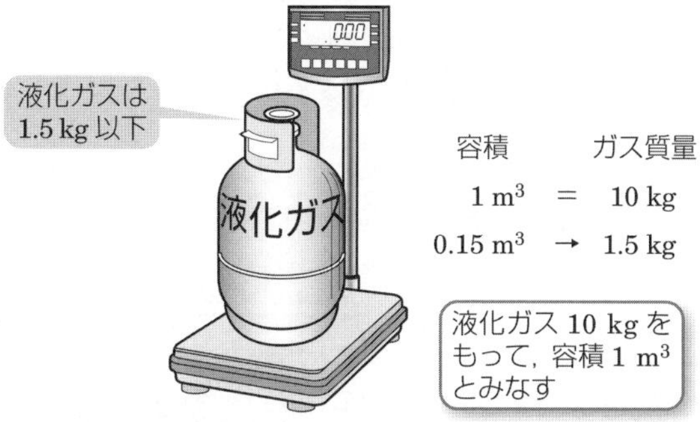

図 2.3　貯蔵の規制を受けない液化ガスの容積

Point

届出等が必要な貯蔵所に該当しない規模（300 m^3 未満）であっても，圧縮ガス 0.15 m^3（液化ガス 1.5 kg）を超える高圧ガスを貯蔵する場合は，高圧ガスの種類に区別なく技術上の基準に適合する必要がある．

(2)　都道府県知事等は，貯蔵所の所有者または占有者がその貯蔵所においてする高圧ガスの貯蔵が，所定の技術上の基準に適合していないと認めるときは，その者に対し，その技術上の基準に従って高圧ガスを貯蔵すべきことを命ずることができる．

2　貯蔵の方法に係る技術上の基準（一般則第 18 条抜粋，第 6 条）

容器により貯蔵する場合は，次の基準に適合しなければならない（燃料装置用容器を除く）．

(1)　通風の良い場所での貯蔵（可燃性ガスまたは毒性ガス）

可燃性ガスまたは毒性ガスの充填容器等（充填容器および残ガス容器）の貯蔵は，**通風の良い場所**ですること．

(2) 容器置場および充填容器等の適合基準

容器置場および充填容器等は，次に掲げる基準に適合すること．

① 充填容器等は，**充填容器および残ガス容器にそれぞれ区分**して容器置場に置く．

② 可燃性ガス，**毒性ガス，特定不活性ガスおよび酸素の充填容器等は，それぞれ区分**して容器置場に置く．

③ 容器置場には，**計量器等作業に必要な物以外の物を置かない**こと．

④ 容器置場（**特定不活性ガス以外の不活性ガスおよび空気を除く**）の周囲**2 m 以内**では，**火気の使用を禁じ，かつ，引火性または発火性の物を置かない**．ただし，容器と火気または引火性もしくは発火性の物の間を有効に遮る措置（障壁など）を講じた場合には除かれる．

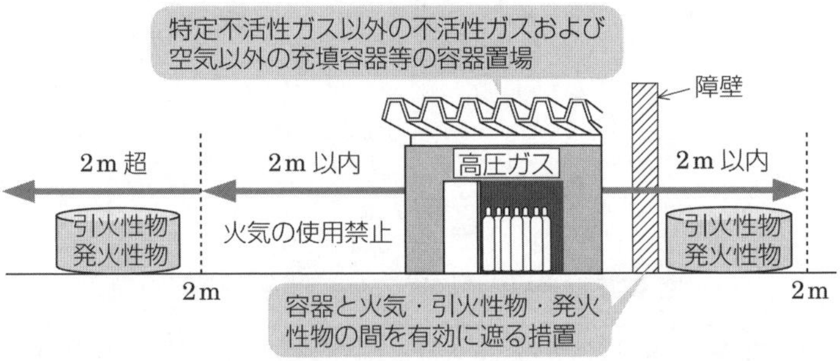

図 2.4 火気の使用禁止等

⑤ 超低温容器以外の充填容器等の貯蔵温度は，高圧ガスの種類に関係なく，常に温度**40℃以下に保つ**．

⑥ 充填容器等（内容積が **5 ℓ** 以下のものを除く）には，**転落，転倒などによる衝撃およびバルブの損傷を防止する措置**を講じ，かつ，**粗暴な取扱いをしない**．

⑦ 可燃性ガスの容器置場には，**携帯電燈以外の燈火**を携えて立ち入らない．

(3) シアン化水素の貯蔵

・充填容器等について **1 日に 1 回以上**そのガスの漏えいのないことを確認する．

・容器に充填した後 **60 日を超えない**ものとする．ただし，純度 98％以上で，かつ，着色していないものについては，除かれる．

(4) 容器の車両積載貯蔵の原則禁止（消火用関係容器は除外）

船，車両もしくは鉄道車両に固定し，または積載した容器により**貯蔵しない**．

ただし，消火の用に供する不活性ガスおよび消防自動車，救急自動車などで緊急時に使用する高圧ガスを充填してある場合は除かれる．

Point

不活性のフルオロカーボンの充填容器を車両に積載して貯蔵することも，消防自動車等の特別な場合以外は，禁じられている．

(5) 一般複合容器等の経過年数制限

容器の刻印等において示された年月から**15 年を経過したものを高圧ガスの貯蔵に使用しないこと**．

2 貯蔵所（法第 16 条，第 17 条の 2，施行令第 5 条）

(1) **3 000 m^3 以上の第一種ガス**（第一種ガス以外：**1 000 m^3 以上**）の高圧ガスを貯蔵する場合は，あらかじめ都道府県知事等の許可を受けた貯蔵所（**第一種貯蔵所**）でなければならない．

(2) **300 m^3 以上 3 000 m^3 未満の第一種ガス**（第一種ガス以外：**1 000 m^3 未満**）の高圧ガスを貯蔵する場合は，都道府県知事等に届け出て設置する貯蔵所（**第二種貯蔵所**）でなければならない．

表 2.1 貯蔵所

区　分		第一種貯蔵所	第二種貯蔵所	貯　蔵
貯蔵量	第一種ガスのみの場合	3 000 m^3 以上	300 m^3 以上～ 3 000 m^3 未満	0.15 m^3 を超え 300 m^3 未満
	第二種ガスのみの場合	1 000 m^3 以上	300 m^3 以上～ 1 000 m^3 未満	
許可および届出の種類		貯蔵所の許可	貯蔵所の届出	なし
検　査		完成検査	なし	なし

要点整理

第一種ガス
　ヘリウム，ネオン，アルゴン，クリプトン，キセノン，ラドン，窒素，二酸化炭素（炭酸ガス），フルオロカーボン（可燃性のものを除く），空気
第二種ガス
　第一種ガス以外のガス（第三種ガスを除く：第三種ガスは現在のところ規定されていない．）
※多量（容積 300 m^3 以上）の高圧ガスを貯蔵すると危険なので，都道府県知事等の許可が必要である．ただし，第一種製造者が許可を受けた所に貯蔵する場合は許可または届出の必要はない．

例題

次のイ，ロ，ハの記述のうち，冷凍に係る製造事業所における冷媒ガスの補充用としての容器による高圧ガス（質量が 50 kg のもの）の貯蔵の方法に係る技術上の基準について一般高圧ガス保安規則上正しいものはどれか．

イ．通風の良い場所で貯蔵しなければならない充填容器は，可燃性ガスのものに限られる．

ロ．アンモニアの充填容器および残ガス容器であって，それぞれ内容積が 5 ℓ を超えるものには，転落，転倒などによる衝撃およびバルブの損傷を防止する措置を講じ，かつ，粗暴な取扱いをしてはならない．

ハ．液化アンモニアの容器は，充填容器および残ガス容器にそれぞれ区分して容器置場に置かなければならないが，不活性ガスである液化フルオロカーボン 134a の容器の場合は，充填容器および残ガス容器に区分する必要はない．

(1) イ　(2) ロ　(3) イ，ハ　(4) ロ，ハ　(5) イ，ロ，ハ

▶解説

イ：(誤) 通風の良い場所で貯蔵しなければならない充填容器は．可燃性ガスまたは毒性ガスに限られている．なお，不活性ガスのフルオロカーボン（可燃性ガスでも毒性ガスでもない）については，その定めはない．

ロ：(正) 充填容器等（内容積が 5 ℓ 以下のものを除く）には，転落，転倒等による衝撃およびバルブの損傷を防止する措置を講じ，かつ，粗暴な取扱いをしないことと定められている．内容積が 5 ℓ 以下のものを除くとは，内容積が 5 ℓ を超えるものは該当するということである．

ハ：(誤) 充填容器および残ガス容器は，それぞれ区分して容器置場に置く，と定められているが，ガスの種類については規定されていない．不活性ガスである液化フルオロカーボン 134a の容器の場合は，充填容器および残ガス容器に区分して容器置場に置かなければならない．

［解答］ **(2)**

例題

次のイ，ロ，ハの記述のうち，冷凍に係る製造事業所における冷媒ガスの補充用としての容器による高圧ガス（質量が 50 kg のもの）の貯蔵の方法に係る技術上の基準について一般高圧ガス保安規則上正しいものはどれか．

イ．液化アンモニアを充填した容器を貯蔵する場合，その容器は常に温度 40℃以下に保たなければならないが，液化フルオロカーボンを充填した容器は，常に温度 40℃以下に保つべき定めはない．

ロ．アンモニアの充填容器を車両に積載して貯蔵することは，とくに定められた場合を除き禁じられているが，不活性ガスのフルオロカーボンの充填容器を車両に積載して貯蔵することは，いかなる場合であっても禁じられていない．

ハ．この液化アンモニアの充填容器および残ガス容器を置く容器置場の周囲 2 m 以内においては，火気の使用を禁じ，かつ，引火性または発火性の物を置くことが禁止されているが，容器と火気または引火性もしくは発火性の物の間を有効に遮る措置を講じた場合は，この限りでない．

(1) イ　(2) ハ　(3) イ，ロ　(4) ロ，ハ　(5) イ，ロ，ハ

▶解説

イ：(誤) 高圧ガスの種類に無関係に，高圧ガスを充填した容器を貯蔵する場合，その容器は常に温度 40℃以下に保たなければならない．したがって，液化フルオロカーボンを充填した容器も，**常に温度 40℃以下に保つべき定めがある**．

ロ：(誤) 充填容器等の貯蔵は，冷媒ガスの種類に関係なく船，車両もしくは鉄道車両に固定し，または積載した容器により貯蔵してはならない．ただし，とくに消火用に供する不活性ガスおよび消防自動車などで緊急時に使用する高圧ガスを充填してあるものは除かれている．とくに不活性のフルオロカーボンの充填容器を車両に積載して貯蔵することについての**除外規定はない**．

ハ：(正) 液化アンモニアの充填容器を置く容器置場の周囲 2 m 以内には，定められた措置を講じない場合，引火性の物を置いてはならない．

　なお，定められた措置とは，容器と火気または引火性もしくは発火性の物の間を有効に遮る措置を講じた場合である．

[解答]　**(2)**

2-3 高圧ガスの販売，輸入および消費

1 高圧ガスの販売事業の届出（法第 20 条の 4）

高圧ガスの販売の事業を営もうとする者は，販売所ごとに，**事業開始の 20 日前までに**，販売する高圧ガスの種類を記載した書面を添えて，**都道府県知事等に届け出**なければならない．ただし，次に掲げる場合は除く．

① 第一種製造者が事業所内で販売するとき．

② 医療用の圧縮酸素などを販売するもので，貯蔵数量が常時容積 5 m^3 未満の販売所で販売するとき．

2 高圧ガスの輸入（法第 22 条）

高圧ガスの輸入をした者は，輸入をした高圧ガスおよびその容器につき，**都道府県知事等が行う輸入検査**を受け，**輸入検査技術基準に適合していると認められた後でなければ，これを移動してはならない**．ただし，輸入をした高圧ガスおよびその容器について，高圧ガス保安協会または**指定輸入検査機関**が行う輸入検査を受け，これらが輸入検査技術基準に適合していると認められ，その旨を**都道府県知事等に届け出**た場合は，この限りでない．

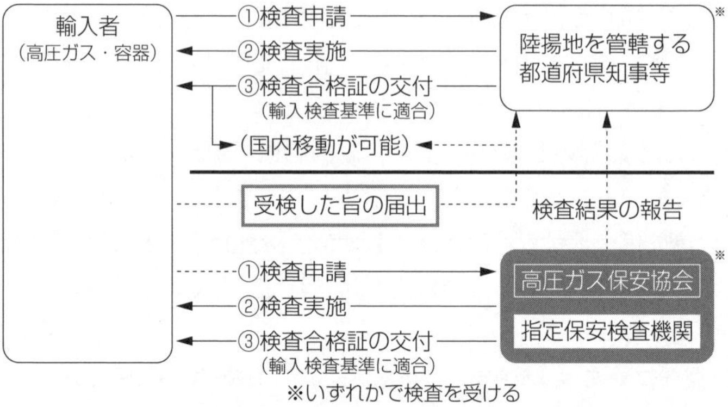

図 2.5 高圧ガスの輸入検査手続等

3　高圧ガスの消費（法第 24 条の 2）

(1)　特定高圧ガスを消費する者（**特定高圧ガス消費者**）は，**事業所ごと**に，**消費開始の日の 20 日前**までに，消費する特定高圧ガスの種類，消費のための施設の位置，構造および設備ならびに消費の方法を記載した書面を添えて，その旨を**都道府県知事等に届け出**なければならない．

Point

高圧ガスの消費とは，高圧ガスを減圧，燃焼，反応，溶解等により廃棄以外の一定の目的のために使用することである．

(2)　特定高圧ガスとは，指定のガス（表 2.2）を相当程度貯蔵して消費する際に公共の安全を維持し，または災害の発生を防止するために特別の注意を要するものである．

(3)　特定高圧ガス消費者は，所定の消費に係る技術上の基準（一般則第 60 条）に従って特定高圧ガスの消費をしなければならない．

Point

特殊高圧ガスを消費する場合は，貯蔵数量に関係なく，すべてが「特定高圧ガス消費者」となる．

(4)　**特定高圧ガス以外の高圧ガス**のうち消費に係る技術上の基準に従うべき高圧ガスは，**可燃性ガス**（高圧ガスを燃料として使用する車両において，その車両の燃料用のみに消費される高圧ガスを除く），**毒性ガス**，**酸素および空気**である（一般則第 54 条）．

表 2.2　特定高圧ガス

種　類	数　量
特殊高圧ガス（アルシン，ジシラン，ジボラン，セレン化水素，ホスフィン，モノゲルマン，モノシラン）	0 m^3 以上（容量を問わず 1 本でも貯蔵し，消費すると該当）
圧縮水素，圧縮天然ガス	300 m^3 以上
液化酸素，液化アンモニア，液化石油ガス	3 000 kg 以上
液化塩素ガス	1 000 kg 以上

例題

次のイ，ロ，ハの記述のうち，正しいものはどれか．

イ．容器に充填された冷媒ガス用の高圧ガスの販売の事業を営もうとする者（定められたものを除く）は，販売所ごとに事業開始後，遅滞なく，その旨を都道府県知事等に届け出なければならない．

ロ．容器に充填された高圧ガスの輸入をした者は，輸入をした高圧ガスおよびその容器について，指定輸入検査機関が行う輸入検査を受け，これらが輸入検査技術基準に適合していると認められ，その旨を都道府県知事等に届け出た場合は，都道府県知事等が行う輸入検査を受けることなく，その高圧ガスを移動することができる．

ハ．特定高圧ガス以外の高圧ガスのうち消費の技術上の基準に従うべき高圧ガスは，可燃性ガス（高圧ガスを燃料として使用する車両において，当該車両の燃料用のみに消費される高圧ガスを除く），毒性ガス，酸素および空気である．

(1) イ　(2) ロ　(3) イ，ロ　(4) ロ，ハ　(5) イ，ロ，ハ

▶解説

イ：（誤）容器に充填された冷媒ガス用の高圧ガスの販売の事業を営もうとする者（定められたものを除く）は，販売所ごとに，**事業開始の日の20日前までに**，所定の事項を記載した書面を添えて，その旨を都道府県知事等に届け出なければならない．

ロ：（正）高圧ガス保安協会または指定輸入検査機関が行う輸入検査を受け，これらが輸入検査技術基準に適合していると認められ，その旨を都道府県知事等に届け出た場合は，都道府県知事等が行う輸入検査を受けることなく，その高圧ガスを移動することができる．

ハ：（正）特定高圧ガス以外に高圧ガスとして可燃性ガス，毒性ガス，酸素および空気が定められている．

［解答］　**(4)**

2-4 第一種製造者の法的規制①（許可および施設の変更）

1　許可の申請（冷凍則第３条）

第一種製造者は，高圧ガス製造の許可の申請を事業所の所在地を管轄する都道府県知事等に提出しなければならない．

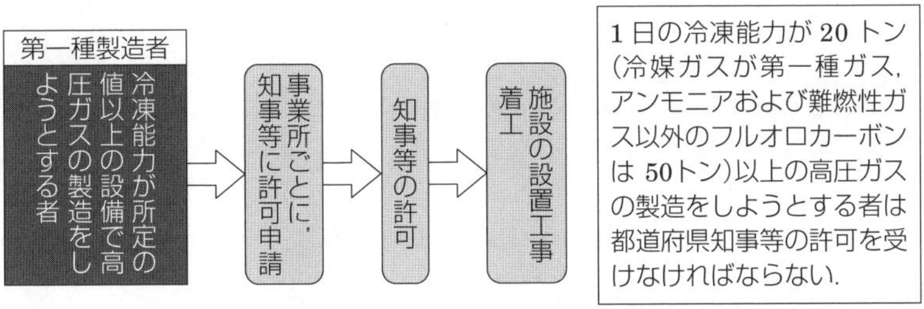

図 2.6　第一種製造者の許可申請

2　承　継（法第 10 条）

(1)　第一種製造者について**相続，合併または分割**（第一種製造者のその許可に係る事業所を承継させるものに限る）があった場合，相続人，合併後存続する法人もしくは合併により設立した法人または分割により，その事業所を承継した法人は，**第一種製造者の地位を承継する**．

(2)　第一種製造者の地位を承継した者は，**遅滞なく**，その事実を証する書面を添えて，その旨を**都道府県知事等に届け出**なければならない．

3　製造施設および製造の方法（法第 11 条）

(1)　第一種製造者は，製造施設を，その**位置，構造および設備**が，所定の製造**設備の技術上の基準**（冷凍則第７条）**に適合する**ように維持しなければならない．

(2)　第一種製造者は，所定の**製造方法に係る技術上の基準**（冷凍則第９条）に従って高圧ガスの製造をしなければならない．

(3)　都道府県知事等は，第一種製造者の製造施設または製造の方法が所定の技術上の基準に適合していないと認めるときは，その技術上の基準に適合するように製造のための施設を修理し，改造し，もしくは移転し，またはその技術上の基準に従って高圧ガスの製造をすべきことを命ずることができる．

4　製造施設などの変更（法第 14 条）

(1)　第一種製造者は，次の製造施設などの変更をするときは，都道府県知事等の許可を受けなければならない．

①　製造施設の位置，構造，設備の変更（軽微な変更の工事を除く）

②　製造をする高圧ガスの種類の変更

③　製造の方法の変更

Point

設備施設などの変更をしようと都道府県知事等の許可を受けたものは，完成検査を受検しなければならない．

(2)　第一種製造者は軽微な変更の工事をしたときは，その完成後遅滞なく，その旨を都道府県知事等に届け出なければならない（事後届出）．

5　軽微な変更の工事など（冷凍則第 17 条）

省令で定めている軽微な変更の工事（公共の安全の維持および災害の発生防止に支障のない変更工事）には，次に掲げるものがある．

①　独立した製造設備の撤去の工事

②　製造設備（圧縮機や凝縮器など）の取替え工事で，冷凍能力の変更を伴わないもの．ただし，次のものを除く．

・耐震設計構造物として適用を受ける製造設備

・可燃性ガスおよび毒性ガスを冷媒とする冷媒設備の取替え

・冷媒設備に係る切断，溶接を伴う工事

③　製造設備以外の製造施設に係る設備の取替えの工事

④　認定指定設備の設置の工事

⑤　指定設備認定証が無効とならない認定指定設備に係る変更の工事

Point

アンモニアを冷媒ガスとする製造設備の圧縮機の取替えの工事やその設備の冷凍能力が増加する製造設備の取替えの工事は，いずれも軽微な変更の工事による届出に該当しない．

例題

次のイ，ロ，ハの記述のうち，正しいものはどれか．

イ．第一種製造者が製造施設の位置，構造もしくは設備の変更の工事をし，または製造をする高圧ガスの種類もしくは製造の方法を変更するとき適用される技術上の基準には，製造施設の設置の許可の場合と同じ基準が適用される．

ロ．第一種製造者は，製造する高圧ガスの種類または製造の方法を変更しようとするときは，あらかじめ，都道府県知事等にその旨を届け出なければならない．

ハ．第一種製造者は，製造施設の位置，構造または設備について定められた軽微な変更の工事をしようとするときは，都道府県知事等の許可を受けなくてよいが，工事開始の日の20日前までにその旨を都道府県知事等に届け出なければならない．

(1) イ　(2) ロ　(3) イ，ロ　(4) ロ，ハ　(5) イ，ロ，ハ

▶解説

イ：(正) 製造施設の変更許可の基準は製造施設設置の基準と同一である．

ロ：(誤) 第一種製造者は製造をする高圧ガスの種類もしくは製造の方法を変更するときは，都道府県知事等の許可を受けなければならない．

ハ：(誤) 第一種製造者は，製造施設の位置，構造または設備について定められた軽微な変更の工事をしようとするときは，都道府県知事等の許可を受けなくてもよいが，その完成後遅滞なく，その旨を都道府県知事等に届け出なければならないと定められている．

[解答]　(1)

例題

次のイ，ロ，ハの記述のうち，正しいものはどれか．

イ．第一種製造者がアンモニアを冷媒ガスとする製造設備の圧縮機の取替えの工事を行う場合，切断，溶接を伴わない工事であって，その設備の冷凍能力の変更を伴わないものであれば，その完成後遅滞なく，都道府県知事等にその旨を届け出ればよい．

ロ．冷凍のため高圧ガスの製造をする第一種製造者の定置式製造設備である製造施設に，その製造設備とブラインを共通に使用する認定指定設備を増設する工事は，軽微な変更の工事に該当する．

ハ．第一種製造者について合併があり，その合併により新たに法人を設立した場合，その法人は第一種製造者の地位を承継する．

(1) イ　(2) ロ　(3) イ，ロ　(4) ロ，ハ　(5) イ，ロ，ハ

▶解説

イ：(誤) アンモニアは，可燃性ガスおよび毒性ガスと定められている．可燃性ガスおよび毒性ガスを冷媒ガスとする製造設備（圧縮機）の取替えの工事は，軽微な変更工事には該当せず**都道府県知事等の許可を受けなければならない**と定められている．

ロ：(正) 認定指定設備を増設する工事は，軽微な変更の工事に該当する．

ハ：(正) 第一種製造者の合併は，第一種製造者の地位を承継する．

	第一種製造者	第二種製造者
相続	承継届出	承継届出
合併	承継届出	承継届出
分割	承継届出	承継届出
譲り渡し	製造の許可	承継届出

改めて高圧ガス製造の許可が必要

承継した旨を遅滞なく都道府県知事等に届け出（新規の製造許可は不要）

図 2.7　承継による許可・届出

[解答]　(4)

2-5 第一種製造者の法的規制②（完成検査）

1　完成検査（法第 20 条）

完成検査は，第一種製造者が高圧ガスの製造施設の許可を受け，その設置工事が完了したとき，または変更許可を受けた変更工事（特定変更工事）が完了したときに，その施設が製造施設の位置，構造および設備が所定の技術基準に適合しているかを確認するための法定検査の一つである．

（1）　施設工事の完成検査（新規に製造許可を受けた製造施設の完成検査）

・**第一種製造者**の許可を受けた者は，高圧ガスの製造施設の工事が完成したときは，**都道府県知事等が行う完成検査**を受け，所定の技術上の基準（冷凍則第 7 条）に適合していると認められた後でなければ使用できない．

・**高圧ガス保安協会**（協会），**指定完成検査機関が行う完成検査**を受け，所定の技術上の基準に適合していると認められ，都道府県知事等に**完成検査受検の届出**をした場合は，都道府県知事等が行う完成検査を受けないで，その施設を使用できる．

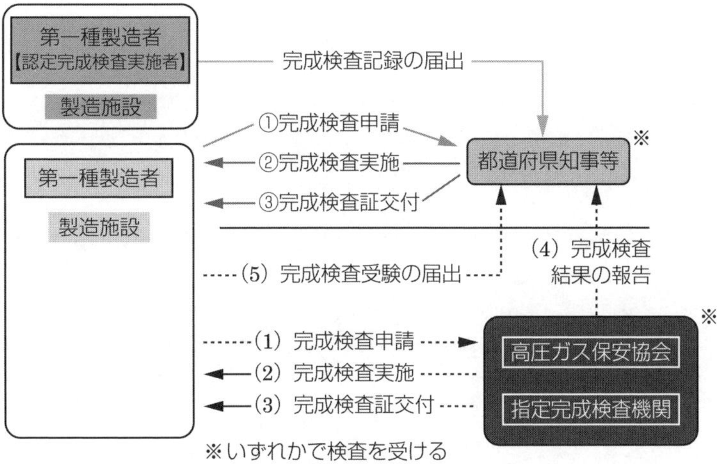

図 2.8　製造施設設置の完成検査の手続きなど

（2）　譲渡施設の完成検査

第一種製造者からその**製造施設の全部または一部の引渡しを受け**，**都道府県知**

事の許可を受けた者は，すでに完成検査を受け，所定の技術上の基準に適合していると認められ，または検査の記録の届出をした場合には，完成検査を受けることなく，その施設を使用することができる．

	承継	完成検査
相続	承継届出	不要
合併	承継届出	不要
分割	承継届出	不要
譲り渡し	製造の許可	必要※

※完成検査必要
（前の所有者が完成検査を受け基準に適合しており，その後変更がなければ完成検査は不要）

改めて高圧ガス製造の許可が必要

図 2.9　第一種製造者の承継および完成検査

（3）　特定変更工事の完成検査（変更許可を受けた製造施設の完成検査）

第一種製造者は，高圧ガスの製造施設の**特定変更工事が完成**したときは，都道府県知事等が行う**完成検査を受け**，所定の技術基準に適合していると認められた後でなければ**使用してはならない**．ただし，次の場合は，その限りでない．

① **協会**（高圧ガス保安協会）または**指定完成検査機関が行う完成検査**を受け，所定の技術上の基準に適合していると認められ，その旨を**都道府県知事等に届け出た場合**

Point
「指定完成検査機関」とは，他人の求めに応じて製造施設の完成検査を行う第三者機関として，所定の要件を満たし，経済産業大臣等の指定を受けた者である．

② **認定完成検査実施者**が所定の検査記録を**都道府県知事等に届け出た場合**

Point
認定完成検査実施者とは，自ら特定変更工事に係る完成検査を行うことができる者として経済産業大臣の認定を受けている者をいう．

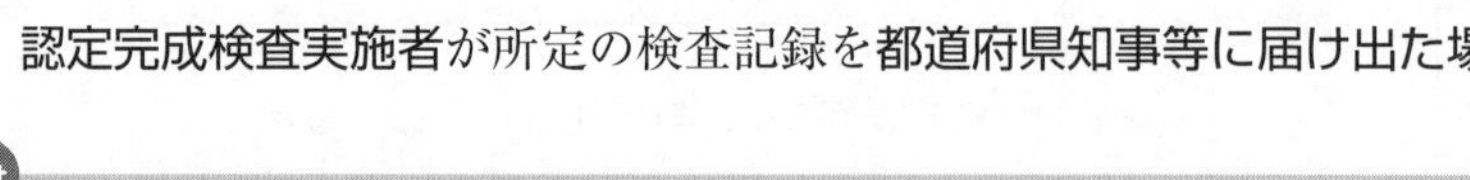

図 2.10　特定変更工事の完成検査（認定完成検査実施者）

(4)　高圧ガス保安協会または指定完成検査機関の完成検査

高圧ガス保安協会または指定完成検査機関は，完成検査を行ったときは，遅滞なく，その結果を都道府県知事等に報告しなければならない．

2　完成検査を要しない変更の工事の範囲（冷凍則第 23 条）

第一種製造者の製造設備の取替えの工事で，都道府県知事等の許可を受けた後，設備の冷凍能力の変更が**所定の範囲内（変更前の冷凍能力の 20%以下）**であるものは，**完成検査を要しない**．ただし，次のものを除く．

- **耐震設計構造物として適用を受ける製造設備**
- **可燃性ガスおよび毒性ガスを冷媒とする冷媒設備**
- **冷媒設備に係る切断，溶接を伴う工事**

コラム

特定変更工事

特定変更工事とは第一種製造者の製造設備の変更工事で，軽微な変更工事以外の**都道府県知事等の許可を要する変更工事**で，その変更の工事完了後，都道府県知事等の完成検査を受けなければならないものである．

ただし，都道府県知事等の許可を要する変更の工事で，その変更に付随する処理能力の変更が所定の範囲（**変更前の冷凍能力の 20%以下**）のもの（**特定変更工事以外の変更工事**）は，都道府県知事等が行う完成検査を受けなくてもよいことになっている．

認定完成検査実施者

特定変更工事（継続して 2 年以上高圧ガスを製造している施設）に係る完成検査を，自ら行うことができる者として**経済産業大臣の認定を受けた第一種製造者**である．**自ら行った完成検査の記録を都道府県知事等に届け出れば**，都道府県知事等が行う完成検査を受ける必要がない．

なお，自ら完成検査ができる**認定完成検査実施者**および自ら保安検査ができる**認定保安検査実施者を認定実施者**という．

例題

次のイ，ロ，ハの記述のうち，冷凍のため高圧ガスの製造をする第一種製造者（認定完成検査実施者である者を除く）について正しいものはどれか．

イ．第一種製造者が製造施設の特定変更工事を完成したときに受ける完成検査は，都道府県知事等または高圧ガス保安協会もしくは指定完成検査機関のいずれかが行うものでなければならない．

ロ．第一種製造者は，製造施設の特定変更工事の完成後，高圧ガス保安協会が行う完成検査を受け技術上の基準に適合していると認められたときは，高圧ガス保安協会がその結果を都道府県知事等に届け出るので，この事業者は，完成検査を受けた旨を都道府県知事等に届け出ることなく，かつ，都道府県知事等が行う完成検査を受けることなく，その施設を使用することができる．

ハ．第一種製造者は，フルオロカーボン 134a を冷媒ガスに使用している製造設備の圧縮機の取替えの工事で切断，溶接を伴わない場合であって，その取り替える圧縮機の冷凍能力の変更が所定の範囲である場合は，都道府県知事等の許可を受けなければならないが，その変更の工事の完成検査は受けなくてもよい．

(1) イ　(2) イ，ロ　(3) イ，ハ　(4) ロ，ハ　(5) イ，ロ，ハ

▶解説

イ：(正) 完成検査は，都道府県知事等または高圧ガス保安協会もしくは指定完成検査機関のいずれかが行う．

ロ：(誤) 第一種製造者は，製造施設の特定変更工事の完成後，高圧ガス保安協会が行う完成検査を受け技術上の基準に適合していると認められ，その旨を**都道府県知事等に届け出た場合**は，都道府県知事等が行う完成検査を受けることなく，その施設を使用することができる．

ハ：(正) 取り替える圧縮機の冷凍能力の変更が 1.2 倍の値以下の範囲である場合は，都道府県知事等の許可を受けなければならないが，その変更の工事の完成検査は受けなくてもよい．

[解答]　**(3)**

例題

次のイ，ロ，ハの記述のうち，第一種製造者（認定完成検査実施者である者を除く）のアンモニアを冷媒ガスとするの製造設備について正しいものはどれか．

イ．この冷媒設備の圧縮機の取替えの工事において，冷媒設備に係る切断，溶接を伴わない工事であって，冷凍能力の変更を伴わないものは，軽微な変更の工事としてその工事の完成後遅滞なく，その旨を都道府県知事等に届け出ればよい．

ロ．この冷媒設備の受液器の取替えの工事は，冷媒設備に係る切断，溶接を伴わない工事であっても，完成検査を受けなければならない特定変更工事である．

ハ．既に完成検査を受け所定の技術上の基準に適合していると認められているこの製造施設の全部の引渡しがあった場合，その引渡しを受けた者はその旨を都道府県知事等に届け出れば，都道府県知事等または高圧ガス保安協会若しくは指定完成検査機関が行う完成検査を受けることなく，この製造施設を使用することができる．

(1) イ　(2) ロ　(3) イ，ハ　(4) イ，ロ　(5) イ，ロ，ハ

▶解説

イ：（誤）圧縮機の取替えの工事において，冷媒設備に係る切断，溶接を伴わない工事であって，冷凍能力の変更を伴わないものであっても，可燃性ガスおよび毒性ガスであるアンモニア使用するため軽微な変更の工事にならず，**都道府県知事等の許可が必要である**．

ロ：（正）可燃性ガスおよび毒性ガスを冷媒とする冷媒設備（受液器）の取替えは，特定変更工事に該当する．

ハ：（誤）既に完成検査を受け，所定の技術上の基準に適合していると認められているこの製造施設の全部の引渡しがあった場合（相続，合併または分割ではない），その引渡しを受けた者は**都道府県知事等の許可**を受けたのち，都道府県知事等または高圧ガス保安協会もしくは指定完成検査機関が行う完成検査を受けることなく，この製造施設を使用することができる．

[解答]　**(2)**

2-6 第二種製造者の法的規制

1　製造の届出（法第５条）

第二種製造者は，事業所ごとに，高圧ガスの製造開始の日の**20日前**までに，その旨を**都道府県知事等に届け出**なければならない．

Point

第二種製造者は，完成検査，保安検査が除かれ，危害予防規程の制定が不要である．また，冷凍機械責任者の選任が不要（ただし，冷凍能力 20 トン以上である可燃性ガスのフルオロカーボン，アンモニアを冷媒ガスとする第二種製造者は必要）となっている．

2　製造施設および製造の方法（法第 12 条）

・第二種製造者は，製造施設を，その位置，構造および設備が所定の**製造設備の技術上の基準**（冷凍則第 11 条）に適合するように維持しなければならない．

・第二種製造者は，所定の**製造方法に係る技術上の基準**（冷凍則第 14 条）に従って，高圧ガスの製造をしなければならない．

・都道府県知事等は，第二種製造者の製造施設または製造の方法が所定の技術上の基準に適合していないと認めるときは，その技術上の基準に適合するように製造施設を修理し，改造し，もしくは移転し，またはその技術上の基準に従って，高圧ガスの製造をすべきことを命ずることができる．

3　第二種製造者に係る技術上の基準（冷凍則第 14 条）

・製造設備の設置または変更の工事を完成したときは，次のいずれかの試験を行った後でなければ製造をしないこと．

① **酸素以外のガスを使用する試運転**

② **許容圧力以上の圧力で行う気密試験**（空気を使用するときは，あらかじめ，冷媒設備中にある可燃性ガスを排除した後に行うものに限る）

Point

気密試験に使用するガスは，酸素以外の空気，窒素，ヘリウム，フルオロカーボン（不活性のもの），二酸化炭素（アンモニア冷凍設備の気密試験では使用不可）を使用するように規定されている．

・冷凍則第 9 条（製造の方法に係る技術基準）の第一号から第四号までの基準に適合すること．

4　製造のための施設等の変更（法第 14 条）

・第二種製造者は，製造のための施設の位置，構造もしくは設備の変更の工事をし，または製造をする高圧ガスの種類もしくは製造の方法を変更しようとするときは，あらかじめ，**都道府県知事等に届け出**なければならない.

・製造施設の位置，構造または設備について省令（冷凍則第 19 条）で定める**軽微な変更の工事**をしようとするときは，この限りでない.

> **Point**
> 軽微な変更の工事に該当する場合は，届出は不要である.

5　第二種製造者に係る軽微な変更の工事（冷凍則第 19 条）

省令で定める軽微な変更の工事は，次に掲げるものとする.

①　**独立した製造設備**（認定指定設備を除く）**の撤去の工事**

②　製造設備の取替えの工事で，その設備の**冷凍能力の変更を伴わない**もの. ただし，次のものを除く.

　・**可燃性ガスおよび毒性ガスを冷媒とする冷媒設備の取替え**

　・**冷媒設備に係る切断，溶接を伴う工事**

③　製造設備以外の製造施設に係る設備の取替え工事

④　**指定設備認定証が無効とならない認定指定設備**に係る変更の工事

⑤　試験研究施設における冷凍能力の変更を伴わない変更の工事で，経済産業大臣が軽微なものと認めたもの

	第一種製造者	第二種製造者
許可等 ➡	変更の許可取得	あらかじめ，変更届を届け出る
軽微な変更 ➡	事後の届出	変更届不要
技術基準 ➡	適合義務	適合義務

図 2.11　製造のための施設等の変更の手続きの流れ

例題

次のイ，ロ，ハの記述のうち，冷凍のため高圧ガスの製造をする第二種製造者について正しいものはどれか.

イ．第二種製造者は，製造設備の設置または変更の工事が完成したとき，酸素以外のガスを使用する試運転または許容圧力以上の圧力で行う気密試験を行った後でなければ，製造をしてはならない.

ロ．第二種製造者が，製造をする高圧ガスの種類を変更しようとするとき，その旨を都道府県知事等に届け出るべき定めはない.

ハ．製造設備の設置または変更の工事を完成したときに行う気密試験に酸素を使用するときは，あらかじめ，冷媒設備中にある可燃性ガスを排除した後に行わなければならない.

(1) イ　(2) ロ　(3) イ，ハ　(4) ロ，ハ　(5) イ，ロ，ハ

▶解説

イ：(正) 製造設備の設置または変更の工事を完成したときは，次のいずれかの試験を行った後でなければ製造をしてはならない.

① 酸素以外のガスを使用する試運転

② 許容圧力以上の圧力で行う気密試験

ロ：(誤) 第二種製造者が，製造をする高圧ガスの種類を変更しようとするときは，届出が不要な軽微な変更には該当しないので，あらかじめ，**都道府県知事等に届け出なければならないと定められている**. なお，軽微な変更のとき，変更後においても届け出る必要がない.

ハ：(誤) 製造設備の設置または変更の工事を完成したときに行う気密試験に**空気**を使用するときは，あらかじめ，冷媒設備中にある可燃性ガスを排除した後に行わなければならない.

[解答]　(1)

2-7 定置式製造設備に係る技術上の基準（冷凍則第7条）

第一種製造者は，**製造施設を，その位置，構造および設備が**，所定の製造設備の技術上の基準（冷凍則第7条）に適合するように維持しなければならない．

定置式製造設備（認定指定設備を除く）に係る技術上の基準は，以下に掲げるものである．なお，第二種製造者は冷凍則第11条に適合するように維持しなければならない（表2.3参照）．

(1)　引火性，発火性の物をたい積した場所および火気の付近での配管などの禁止（第一号）

- 圧縮機，油分離器，凝縮器および受液器ならびにこれらの間の配管は，引火性または発火性の物（作業に必要なものを除く）をたい積した場所および火気（その製造設備内のものを除く）の付近にないこと．
- 火気に対して安全な措置を講じた場合は，この限りでない．

Point

冷媒ガスの種類および製造設備が専用機械室に設置されているか否かについての除外規定はない．

(2)　警戒標の掲示（第二号）

製造施設には，外部から見やすいように**警戒標**を掲げること．

Point

外部から容易に立ち入ることができない措置をした場合などの除外規定はない．

(3)　可燃性ガスまたは毒性ガスまたは特定不活性ガスが滞留しない構造（第三号）

圧縮機，油分離器，凝縮器，受液器またはこれらの間の配管（**可燃性ガス，毒性ガスまたは特定不活性ガスの製造設備**に限る）を設置する室は，冷媒ガスが漏えいしたとき**滞留しない構造**とすること．

(4)　冷媒ガスが漏えいしない構造（第四号）

製造設備は，**振動，衝撃，腐食**などにより**冷媒ガスが漏れない**ものであること．

(5)　凝縮器などの耐震構造（第五号）

下記の①～③とその支持構造物および基礎は，所定の耐震設計の基準により，地震の影響に対して安全な構造とする．

① **凝縮器：縦置円筒形で胴部の長さが 5 m 以上**

② **受液器：内容積が 5 000 ℓ 以上**

③ **所定の配管：冷媒設備に係る地盤面上の配管**（外径が 45 mm 以上で，内容積が 3 m^3 以上）**または凝縮器および受液器に接続されている配管**

Point

耐震設計基準が適用される凝縮器は，縦置円筒形で胴部の長さが 5 m 以上のものと限られており，横置円筒形のものや縦置円筒形で胴部の長さが 5 m 未満の凝縮器は該当しない．

(6) 気密試験，耐圧試験の実施（第六号）

冷媒設備は，次のいずれかの気密試験，耐圧試験に合格しなければならない．

① **許容圧力以上の圧力で行う気密試験**および**配管以外の部分について許容圧力の 1.5 倍以上の圧力**で水その他の安全な液**体を使用して行う耐圧試験**（液体を使用することが困難な場合は，**許容圧力の 1.25 倍以上の圧力で空気，窒素などの気体**を使用して行う耐圧試験）

② 経済産業大臣がこれらの試験と同等以上のものと認めた**高圧ガス保安協会が行う試験**

Point

気密試験は，耐圧試験に合格した容器等の組立品ならびにこれらを冷媒配管で連結した冷媒設備について行うガス圧試験である．なお，冷媒設備の配管の変更の工事の完成検査における気密試験は，許容圧力以上の圧力で行わなければならない．

(7) 圧力計の設置（第七号）

冷媒設備（圧縮機の油圧系統を含む）には**圧力計**を設けること．また，圧縮機が強制潤滑方式で，冷凍機油圧力に対する保護装置を有する場合にも，圧縮機の油圧系統を除く冷媒設備には圧力計を設ける必要がある．

(8) 安全装置の設置（第八号）

冷媒設備には，設備内の冷媒ガスの圧力が**許容圧力を超えた場合**に，直ちに**許容圧力以下に戻すことができる安全装置**を設けること．

Point

・圧縮機の自動制御装置の有無には関係しない．
・安全装置を設けることと定められており，直ちに運転を停止するためのものではない．

(9) 安全弁，破裂版の放出管の設置（第九号）

安全装置の安全弁または破裂板には，**放出管**を設ける．なお，**放出管の開口部の位置**は，放出する冷媒ガスの性質に応じ適切な位置でなければならない．

ただし，次のものは除かれる．

・その冷媒設備から大気に冷媒ガスを放出することのないもの
・**不活性ガスを冷媒ガスとする冷媒設備**に設けたもの
・**吸収式アンモニア冷凍機**（特に定める基準に適合するものに限る）に設けたもの

Point

・可燃性ガスの開口部は軒先より高く，毒性ガスの開口部は，除害設備（水槽など）内などに設ける．
・特に製造設備が専用機械室に設置されている場合の除外規定はない．

(10)　可燃性ガスまたは毒性ガスでの受液器で丸形ガラス管以外の液面計の使用（第十号）

可燃性ガスまたは毒性ガスを冷媒ガスとする冷媒設備の受液器の液面計には，**丸形ガラス管液面計以外**のものを使用すること．

Point

・丸形ガラス管液面計は，強度が弱く破損する危険があるため，可燃性ガス，毒性ガスを冷媒とする冷媒設備に使用できない．
・液面計に破損を防止するための措置を講じた場合の適用除外の規定はない．

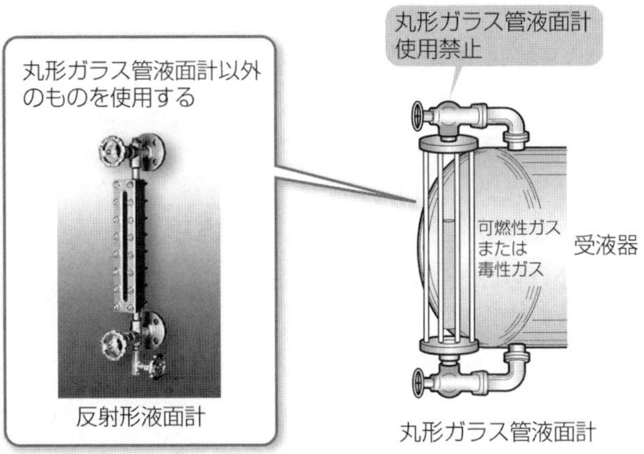

図 2.12　可燃性ガス，毒性ガスを冷媒ガスとする受液器の液面計

(11)　液面計の破損防止（第十一号）

受液器にガラス管液面計を設ける場合には，次の措置を講じなければならない．

- ガラス液面計には破損を防止するための措置を講じる.
- **可燃性ガスまたは毒性ガスを冷媒とする設備の受液器とガラス管液面計とを接続する配管**には，ガラス管液面計の破損による**漏えいを防止する措置**（止め弁など）を講じる.

(12)　可燃性ガスの消火設備の設置（第十二号）

可燃性ガスの製造施設には，その規模に応じて，**適切な消火設備を適切な箇所に設ける**こと.

Point

ガス漏えい検知警報設備の設置の有無には関係しない.

(13)　受液器（内容積が1万ℓ以上）への毒性ガス流出防止の措置（第十三号）

毒性ガスを冷媒ガスとする冷凍設備の受液器は，その**内容積が1万ℓ以上**のものの周囲には液状のガスが漏えいした場合に，その流出を防止するための措置（防液堤など）を講ずること.

(14)　可燃性ガス（アンモニアを除く）の電気設備の防爆装置（第十四号）

可燃性ガス（アンモニアを除く）を冷媒ガスとする冷媒設備の電気設備はその設置場所およびガスの種類に応じた防爆性能を有する構造であること.

Point

可燃性ガスであるアンモニアを冷媒ガスとする設備が適用除外とされていることに注意する.

(15)　可燃性ガス，毒性ガスまたは特性不活性ガスの漏えい検知と警報装置（第十五号）

可燃性ガス，毒性ガスまたは特性不活性ガスの製造施設には，漏えいガスが滞留するおそれのある場所に，**ガスの漏えいを検知**し，かつ，**警報設備**を設けること（吸収式アンモニア冷凍設備は除く）.

Point

アンモニア冷媒のように可燃性ガス，毒性ガスが微量に漏れても大きな被害を及ぼすおそれがあるため，この漏れを早期発見し，警報を出して被害の拡大を防止する.

Point

製造施設が専用機械室に設置されている場合の除外規定はない.

(16)　毒性ガスの除害のための措置（第十六号）

毒性ガスの製造設備には，ガスが漏えいしたときに安全に，かつ，すみやかに**除害するための措置**を講じること（吸収式アンモニア冷凍機は除く）.

Point

- 専用機械室に設置されているか否かには関係しない.
- 冷媒ガスの充填量の多少には関係ない.

(17) バルブまたはコックの操作に係る適切な措置（第十七号）

製造設備に設けたバルブまたはコック（**操作ボタン等**で操作する場合は，その操作ボタン等）には，**作業員がバルブまたはコックを適切に操作することができるような措置を講ずる**こと．ただし，操作ボタン等を使用することなく自動制御で開閉されるバルブまたはコックを除く．

Point

操作ボタン等の日常の運転操作に必要としないものへの除外規定はない．

コラム

バルブ等の操作に係る適切な措置（冷凍則関係例示基準の 15）

バルブ等の操作に係る適切な措置に関して，次のように規定している．

① 手動操作するバルブ等（バルブまたはコック）には，そのハンドルまたは別に取り付けた標示板などに，バルブ等の**開閉方向を明示すること**．

② 操作することにより製造設備に保安上重大な影響を与えるバルブ等（安全弁の元弁，電磁弁，冷却水止め弁など）には，**開閉状態を明示**すること．

③ バルブ等（操作ボタンにより製造設備に保安上重大な影響を与えるバルブ等で，可燃性ガスまたは毒性ガス以外の冷媒ガスを除く）に係る**配管には，バルブ等に近接する部分に，流体の種類を塗色，銘板またはラベルなどで表示と流れの方向を表示**すること．

④ 操作することにより，製造設備に保安上重大な影響を与えるバルブ等のうち，通常使用しないバルブ等には**誤操作を防止するため施錠，封印またはハンドルを取り外すなどの措置**を講ずること．

⑤ バルブ等を操作する場所には，バルブ等の機能および使用頻度に応じ，バルブ等を確実に操作するために必要な**操作空間および照度を確保**すること．

表 2.3　製造設備の技術上の基準

号	定置式製造設備	第一種製造者（冷凍則第 7 条）			第二種製造者（冷凍則第 11 条）			備考
		その他	可燃性ガス	毒性ガス	その他	可燃性ガス	毒性ガス	
一	引火性，発火性の物がたい積した場所および火気の付近での配管禁止	○	○	○	○	○	○	
二	警戒標の掲示	○	○	○	○	○	○	
三	冷媒ガスが滞留しない構造	－	○	○	－	○	○	
四	冷媒ガスが漏えいしない構造	○	○	○	○	○	○	
五	凝縮器などの耐震構造	○	○	○	－	－	－	
六	気密試験，耐圧試験の実施	○	○	○	○	○	○	
七	圧力計の設置	○	○	○	－	－	－	
八	安全装置の設置	○	○	○	○	○	○	
九	安全弁，破裂板の放出管の設置	－	○	○	－	○	○	吸収式アンモニア冷凍機を除く
十	受液器で丸形ガラス管以外の液面計の使用	－	○	○	－	○	○	
十一	液面計の破損防止	○	○	○	○	○	○	
十二	消火設備の設置	－	○	－	－	○	－	
十三	受液器の冷媒ガス流出防止の措置	－	－	○	－	－	－	
十四	電気設備の防爆装置	－	○	－	－	○	－	アンモニアを除く
十五	冷媒ガスの漏えい検知と警報設備	－	○	○	－	○	○	吸収式アンモニア冷凍機を除く
十六	除害のための措置	－	－	○	－	－	○	吸収式アンモニア冷凍機を除く
十七	バルブ等の操作に係る適切な措置	○	○	○	○	○	○	

○印は規定条文に該当している.

例題

次のイ，ロ，ハの記述のうち，第一種製造者の定置式アンモニア製造設備の技術上の基準について正しいものはどれか．

イ．受液器にガラス管液面計を設ける場合には，丸形ガラス管液面計以外のものとし，その液面計の破損を防止するための措置，または受液器とその液面計とを接続する配管にその液面計の破損による漏えいを防止するための措置のいずれか一方の措置を講じなければならない．

ロ．受液器（内容積が 6 000 ℓ），その支持構造物およびその基礎には所定の耐震に関する性能を有するものとしなければならないものがあるが，この事業所の製造設備に係る受液器にはその基準は適用されない．

ハ．受液器（内容積が 6 000 ℓ）は，その周囲に冷媒ガスである液状のアンモニアが漏えいした場合に，その流出を防止するための措置を講じなければならないものに該当しない．

(1) イ　(2) ロ　(3) ハ　(4) ロ，ハ　(5) イ，ロ，ハ

▶解説

イ：(誤) 可燃性ガス，毒性ガスを冷媒ガスとする冷媒設備の受液器にガラス管液面計を設ける場合には，丸形ガラス管液面計以外のものとし，そのガラス管液面計には**その破損を防止するための措置を講じ**，その受液器とそのガラス管液面計とを接続する配管には，その**ガラス管液面計の破損による漏えいを防止するための措置を講じなければならない**と定められている．

ロ：(誤) 受液器の耐震設計基準の適用規模は，内容積 5 000 ℓ 以上の場合，その支持構造物およびその基礎には所定の耐震に関する性能を有するものとしなければならないが，この事業所の製造設備に係る受液器は，6 000 ℓ であるから，**耐震設計基準は適用される**．

ハ：(正) 毒性ガスを冷媒ガスとする冷凍設備の受液器は，その内容積が 1 万 ℓ 以上のものの周囲には液状のガスが漏えいした場合に，その流出を防止するための措置を講ずることと定められている．この事業所の製造設備に係る受液器は内容積 6 000 ℓ であるから，この規定は該当しない．

[解答]　**(3)**

例題

次のイ，ロ，ハの記述のうち，第一種製造業者のフルオロカーボン 134a の製造設備に適用される技術上の基準について正しいものはどれか．

イ．製造設備を設置した室に外部から容易に立ち入ることができない措置を講じた場合，製造施設に警戒標を掲げる必要はない．

ロ．製造設備 A および製造設備 B とも専用機械室に設置され，かつ，不活性ガスであるフルオロカーボン 134a を冷媒ガスに使用しているので，冷媒設備の圧縮機が引火性または発火性の物（作業に必要なものを除く）をたい積した場所の付近にあってはならない旨の定めは適用されない．

ハ．冷媒設備の圧縮機が強制潤滑方式であって，潤滑油圧力に対する保護装置を有している場合であっても，その圧縮機の油圧系統を除く冷媒設備には圧力計を設けなければならない．

(1) イ　(2) ハ　(3) イ，ロ　(4) ロ，ハ　(5) イ，ロ，ハ

▶解説

イ：（誤）製造施設には，その施設の外部から見やすいように警戒標を掲げるよう定められている．とくに外部から容易に立ち入ることができない措置をした場合などの除外規定はない．

ロ：（誤）製造設備が専用機械室に設置され，かつ，不活性ガスであるフルオロカーボン 134a を冷媒ガスに使用していても，冷媒設備の圧縮機が引火性または発火性の物（作業に必要なものを除く）をたい積した場所の付近にあってはならない旨の定めは適用される．圧縮機・油分離器・凝縮器・受液器およびこれらの間の配管は，冷媒の種類に関係なく引火性または発火性の物（作業に必要なものを除く）をたい積した場所の付近にあってはならない．

ハ：（正）潤滑油（冷凍機油）圧力に対する保護装置を有する強制潤滑方式の圧縮機の油圧系統を除く冷媒設備には，圧力計を設けなければならない．

[解答]　**(2)**

例題

次のイ，ロ，ハの記述のうち，アンモニアを冷媒ガスとする冷凍設備（吸収式のものを除く）を使用して，冷凍のため高圧ガスの製造をする第一種製造者の定置式製造設備である製造施設に適用される技術上の基準について正しいものはどれか．

イ．製造施設からガスが漏えいした場合にそのガスが滞留するおそれのある場所にガス漏えい検知警報設備を設ければ，この製造施設に消火設備を設けなくてもよい．

ロ．圧縮機，凝縮器および受液器ならびにこれらを接続する配管が設置してある専用機械室は，冷媒ガスが漏えいしたとき滞留しないような構造としなければならない．

ハ．製造設備に設けたバルブが操作ボタン等により開閉され，かつ，その操作ボタン等が日常の運転操作に必要としないものである場合は，その操作ボタン等には，作業員が適切に操作することができる措置を講じる必要はない．

(1) イ　(2) ロ　(3) イ，ロ　(4) ロ，ハ　(5) イ，ロ，ハ

▶解説

イ：(誤) 可燃性ガスの製造施設には，その規模に応じて，適切な**消火設備を適切な箇所に設ける**ことと定められており，ガス漏えい検知警報設備の設置の有無に関係しない．

ロ：(正) 圧縮機，油分離器，凝縮器，受液器またはこれらの間の配管（可燃性ガスまたは毒性ガスまたは特定不活性ガスの製造設備に限る）を設置する室は，冷媒ガスが漏えいしたとき滞留しない構造とすることと定められている．

ハ：(誤) 製造設備に設けたバルブまたはコックが，操作ボタン等により開閉される場合は，その操作ボタン等には，作業員がその操作ボタン等を適切に操作することができるような**措置を講じなければならない**と定められている．日常の運転操作に必要としない操作ボタン等への除外規定はない．

[解答]　(2)

例題

次のイ，ロ，ハの記述のうち，この事業所に適用される技術上の基準について正しいものはどれか．

［例］冷凍のため，次に掲げる高圧ガスの製造施設を有する事業所

製造設備の種類	：定置式製造設備（一つの製造設備であって，専用機械室に設置してあるもの）
冷媒ガスの種類	：アンモニア
冷凍設備の圧縮機	：容積圧縮式（往復動式）4 基
1日の冷凍能力	：250 トン
主な冷媒設備	：凝縮器（横置円筒形で胴部の長さが 6 m のもの）1 基
	：受液器（内容積が 6 000 ℓ のもの）1 基

イ．この製造施設の冷媒設備に係る電気設備は，その設置場所および冷媒ガスに応じた防爆性能を有する構造のものでなければならないものに該当する．

ロ．この冷媒設備の安全弁（大気に冷媒ガスを放出することのないものを除く．）には，放出管を設けなければならないが，その放出管の開口部の位置については，とくに定めはない．

ハ．凝縮器，受液器および配管ならびにそれらの支持構造物およびその基礎には所定の耐震設計の基準が適用されるものがあるが，この凝縮器にはその基準は適用されない．

(1) イ　(2) ハ　(3) イ，ロ　(4) イ，ハ　(5) イ，ロ，ハ

▶解説

イ：（誤）可燃性ガスを冷媒ガスとする冷媒設備に係る電気設備は，その設置場所およびそのガスの種類に応じた防爆性能を有する構造のものであることと定められているが，可燃性ガスからアンモニアは除外されている．

ロ：（誤）放出管の開口部の位置は，放出する冷媒ガスの性質に応じた適切な位置であることと定められている．

ハ：（正）この事業所の凝縮器は横置円筒形で規制の対象にならない．

［解答］ **(2)**

2-8 製造方法に係る技術上の基準

第一種製造者の定置式製造設備の製造方法に係る技術上の基準（冷凍則第 9 条）は，次のように定められている．なお，第二種製造者は冷凍則第 14 条に従って，高圧ガスを製造しなければならない（冷凍則第 9 条を含む）.

(1)　安全弁の止め弁は常に全開

安全弁に付帯して設けた**止め弁は，常に全開**しておく．ただし，安全弁の修理等（修理または清掃）のため，とくに必要な場合は，この限りでない.

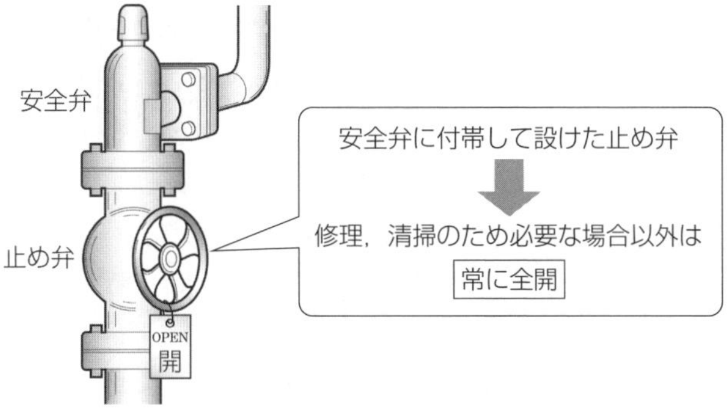

図 2.13　止め弁は全開

(2)　製造施設全般の異常の有無の点検と危険防止措置

高圧ガスの製造は，製造する高圧ガスの種類および製造設備の態様に応じ，**1 日 1 回以上製造施設の異常の有無を点検**し，異常のあるときは，設備の補修その他の**危険を防止する措置を講じる.**

> **Point**
> 認定指定設備および不活性ガス，自動制御装置について除外する規定はない.

> **Point**
> 自動制御運転装置を設けて運転している場合に対する点検回数の定めはとくにない.

(3)　修理等の保安

冷凍設備の修理等をした後の高圧ガスの製造は，次の基準により保安上支障のない状態で行う.

> **Point**
> 認定指定設備であるか否かによって必要であるかないかの定めはない.

①　作業計画とその作業責任者

冷凍設備の修理等をするときは，あらかじめ，**修理等の作業計画**およびその**作業責任者**を定め，修理作業計画に従い，その責任者の監視の下で行うこと．または異常があったときは直ちにその**責任者に通報するための措置**を講じて行う．

②　可燃性ガスなどの修理等の危険防止

可燃性ガス，毒性ガスを冷媒とする冷媒設備の修理等は，**危険を防止する措置**を講じる．

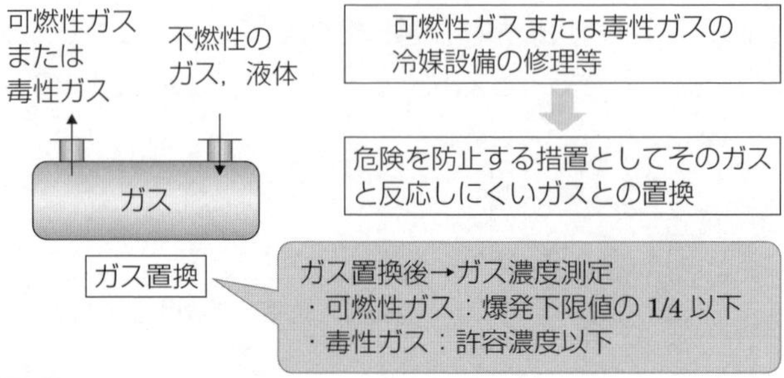

要点整理

危険防止の措置として，窒素ガスや水などの反応しにくいガスや液体で置換するなどがある（例：アンモニアを窒素ガスで置換）．

図 2.14　危険防止措置

③　冷媒設備の開放修理

冷媒設備を開放して修理等をするときは，開放部分に**他の部分からガスが漏えいすることを防止する措置**を講ずる．

④　修理等の終了

修理等が終了したときは，冷媒設備が正常に作動することを確認した後でなければ製造しない．

(4)　バルブの操作

製造設備に設けたバルブの操作は，バルブの材質，構造，状態を勘案して**過大な力を加えない**よう必要な措置を講ずる．

例題

次のイ，ロ，ハの記述のうち，フルオロカーボン 134a の冷凍設備（吸収式のものを除く）を使用して，冷凍のため高圧ガスの製造をする第一種製造者の定置式製造設備に適用される技術上の基準について正しいものはどれか．

イ．1日に1回以上製造施設の異常の有無を点検しなければならない旨の定めは，認定指定設備である製造設備には適用されない．

ロ．製造設備の運転を数日間停止する場合であっても，とくに定める場合を除き，その間も安全弁に付帯して設けた止め弁を常に全開しておかなければならない．

ハ．冷媒設備を開放して修理するとき，冷媒ガスが不活性ガスであるため，その開放する部分に他の部分からガスが漏えいすることを防止するための措置を講じる必要はない．

(1) イ　(2) ロ　(3) イ，ハ　(4) ロ，ハ　(5) イ，ロ，ハ

▶解説

イ：（誤）1日に1回以上製造施設の異常の有無を点検しなければならない旨の，定めは，すべての高圧ガス設備に適用される．認定指定設備での除外規定はない．

ロ：（正）製造設備の運転を数日間停止する場合でも，止め弁は常に全開にする．

ハ：（誤）冷媒設備を開放して修理等をするときは，冷媒ガスの種類に関係なく，開放部分に他の部分からガスが漏えいすることを防止するための措置を講じなければならない．とくに冷媒ガスが不活性ガスであることによる適用除外はない．

[解答]　**(2)**

Ch.1
Ch.2
Ch.3
Ch.4
事業

例題

次のイ，ロ，ハの記述のうち，フルオロカーボン134aの冷凍設備（吸収式のものを除く）を使用して，冷凍のため高圧ガスの製造をする第一種製造者の定置式製造設備に適用される技術上の基準について正しいものはどれか．

イ．冷媒設備の修理は，あらかじめ作業の責任者を定め，あらかじめ定めた修理の作業計画に従って，異常があったときに直ちにその旨をその責任者に通報するための措置を講じて行うこととした．

ロ．認定指定設備には自動制御装置が設けられているので，認定指定設備における高圧ガスの製造は，1日に1回以上その製造設備が属する製造施設の異常の有無を点検して行わなくてよい．

ハ．製造設備A（冷媒設備が一つの架台上に一体に組み立てられていないもの）の冷媒設備の修理を行うときは，あらかじめその修理の作業計画およびその作業の責任者を定めなければならないが，製造設備B（認定指定設備）の冷媒設備の修理を行うときは，あらかじめその作業計画を定めればその作業の責任者を定める必要はない．

(1) イ　(2) ロ　(3) ハ　(4) イ，ハ　(5) ロ，ハ

▶解説

イ：(正) 作業計画に基づく修理の実施は，責任者の監視下で行うか，その責任者に異常時の通報措置を講じておく．

ロ：(誤) 認定指定設備には自動制御装置が設けられていても，認定指定設備における高圧ガスの製造は，**1日に1回以上その製造設備が属する製造施設の異常の有無を点検しなければならない**．すべての高圧ガスの設備について1日1回以上の異常の有無の点検を行わなければならない．

ハ：(誤) 製造設備B（認定指定設備）の冷媒設備の修理を行うときは，通常の設備と同様に，あらかじめその作業計画を定め，**その作業の責任者を定める必要がある**．

[解答]　**(1)**

2-9 高圧ガスの移動・廃棄

1　移　動（法第 23 条）

(1)　**高圧ガスを移動**するには，その**容器**について，所定の保安上必要な措置を講じなければならない．

(2)　**車両により高圧ガスを移動**するには，その**積載方法**および**移動方法**について所定の技術上の基準（一般則第 50 条）に従ってしなければならない．

Point

高圧ガスを充填した容器の移動には，「タンクローリー等の場合」および「バラ積み容器等の場合」がある．

Point

この規定は，高圧ガスの種類に関係しない．

2　移動の技術上の基準（一般則第 50 条抜粋）

トラックなどによるバラ積み容器等その他の場合による移動は，次の技術上の基準に従って行われなければならない．

① **警戒標の掲示**

充填容器等（充填容器および残ガス容器）を**車両に積載して移動**するとき，車両の見やすい箇所に**警戒標**を掲げる．ただし，次のものは除く．

- **毒性ガスを除く**容器の内容積が 25 ℓ 以下の充填容器等のみを搭載した車両で，その積載容器の内容積の合計が 50 ℓ 以下
- 消防自動車や救急自動車などの特定車両

② **充填容器等の保持温度**

充填容器等は，その温度を常に **40℃以下**に保つ．

③ **充填容器等の取扱い**

充填容器等（内容積が **5 ℓ 以下のものを除く**）には，**転落，転倒などによる衝撃およびバルブの損傷を防止する措置**を講じ，かつ**粗暴な取扱いをしない**．

④ **同一の車両積載の禁止**

次に掲げるものは，同一の車両に積載しない．

- 充填容器等と危険物（内容積 **120 ℓ 未満**の圧縮天然ガスまたは不活性ガスの充填容器等）
- 塩素の充填容器等とアセチレン，アンモニアまたは水素の充填容器等

⑤　同一の車両積載の注意

可燃性ガスの充填容器等と酸素の充填容器等とを同一の車両に積載して移動するときは，充填容器等のバルブが相互に向き合わないようにする．

⑥　可燃性ガスの移動時の保護具など

可燃性ガスなど**（可燃性ガス，特定不活性ガス，酸素または三フッ化窒素）の充填容器等**を車両に積載して移動するときは，消火設備ならびに災害発生防止のための**応急措置に必要な資材，工具などを携行**する．ただし，容器の内容積が**25 ℓ 以下**の充填容器等のみを搭載した車両で，積載容器の内容積の合計が**50 ℓ 以下**の場合を除く．

⑦　車両の駐車

駐車するときは，密集する地域を避けるとともに，交通量が少ない安全な場所を選び，かつ，移動監視者または運転者は食事その他やむを得ない場合を除き，その車両を離れない．

⑧　毒性ガスの移動時の保護具など

- **毒性ガス**の充填容器等には，**木枠またはパッキン**を施す．
- **毒性ガス**の充填容器等を車両に積載して移動するときは，毒性ガスの種類に応じた**防毒マスク**，**手袋**その他の**保護具**ならびに災害発生防止のため**応急措置に必要な資材，薬剤，工具などを携行**する．

Point

可燃性ガスであり毒性ガスでもあるアンモニアを積載する際は，消火設備等と防毒マスク等をどちらも携行する必要がある．

⑨　運転者の携帯と遵守

可燃性ガス，毒性ガス，特定不活性ガスまたは酸素の高圧ガスを移動するときは，高圧ガスの名称，性状および移動中の災害防止のために必要な**注意事項を記載した書面（イエローカード）**を運転者に交付し，移動中携帯させ，これを遵守させる．ただし，毒性ガスを除いて内容積**25 ℓ 以下**で移動時の注意事項を示したラベルが貼付されているもののみを積載し，その容器の内容積の合計が**50 ℓ 以下**の場合を除く．

Point

イエローカードを運転者に交付し，移動中携帯させ，これを遵守させなければならない高圧ガスの種類は，可燃性ガス，毒性ガス，特定不活性ガスまたは酸素に限られる．

Point

毒性ガスである液化アンモニアなどを移動する場合は，その質量の多少にかかわらず必要な注意事項を記載した書面（イエローカード）を運転者に交付し，移動中携帯させ，これを遵守させなければならない．

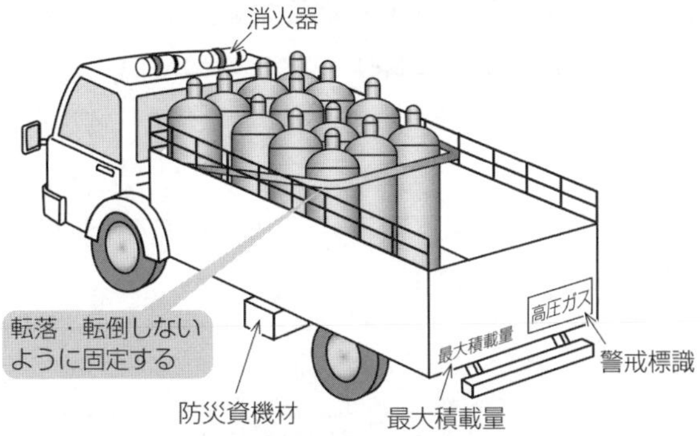

図 2.15　容器配送車

3　廃　棄（法第 25 条）

所定の高圧ガス（可燃性ガス，毒性ガスおよび特定不活性ガス）の廃棄は，廃棄の場所，数量その他廃棄の方法について，所定の**廃棄に係る技術上の基準**（冷凍則第 34 条）に従わなければならない．

4　冷凍則における高圧ガスの廃棄に係る技術上の基準など（冷凍則第 33 条，第 34 条）

(1)　省令（冷凍則第 33 条）で定める高圧ガスは，**可燃性ガス，毒性ガスおよび特定不活性ガス**とする．

(2)　冷凍則における高圧ガスの廃棄に係る技術上の基準（冷凍則第 34 条）

廃棄に係る技術上の基準は，次に掲げるものとする．

① **可燃性のガスおよび特定不活性ガスの廃棄**は，火気を取り扱う場所または引火性もしくは発火性の堆積した場所およびその付近を避け，かつ大気中に放出して廃棄するときは，**通風の良い場所で少量ずつ放出**する．

② **毒性ガス**を大気中に放出して**廃棄**するときは，**危険，損害を他に及ぼすおそれのない場所で少量ずつ放出**する．

Point

冷凍保安規則に定められている高圧ガスの廃棄に係る技術上の基準に従って廃棄しなければならない高圧ガスとして，可燃性ガス，毒性ガスおよび特定不活性ガスの 3 種類のみが規定されている．

Point

高圧ガスを廃棄する場合は，可燃性ガスは燃焼させ，毒性ガスは除害装置で除害して大気放出することが原則である．

Ch.1
Ch.2
Ch.3
Ch.4
事業

5　一般則における高圧ガスの廃棄に係る技術上の基準など（一般則第 61 条，第 62 条）

(1)　省令で定める高圧ガスは，**可燃性ガス**，**毒性ガス**，**特定不活性ガスおよび酸素**とする．

(2)　廃棄に係る技術上の基準は，次に掲げるものとする（抜粋）．

①　**廃棄は，容器とともに行わない．**

Point

充填容器等が外傷または火災を受けたときは，充填されている高圧ガスを所定の方法により放出し，またはその充填容器等とともに損害を他に及ぼすおそれのない水中に沈め，もしくは地中に埋めることが定められている（一般則第 84 条第四号）．

②　**可燃性ガスまたは特定不活性ガスの廃棄**は，火気を取り扱う場所または引火性もしくは発火性の物をたい積した場所およびその付近を避け，かつ，大気中に放出して廃棄するときは，**通風の良い場所で少量ずつ放出**する．

③　**毒性ガス**を大気中に放出して**廃棄**するときは，**危険，損害を他に及ぼすおそれのない場所で少量ずつ放出**する．

④　可燃性ガス，毒性ガスまたは特定不活性ガスを継続かつ反復して廃棄するときは，ガスの滞留を検知するための措置を講じる．

⑤　酸素または三フッ化窒素の廃棄は，バルブおよび廃棄に使用する器具の石油類，油脂類その他可燃性の物を除去した後にする．

⑥　廃棄した後は**バルブを閉じ，容器の転倒およびバルブの損傷を防止する措置**を講ずる．

⑦　充填容器等，バルブまたは配管を加熱するときは，熱湿布または 40℃以下の温湯その他の液体（可燃性のものなどは除く）を使用する．

例題

次のイ，ロ，ハの記述のうち，車両に積載した容器（容器 1 本の内容積が 48 ℓ のもの）による冷凍設備の冷媒ガスの補充用の高圧ガスの移動に係る技術上の基準等について，一般高圧ガス保安規則上正しいものはどれか．

イ．液化アンモニアを移動するときは，その充填容器には，転落，転倒などによる衝撃およびバルブの損傷を防止するための措置を講じ，かつ，粗暴な取扱いをしてはならないが，特定不活性ガスであるフルオロカーボン 32 を移動するときは，その必要はない．

ロ．アンモニアを移動するときは，その容器に木枠またはパッキンを施す必要があるが，特定不活性ガスであるフルオロカーボン 32 を移動するときはその定めはない．

ハ．液化アンモニアを移動するときは，防毒マスク，手袋その他の保護具ならびに災害発生防止のための応急措置に必要な資材，薬剤および工具などのほか消火設備を携行しなければならないが，液化フルオロカーボン 134a を移動するときはその定めはない．

(1) イ　(2) ロ　(3) ハ　(4) ロ，ハ　(5) イ，ロ，ハ

▶解説

イ：（誤）高圧ガスを移動するときには，その充填容器等（内容積 5 ℓ 以下のものを除く）には，高圧ガスの種類に関係なく，転落，転倒などによる衝撃およびバルブの損傷を防止するための措置を講じ，かつ，粗暴な取扱いをしてはならない．

ロ：（正）木枠またはパッキンの使用するのは毒性ガスの充填容器等に限られている．

ハ：（正）毒性ガスで可燃性ガスである液化アンモニアを移動するときは，防毒マスク，手袋その他の保護具ならびに災害発生防止のための応急措置に必要な資材，薬剤および工具などのほか，消火設備を携行しなければならないが，不活性のフルオロカーボンである液化フルオロカーボン 134a を移動するときはその定めはない．

[解答]　(4)

例題

次のイ，ロ，ハの記述のうち，車両に積載した容器（容器１本の内容積が48ℓのもの）による冷凍設備の冷媒ガスの補充用の高圧ガスの移動に係る技術上の基準等について，一般高圧ガス保安規則上正しいものはどれか．

イ．アンモニアを移動するときは，その車両の見やすい箇所に警戒標を掲げなければならないが，特定不活性ガスであるフルオロカーボン32を移動するときはその定めはない．

ロ．液化アンモニアの充填容器を移動するときは，その高圧ガスに応じた防毒マスク．手袋その他の保護具ならびに災害発生防止のための応急措置に必要な資材，薬剤および工具なども携行しなければならない．

ハ．アンモニアを移動するときは，そのガスの名称，性状および移動中の災害防止のために必要な注意事項を記載した書面を運転者に交付し，移動中携帯させ，これを遵守させなければならないが，特定不活性ガスであるフルオロカーボン32を移動するときはその定めはない．

(1) イ　(2) ロ　(3) イ，ハ　(4) ロ，ハ　(5) イ，ロ，ハ

▶解説

イ：(誤) 冷媒ガスを充填した容器等を移動するときは，消防自動車や救急自動車等で移動する場合を除き，冷媒ガスの種類にかかわらず車両の見やすい箇所に警戒標を掲げなければならない．特定不活性ガスであるフルオロカーボン32を移動するときも同様に警戒標を掲げなければならない．

ロ：(正) 可燃性ガス，特定不活性ガスまたは酸素の充填容器等を車両に積載して移動するときは，消火設備や工具などを携行すること，毒性ガスの充填容器等を車両に積載して移動するときは，防毒マスクなどを携行することと定められている．アンモニアは，可燃性ガスおよび毒性ガスと定められている．

ハ：(誤) 可燃性ガス，毒性ガス，特定不活性ガスまたは酸素の高圧ガスを移動するときは，必要な注意事項を記載した書面を運転者に交付し，移動中携帯させ，これを遵守させなければならない．

[解答]　**(2)**

例題

次のイ，ロ，ハの記述のうち，正しいものはどれか．

イ．冷凍のための製造施設の冷媒設備内の高圧ガスであるアンモニアを廃棄するときには，高圧ガスの廃棄に係る技術上の基準は適用されない．

ロ．可燃性ガスを大気中に放出して廃棄するときは，火気を取り扱う場所または引火性もしくは発火性の物をたい積した場所およびその付近を避け，かつ，通風の良い場所で少量ずつしなければならない．

ハ．可燃性ガスを廃棄した後は，その容器のバルブを確実に閉止しておけば，その容器の転倒およびバルブの損傷を防止する措置は講じなくてもよい．

(1) イ　(2) ロ　(3) ハ　(4) イ，ロ　(5) イ，ハ

▶解説

イ：(誤) アンモニアは可燃性ガスおよび毒性ガスであるので，冷凍保安規則に定められている高圧ガスの廃棄に係る技術上の基準に従って廃棄しなければならない．なお，冷凍則に定められている高圧ガスの廃棄に係る技術上の基準に従うべき高圧ガスは，可燃性ガス，毒性ガスおよび特定不活性ガスに限られている．

ロ：(正) 可燃性ガスまたは特定不活性ガスを大気中に放出して廃棄するときは，通風の良い場所で少量ずつ放出する．

ハ：(誤) 廃棄した後はバルブを閉じ，容器の転倒およびバルブの損傷を防止する措置を講ずることと定められている．

[解答]　**(2)**

2-10 冷凍機器の製造

1 冷凍設備に用いる機器の指定（法第57条，冷凍則第63条）

1日の冷凍能力が**3トン以上**（ヘリウム，ネオン，アルゴン，クリプトン，キセノン，ラドン，窒素，二酸化炭素，可燃性ガスを除くフルオロカーボンまたは空気では，5トン以上）を冷媒ガスとする冷凍機を用いる冷凍設備の機器製造業者は，機器製造に係る技術上の基準（冷凍則第64条）に従って，その機器を製造しなければならない．

Point

「機器製造業者」とは，もっぱら冷凍設備に用いる機器であって，所定の機器の製造の事業を行う者で，許可や届出は不要である．

2 機器製造に係る技術上の基準（冷凍則第64条）

(1) 機器の冷媒設備**（1日の冷凍能力が20トン未満のものを除く）**に係る容器**（ポンプまたは圧縮機に係るものを除く）**は，その材料，強度，溶接方法などに係る技術上の基準に従って製造をしなければならない．

(2) 機器は，冷媒設備について設計圧力以上の圧力で行う適切な気密試験および配管以外の部分について設計圧力の1.5倍以上の圧力で水その他の安全な液体を使用して行う適切な耐圧試験（液体を使用することが困難であると認められるときは，設計圧力の1.25倍以上の圧力で空気，窒素などの気体を使用して行う耐圧試験）に合格するものまたは経済産業大臣がこれらと同等以上のものと認めた協会が行う試験に合格したものであること．

(3) 機器の冷媒設備は，振動，衝撃，腐食などにより冷媒ガスが漏れないものであること．

(4) 機器の材料および構造は，その機器が基準に適合することとなるものであること．

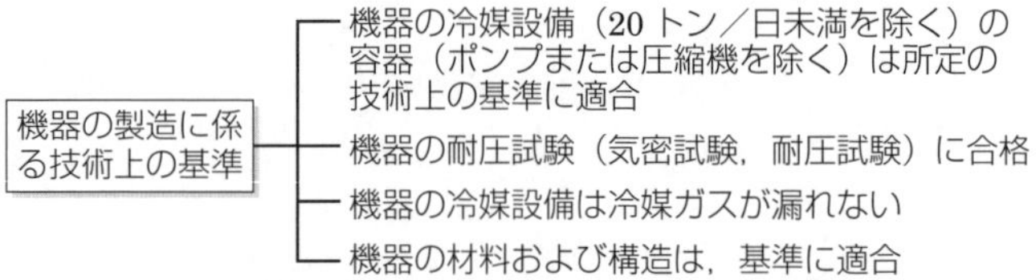

図2.16 機器の製造に係る技術上の基準

例題

次のイ，ロ，ハの記述のうち，正しいものはどれか．

イ．専ら冷凍設備に用いる機器の製造の事業を行う者（機器製造業者）が所定の技術上の基準に従って製造しなければならない機器は，可燃性ガス以外のフルオロカーボンを冷媒ガスとする冷凍機のものにあっては，1日の冷凍能力が20トン以上のものに限られている．

ロ．冷凍設備に用いる機器の製造の事業を行う者（機器製造業者）が所定の技術上の基準に従って製造しなければならない機器は，冷媒ガスの種類がアンモニアである場合には，1日の冷凍能力が3トン以上の冷凍機に用いられるものに限られる．

ハ．機器製造業者は，1日の冷凍能力が20トン以上の冷媒設備に用いる機器のうち，定められた容器については，その材料，強度，溶接方法などに係る技術上の基準に従って製造をしなければならない．

(1) イ　(2) ハ　(3) イ，ロ　(4) ロ，ハ　(5) イ，ロ，ハ

▶解説

イ：(誤) 機器製造業者が所定の技術上の基準に従って製造しなければならない機器は，1日の冷凍能力が3トン以上の冷凍機に用いるものと定められている．

ただし，**可燃性ガスを除くフルオロカーボン**または第一種ガス（ヘリウム，ネオン，アルゴン，クリプトン，キセノン，ラドン，窒素，二酸化炭素または，空気）では**5トン以上の冷凍機に用いるもの**と定められている．

ロ：(正) 機器製造業者が所定の技術上の基準に従って製造しなければならない機器は，冷媒ガスの種類がアンモニアおよび可燃性ガスのフルオロカーボンの場合は，1日の冷凍能力が3トン以上の冷凍機に用いられるものに限られる．

ハ：(正) 機器の冷媒設備（1日の冷凍能力が20トン未満のものを除く）に係る容器（ポンプまたは圧縮機に係るものを除く）は，その材料，強度，溶接方法などに係る技術上の基準に従って製造をしなければならない．

[解答]　**(4)**

Ch.1
Ch.2
Ch.3
Ch.4
事業

2-11 特定設備と指定設備

1 特定設備

特定設備とは，高圧ガスの製造（製造に係る貯蔵を含む）設備のうち，**高圧ガスの爆発その他の災害の発生のおそれがある設備で，災害の発生を防止するために設計の検査，材料の品質の検査または製造中の検査を行うことがとくに必要な設備**である（塔，反応器，熱交換器，蒸発器，凝縮器，加熱炉，その他の圧力容器）．

（1） 特定設備検査（法第 56 条の 3）

・特定設備の製造をする者は，**製造の工程ごと**に，経済産業大臣，協会または指定特定設備検査機関が行う特定設備検査を受けなければならない．

・特定設備の**輸入をした者**は，遅滞なく，経済産業大臣，協会または指定特定設備検査機関が行う特定設備検査を受けなければならない．

（2） 特定設備検査合格証（法第 56 条の 4）

・経済産業大臣，協会または指定特定設備検査機関は，特定設備が特定設備検査に合格したときは，速やかに，特定設備検査を受けた者に対し，特定設備検査合格証を交付しなければならない．

・特定設備検査合格証は，他人に譲渡し，または貸与してはならない．ただし，特定設備とともに**譲渡**する場合は，この限りでない．

2 指定設備

（1） 指定設備の定義（法第 56 条の 7，施行令第 15 条，施行令関係告示第 6 条）

高圧ガスの製造（製造に係る貯蔵を含む）のための設備のうち**公共の安全の維持または災害の発生の防止に支障を及ぼすおそれがないもの**を指定設備として，以下の要件が定められている．

冷凍のため不活性ガスを圧縮し，または液化して高圧ガスの製造をする設備で**ユニット型**のもののうち，次のいずれにも該当する設備である．

① **定置式製造設備**であること．

② 冷媒ガスが**不活性のフルオロカーボン**であること．

③ 冷媒ガスの充填量が **3 000 kg 未満**であること．

④ 1 日の冷凍能力が **50 トン以上**であること．

(2) 指定設備の認定（法第 56 条の 7）

・指定設備の製造をする者，指定設備の輸入をした者および外国において本邦に輸出される指定設備の製造をする者は，その指定設備について，指定設備認定機関が行う認定を受けることができる.

・指定設備の認定の申請が行われた場合に，経済産業大臣，協会または指定設備認定機関は，その指定設備が所定の技術上の基準（冷凍則第 57 条）に適合するときは，認定を行うものとする（**認定指定設備**）.

Point

・認定指定設備とは，冷凍設備のうち，指定設備認定証を受けた冷凍設備である.
・認定指定設備を使用（単独使用）する冷凍事業所は，本来，第一種製造者に該当する設備であるにもかかわらず，第二種製造事業所としての法手続きを行うことになる．ただし，定期自主検査は実施しなければならない.

(3) 指定設備に係る技術上の基準（冷凍則第 57 条）

指定設備に係る技術上の基準は，次に掲げるものとする.

① **製造業者の事業所**（事業所）で，第一種製造者および第二種製造者が設置する場合に，それぞれの**基準に適合して製造**されていること.

② **ブラインを共通に使用する以外**には，**他の設備と共通に使用する部分がない**こと.

③ **事業所において，脚上または一つの架台上に組み立てられていること.**

Point

指定設備の冷媒設備は，その設備の使用場所の事業所ではなく，製造業者の事業所において脚上または一つの架台に組み立てられたものでなければならない.

④ **事業所で行う耐圧試験，気密試験**に合格するものであること.

⑤ **事業所において試運転を行い，使用場所に分割されずに搬入**されるものであること（不分割搬入）.

⑥ 冷媒設備のうち直接風雨にさらされる部分および外表面に結露のおそれのある部分には，**銅，銅合金，ステンレス鋼その他耐腐食性材料**を使用し，または**耐腐食処理**を施していること.

⑦ 冷媒設備に係る配管，管継手およびバルブの接合は，**溶接またはろう付け**によること．ただし，溶接またはろう付けによることが適当でない場合は，**フランジ接合またはねじ接合継手**による接合をもって代えることができる.

⑧　凝縮器が**縦置円筒形**の場合は，胴部の長さが**5 m 未満**であること．

⑨　**受液器**は，内容積が**5 000 ℓ 未満**であること．

⑩　安全装置として**破裂板を使用しない**こと．

⑪　液状の冷媒ガスが充填され，かつ，冷媒設備の他の部分から隔離されることのある容器で，**内容積 300 ℓ 以上のもの**には，同一の切換弁に接続された**二つ以上の安全弁**を設けること．

⑫　日常の運転操作に必要となる**冷媒ガスの止め弁には，手動式のものを使用しない**こと．

⑬　**自動制御装置を設ける**こと．

⑭　容積圧縮式圧縮機には，吐出し冷媒ガス温度が設定温度以上になった場合に圧縮機の運転を停止する装置が設けられていること．

(4)　指定設備認定証が無効となる設備の変更の工事など（冷凍則第 62 条）

・認定指定設備に**変更の工事を施したとき**または認定指定設備の**移設などを行ったとき**は，その認定指定設備に係る指定認定証は無効とする．ただし，次の特定の場合にはこの限りではない．

①　変更の工事が**同等の部品への交換**のみである場合．

②　指定認定設備の移設を行った場合で，**指定設備認定機関などにより調査**を受け，認定指定設備技術基準適合書の交付を受けた場合．

・認定指定設備を設置した者は，その認定指定設備に変更の工事を施したとき，または認定指定設備の移設などを行ったときは，特定の場合を除き**指定設備認定証を返納**しなければならない．

例題

次のイ，ロ，ハの記述のうち，製造設備（認定指定設備）の指定設備の認定に係る技術上の基準について冷凍保安規則上正しいものはどれか．

イ．この製造設備の冷媒設備は，その設備の製造業者の事業所において試運転を行い，使用場所に分割して搬入されたものである．

ロ．この製造設備の日常の運転操作に必要となる冷媒ガスの止め弁には，手動式のものを使用しなければならない．

ハ．この製造設備に変更の工事を施したときまたはこの製造設備を移設したときは，指定設備認定証を返納しなければならない場合がある．

(1) イ　(2) ハ　(3) イ，ハ　(4) ロ，ハ　(5) イ，ロ，ハ

▶解説

イ：(誤) 認定指定設備の冷媒設備は，その設備の製造業者の事業所において脚上または一つの架台の上に組み立てられ，その事業所において試運転を行い，使用場所に分割されずに搬入されたものでなければならないと定められている．

ロ：(誤) 冷凍のための指定設備の日常の運転操作に必要となる冷媒ガスの止め弁には，手動式のものを使用しないことと定められている．

ハ：(正) 認定指定設備に変更の工事を施したとき，または認定指定設備の移設等を行ったときは，特定の場合を除いてその認定指定設備に係る指定設備認定証を返納しなければならないと定められている．

[解答]　(2)

第3章　保　安

3-1　危害予防規程と保安教育

1　危害予防規程（法第26条）

第一種製造者は，災害の発生の防止や災害が発生した場合，事業所が自らが行うべき保安活動について，所定の事項を記載した危害予防規程を定める．

> **Point**
> 第二種製造者には，危害予防規程の作成は不要である．

(1)　第一種製造者は，危害予防規程を定め，都道府県知事等に**届け出**なければならない．これを変更したときも，変更の明細を記載した書面を添えて同様に届け出なければならない．

(2)　都道府県知事等は，公共の安全の維持または災害の発生の防止のため必要があると認めるときは，危害予防規程の変更を命ずることができる．

(3)　**第一種製造者およびその従業者**（冷凍保安責任者等を含む）は，**危害予防規程を守らなければならない．**

> **Point**
> 危害予防規程を守るべき者は，この事業者およびその従業者である．なお，協力会社の従業者は，この危害予防規程を守るべき者とは定められていない．

(4)　都道府県知事等は，第一種製造者またはその従業者が危害予防規程を守っていない場合，公共の安全の維持または災害の発生の防止のため必要があると認めるときは，第一種製造者に対して危害予防規程を守るべきこと，またはその従業者に危害予防規程を守らせるための必要な措置をとるべきことを命じ，または勧告することができる．

2　危害予防規程の細目（冷凍則第35条）

(1)　第一種製造者は，危害予防規程届出書に危害予防規程（変更のときは，変更の明細を記載した書面）を添えて，事業所の所在地を管轄する都道府県知事等に提出しなければならない．

(2)　危害予防規程で定める事項は，次に掲げる事項の細目とする．

①　所定の**技術上の基準**（冷凍則第7条，冷凍則第9条）に関すること．

②　保安管理体制および冷凍保安責任者の行うべき**職務の範囲**に関すること．

③　製造設備の**安全な運転および操作**に関すること．

④　製造施設の**保安に係る巡視および点検**に関すること．

⑤　製造施設の**増設の工事および修理作業の管理**に関すること．

⑥　製造施設が**危険な状態**のときの**措置およびその訓練方法**に関すること．

⑦　大規模な地震に係る防災および減災対策に関すること．

⑧　**協力会社（下請会社も含む）の作業の管理**に関すること．

⑨　従業員に対する危害予防規程の**周知方法**および危害予防規程に**違反した者に対する措置**に関すること．

⑩　**保安に係る記録**に関すること．

⑪　**危害予防規程の作成および変更の手続**に関すること．

⑫　**災害の発生の防止のために必要な事項**に関すること．

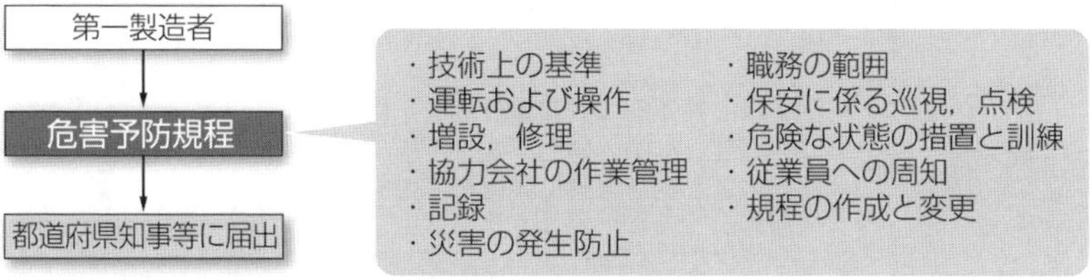

図 3.1　危害予防規程

3　保安教育（法第 27 条）

第一種製造者は，従業者に対し**保安教育計画**を定め，これに従って，設備の操作方法や管理，高圧ガスの知識，高圧ガス保安法の理解などの保安教育を実施し，高圧ガスによる人的および物的損傷を防止し，公共の安全を確保しなければならない．

Point

事業者は，その従業者に対する保安教育計画を定め，これを都道府県知事等に届け出る必要はなく，変更の際も届け出る必要がないが，その計画を忠実に実行しなければならない．

(1)　**第一種製造者**は，その**従業者に対する保安教育計画を定め**なければならない．

(2)　都道府県知事等は，**公共の安全の維持**または**災害の発生の防止上**十分でないと認めるときは，保安教育計画の**変更を命ずる**ことができる．

Point

第一種製造者（事業者）が定める保安教育計画は，冷凍保安責任者およびその代理者を含めたその事業者の従業者に対する保安教育計画を定めなければならない．

(3)　第一種製造者は，**保安教育計画を忠実に実行**しなければならない．

(4)　**第二種製造者等**（第二種製造者，第一種貯蔵所・第二種貯蔵所の所有者，販売業者，特定高圧ガス消費者）は，その**従業員に保安教育**を施さなければならない.

(5)　**都道府県知事等**は，次の場合に第一種製造者または第二種製造者等に対し，それぞれ保安教育計画を忠実に実行し，またはその従業者に保安教育を施し，もしくはその内容もしくは方法を改善すべきことを**勧告する**ことができる.

①　第一種製造者が保安教育計画を忠実に実行していない場合，公共の安全の維持もしくは災害の発生の防止上十分でないと認めるとき.

②　第二種製造者等がその従事者に施す保安教育が，公共の安全の維持もしくは災害の発生の防止上十分でないと認められるとき.

(6)　協会は，高圧ガスによる災害の防止に資するため，高圧ガスの種類ごとに，保安教育計画を定め，または保安教育を施すに当たって基準となるべき事項を作成し，これを公表しなければならない.

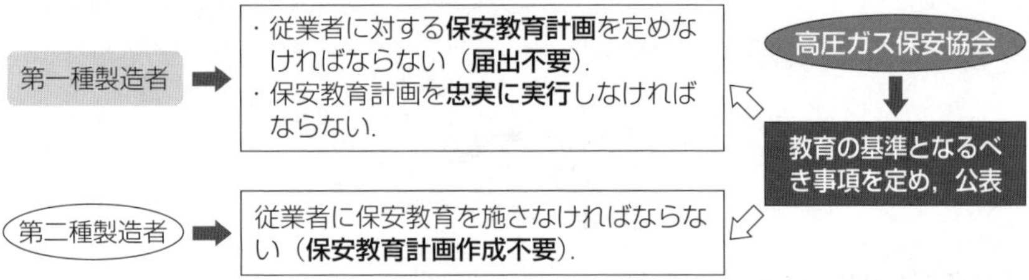

図 3.2　保安教育等

例題

次のイ，ロ，ハの記述のうち，冷凍のため高圧ガスの製造をする第一種製造者について正しいものはどれか．

イ．第一製造者は，危害予防規程を定めたときは，これを都道府県知事等に届け出なければならないが，その危害予防規程を変更したときは，その旨を都道府県知事等に届け出る必要はない．

ロ．製造施設が危険な状態となったときの措置およびその訓練方法に関することは，危害予防規程に定めるべき事項の一つである．

ハ．事業者は，その従業者に対する保安教育計画を定め，これを忠実に実行しなければならないが，その計画を都道府県知事等に届け出る必要はない．

(1) ロ　(2) イ，ロ　(3) イ，ハ　(4) ロ，ハ　(5) イ，ロ，ハ

▶解説

イ：（誤）第一種製造者は，危害予防規程を定め，都道府県知事等に届け出なければならない．これを**変更したときも，同様に届け出なければならない**．

ロ：（正）記述のとおり．

ハ：（正）事業者は，その従業者に対する保安教育計画を定め，その計画を忠実に実行しなければならないと定められているが，その保安教育計画を都道府県知事等に届け出る定めはない．

[解答]　(4)

例題

次のイ，ロ，ハの記述のうち，冷凍のため高圧ガスの製造をする第一種製造者について正しいものはどれか．

イ．事業者は，危害予防規程を定め，これを都道府県知事等に届け出なければならない．また，この危害予防規程を守るべき者は，この事業所の冷凍保安責任者と従業者のみである．

ロ．危害予防規程に定めるべき事項の一つに，保安に係る記録に関することがある．

ハ．事業所の協力会社が行う作業の管理に関することについては，その協力会社の責任に属する事項であるので，危害予防規程に定める必要はない．

(1) ロ　(2) イ，ロ　(3) イ，ハ　(4) ロ，ハ　(5) イ，ロ，ハ

▶解説

イ：（誤）事業者は，危害予防規程を定め，これを都道府県知事等に届け出なければならない．また，危害予防規程を守るべき者は，**事業者**およびこの事業所に選任された冷凍保安責任者などを含む従業者である．

ロ：（正）記述のとおり．

ハ：（誤）協力会社（下請会社も含む）の作業の管理に関することについては，危害予防規程に**定めるべき事項の一つである**．

［解答］（1）

例題

次のイ，ロ，ハの記述のうち，冷凍のため高圧ガスの製造をする第一種製造者について正しいものはどれか．

イ．危害予防規程を定め，都道府県知事等の許可を受けなければならない．また，これを変更したときも同様である．

ロ．危害予防規程に定めるべき事項の一つに，保安管理体制および冷凍保安責任者の行うべき職務の範囲に関することがある．

ハ．従業者に対する保安教育計画を定めなければならないが，その保安教育計画は，冷凍保安責任者およびその代理者以外の従業者に対するものとしなければならない．

(1) イ　(2) ロ　(3) ハ　(4) ロ，ハ　(5) イ，ロ，ハ

▶解説

イ：(誤) 第一種製造者は，所定の危害予防規程を定め，都道府県知事等に届け出なければならない．また，これを変更したときも同様である．

ロ：(正) 記述のとおり．

ハ：(誤) 第一種製造者は，冷凍保安責任者およびその代理者を含めた，その事業者の従業者に対する保安教育計画を定めなければならない．

[解答]　**(2)**

3-2 冷凍保安責任者

冷凍保安責任者とは，第一種製造者，第二種製造者などの事業場における冷凍設備の運転や保守の責任者のことで，現場責任者となる立場にある．

1 冷凍保安責任者の選任（法第 27 条の 4，冷凍則第 36 条）

第一種製造者および冷凍能力が 20 トン以上であるアンモニアまたは可燃性ガスのフルオロカーボンを冷媒とする第二種製造者は，**事業所ごとに製造保安責任者免状（冷凍機械責任者免状）の交付を受けている者**で，所定の**高圧ガスの製造に関する経験を有する者**（冷凍則第 36 条）のうちから，冷凍保安責任者を選任し，**高圧ガスの製造に係る保安に関する業務を管理する職務**を行わせなければならない．

なお，認定指定設備を設置している場合は，その**認定指定設備の冷凍能力を除いた冷凍能力**に対して選任する．

表 3.1 冷凍保安責任者の選任など（冷凍則第 36 条）

製造施設の区分（1 日の冷凍能力）	製造保安責任者免状の交付を受けている者（該当冷凍機械責任者免状：○印）			高圧ガスの製造に関する経験	
	第一種	第二種	第三種	製造施設の 1 日の冷凍能力	高圧ガスの製造に関する経験年数
300 トン以上	○	−	−	100 トン以上	1 年以上
100 トン以上 300 トン未満	○	○	−	20 トン以上	1 年以上
100 トン未満	○	○	○	3 トン以上	1 年以上

2 冷凍保安責任者の選任の必要ない施設（冷凍則第 36 条第 2 項，第 3 項）

（1） 第一種製造者で冷凍機械責任者を選任しなくてもよい施設

① 冷凍則第 36 条第 2 項に定める製造施設（ユニット型製造施設）

② **フルオロカーボン 114（R114）**を冷媒ガスとする製造施設

（2） 第二種製造者で冷凍機械責任者を選任しなくてもよい施設

① 1 日の冷凍能力が **3 トン以上**（ヘリウム，ネオン，アルゴン，クリプトン，キセノン，ラドン，窒素，二酸化炭素，可燃性ガスを除くフルオロカーボン

または空気では，**20 トン以上**，アンモニアまたは可燃性ガスのフルオロカーボンでは，**5 トン以上 20 トン未満**）の製造施設

② **アンモニア**を冷媒ガスとする**ユニット型製造施設**で，その製造設備の 1 日の冷凍能力が **20 トン以上 50 トン未満**の製造施設

表 3.2 冷凍保安責任者の選任等

<table>
<tr><th colspan="3">法定冷凍トン</th><th></th><th>3</th><th>5</th><th>20</th><th>50</th><th>60 〔トン〕</th></tr>
<tr><td rowspan="6">第一種ガス</td><td rowspan="2">通常</td><td>事業者の区分</td><td colspan="2">適用除外</td><td>その他の製造者</td><td>第二種製造者</td><td colspan="2">第一種製造者</td></tr>
<tr><td>冷凍保安責任者</td><td colspan="4"></td><td colspan="2">選任（R114 は除く）</td></tr>
<tr><td rowspan="2">ユニット型</td><td>事業者の区分</td><td colspan="2">適用除外</td><td>その他の製造者</td><td>第二種製造者</td><td colspan="2">第一種製造者</td></tr>
<tr><td>冷凍保安責任者</td><td colspan="6"></td></tr>
<tr><td rowspan="2">認定指定設備</td><td>事業者の区分</td><td colspan="4"></td><td colspan="2">第二種製造者</td></tr>
<tr><td>冷凍保安責任者</td><td colspan="6"></td></tr>
<tr><td rowspan="2">難燃性ガス以外のフルオロカーボン</td><td rowspan="2">通常</td><td>事業者の区分</td><td>適用除外</td><td>その他の製造者</td><td colspan="2">第二種製造者</td><td colspan="2">第一種製造者</td></tr>
<tr><td>冷凍保安責任者</td><td colspan="3"></td><td colspan="3">選任</td></tr>
<tr><td rowspan="4">アンモニア</td><td rowspan="2">通常</td><td>事業者の区分</td><td>適用除外</td><td>その他の製造者</td><td colspan="2">第二種製造者</td><td colspan="2">第一種製造者</td></tr>
<tr><td>冷凍保安責任者</td><td colspan="3"></td><td colspan="3">選任</td></tr>
<tr><td rowspan="2">ユニット型</td><td>事業者の区分</td><td>適用除外</td><td>その他の製造者</td><td colspan="2">第二種製造者</td><td>第一種製造者</td><td rowspan="2"></td></tr>
<tr><td>冷凍保安責任者</td><td colspan="5"></td></tr>
<tr><td colspan="2" rowspan="2">その他のガス（プロパンなど）</td><td>事業者の区分</td><td>適用除外</td><td colspan="2">第二種製造者</td><td colspan="3">第一種製造者</td></tr>
<tr><td>冷凍保安責任者</td><td colspan="3"></td><td colspan="3">選任（ユニット型は除く）</td></tr>
</table>

要点整理

第一種製造者およびアンモニアまたは 20 トン以上の可燃性以外のフルオロカーボンを冷媒ガスとする第二種製造者は，事業所ごとに冷凍機械責任者免状の交付を受け，かつ，所定の経験を有する者を冷凍保安責任者およびその代理者を選任しなければならない．

3 冷凍保安責任者免状の選任等の届出（法第 27 条の 4 の第 2 項）

冷凍保安責任者を選任したときは，遅滞なくその旨を都道府県知事等に届け出なければならない．これを解任したときも，同様とする．

4 冷凍保安責任者の代理者（法第 33 条，法第 27 条の 4 の第 2 項の準用）

(1) あらかじめ，冷凍保安責任者の代理者を選任し，冷凍保安責任者が旅行，

疾病その他の事故によってその職務を行うことができない場合に，その職務を代行させなければならない．この場合，冷凍保安責任者の代理者については所定の製造保安責任者免状の交付を受けている者で，高圧ガスの製造に関する所定の経験を有する者のうちから，選任しなければならない．

Point

- 選任は「あらかじめ」行うものであり，その都度ではない．
- 冷凍保安責任者を選任しなければならない事業所には，常に2名の有資格者が必要となる．

(2)　冷凍保安責任者の**代理者**は，冷凍保安責任者の**職務を代行する場合は**，高圧ガス保安法の規定の適用については，**冷凍保安責任者とみなす**．

(3)　冷凍保安責任者の代理者を選任したときは，**遅滞なくその旨を都道府県知事等に届け出**なければならない．これを**解任したときも**，**同様**とする．

例題

次のイ，ロ，ハの記述のうち，正しいものはどれか．

イ．冷凍保安責任者の代理者には，所定の冷凍機械責任者免状の交付を受けている者であれば，高圧ガスの製造に関する所定の経験を有しない者を選任することができる．

ロ．冷凍保安責任者が旅行，疾病その他の事故によってその職務を行うことができないときは，直ちに，高圧ガスに関する知識を有する者のうちから代理者を選任し，都道府県知事等に届け出なければならない．

ハ．アンモニアを冷媒ガスとする冷凍設備（冷媒設備が一つの架台上に一体に組み立てられていないもの）であって，その冷凍能力が 30 トンである設備のみを使用して高圧ガスの製造をする第二種製造者は，冷凍保安責任者およびその代理者を選任しなければならない．

(1) イ　(2) ロ　(3) ハ　(4) ロ，ハ　(5) イ，ロ，ハ

▶解説

イ：(誤) 冷凍保安責任者の代理者には，所定の冷凍機械責任者免状の交付を受けている者で，高圧ガスの製造に関する所定の経験を有する者のうちから，選任しなければならない．

ロ：(誤) あらかじめ，冷凍保安責任者の代理者を選任する必要がある．その都度の選任ではない．

ハ：(正) 第二種製造者で冷凍機械責任者およびその代理者を選任する必要があるのは，冷凍能力が 20 トン以上である可燃性ガスのフルオロカーボン，アンモニアを冷媒ガスとする施設である．

[解答]　**(3)**

例題

次のイ，ロ，ハの記述のうち，正しいものはどれか．

イ．アンモニアを冷媒とする定置式製造設備で，1日の冷凍能力が250トン（一つの製造設備で，専用機械室に設置してあるもの）である製造施設を有する事業所において，冷凍保安責任者には，第二種冷凍機械責任者免状の交付を受けている者で，1日の冷凍能力が20トンである製造施設を使用して行う高圧ガスの製造に関する1年の経験を有している者を選任することができる．

ロ．事業所の冷凍保安責任者が旅行などのためその職務を行うことができない場合，あらかじめ選任した冷凍保安責任者の代理者にその職務を代行させなければならない．この場合，この代理者は，高圧ガス保安法の規定の適用については，冷凍保安責任者とみなされる．

ハ．冷凍保安責任者およびその代理者をあらかじめ選任し，その冷凍保安責任者については，遅滞なく，その旨を都道府県知事等に届け出なければならないが，その代理者については，その届出は不要である．

(1) イ　(2) ロ　(3) ハ　(4) イ，ロ　(5) イ，ロ，ハ

▶解説

イ：（正）1日の冷凍能力が250トンである製造施設を有する事業所は，1日の冷凍能力100トン以上300トン未満の区分に応じた所定の冷凍保安責任者（第一種および第二種冷凍機械責任者の免状取得者）で，1日の冷凍能力20トン以上の製造施設を使用して行う高圧ガスの製造に関する1年以上の経験を有する者でなければならない．

ロ：（正）冷凍保安責任者の代理者が冷凍保安責任者の職務を代行する場合は，高圧ガス保安法の規定の適用については，この代理者が冷凍保安責任者とみなされる．

ハ：（誤）冷凍保安責任者およびその代理者を選任または解任する場合は，それぞれ**選任したとき，または解任したときに遅滞なく，その旨を都道府県知事等に届け出なければならない**と定められている．

[解答]　(4)

例題

フルオロカーボン 134a を冷媒とする定置式製造設備で，1 日の冷凍能力が 250 トン（冷凍設備 A：150 トン，認定指定設備の冷凍設備 B：100 トン）である製造施設を有する事業所において，次のイ，ロ，ハの記述のうち，正しいものはどれか．ただし，設備 A は，圧縮機用原動機が一つの架台上に一体に組み立てられていないものであり，かつ，認定指定設備でないものとする．

イ．この事業所の冷凍保安責任者に選任される者に交付されている製造保安責任者免状の種類は，第一種冷凍機械責任者免状または第二種冷凍機械責任者免状でなければならない．

ロ．製造設備 A を認定指定設備に取り替えた場合は，この事業所には冷凍保安責任者を選任しなくてもよい．

ハ．この事業所の冷凍保安責任者の代理者には，高圧ガスの製造に関する経験を有しているが，所定の製造保安責任者免状の交付を受けていない者を選任してもよい．

(1) イ　(2) ロ　(3) イ，ロ　(4) イ，ハ　(5) ロ，ハ

▶解説

イ：（正）製造保安責任者免状の種類は，認定指定設備の冷凍能力を除いた 1 日の冷凍能力が製造設備 A の 150 トンに対して選任する．表 3.1（冷凍則第 36 条）の 100 トン以上 300 トン未満の欄より，二種または一種の免状でなければならない．

ロ：（正）認定指定設備は，冷凍保安責任者選任の必要がない．

ハ：（誤）冷凍保安責任者の代理者は，所定の免状の交付を受けている者であって，所定の経験を有する者を選任しなければならない．

［解答］ **(3)**

3-3 保安検査および定期自主検査

1 保安検査（法第 35 条）

保安検査とは，製造施設を一定期間，運転した後，**特定施設の位置，構造および設備が所定の技術基準**（冷凍則第 7 条）**に適合しているか**を点検・確認する法定検査の一つで，次のように規定されている．

（1） 第一種製造者の製造施設のうち，**特定施設**について，定期（**3 年に 1 回**）に，都道府県知事等が行う**保安検査**を受けなければならない．ただし，次に掲げる場合は，**その都道府県知事等が行う保安検査を受けなくてもよい．**

① **高圧ガス保安協会**または**指定保安検査機関**が行う保安検査を受け，その旨を**都道府県知事等に届け出た場合**

> **Point**
> 保安検査は，高圧ガスの製造の方法が技術上の基準に適合しているかどうかについて行われるものではない．

> **Point**
> 特定施設…高圧ガスの爆発その他災害の発生するおそれがある製造施設．

> **Point**
> 指定保安検査機関…経済産業大臣・産業保安監督部長または都道府県知事等いずれかの審査を受けて指定された（民間）事業者．

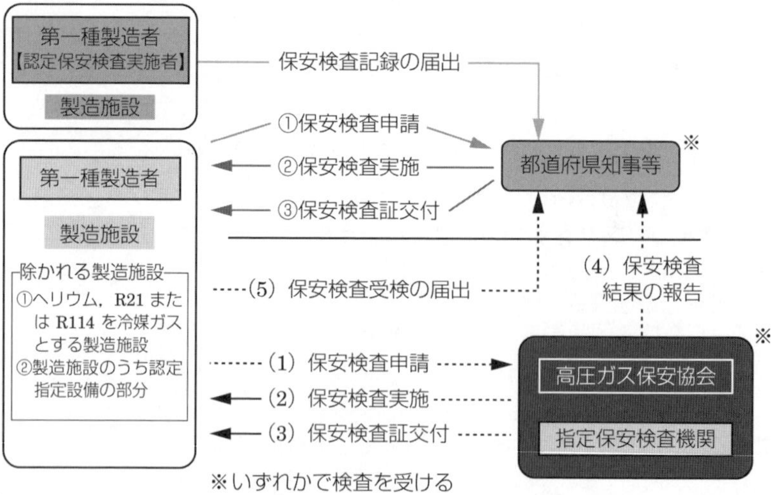

図 3.3 保安検査の手続など

② **認定保安検査実施者**が，その認定に係る特定施設について，**検査の記録を都道府県知事等に届け出た場合**

(2) 協会または指定保安検査機関は，保安検査を行ったときは，遅滞なく，その結果を都道府県知事等に報告しなければならない.

Point

認定保安検査実施者…自ら特定施設に係る保安検査を行うことができる者として経済産業大臣の認定を受けている者.

2 特定施設の範囲など（冷凍則第 40 条）

(1) 次に掲げる保安検査不要施設を除く製造施設を**特定施設**という.

① **ヘリウム，R21 または R114 を冷媒ガスとする製造施設**

② 製造施設のうち**認定指定設備の部分**

(2) 都道府県知事等が行う保安検査は，**3 年に 1 回**行う.

(3) 保安検査を受ける第一種製造者は，製造施設完成検査証の交付を受けた日または前回の保安検査証の交付を受けた日から 2 年 11 月を超えない日までに，保安検査申請書を事業所の所在地を管轄する都道府県知事等に提出しなければならない.

(4) 都道府県知事等は，保安検査で特定施設が技術上の基準に適合していると認めるときは，保安検査証を交付するものとする.

3 定期自主検査（法第 35 条の 2，冷凍則第 44 条）

定期自主検査は，製造施設の冷凍保安責任者など（冷凍保安責任者を選任した事業所は，冷凍保安責任者が監督）が，自ら定期的に設備の点検などを行う検査で，**製造施設の位置，構造および設備が技術上の基準（耐圧試験に係るものを除く）に適合**しているかどうかについて行われる.

Point

認定指定設備であるための除外規定はない.

(1) 次に掲げる者は，**定期**に，保安のための**自主検査を行い**，その**検査記録を作成**し，これを**保存**しなければならない.

① **第一種製造者**

② **認定指定設備を使用する第二種製造者**

③ 1 日の冷凍能力が **20 トン以上である不活性以外のフルオロカーボン**または**アンモニア**を冷媒ガスとする**第二種製造者**．ただし，1 日の冷凍能力が **20 トン以上 50 トン未満であるユニット型設備**を使用するアンモニアを冷

媒とする冷凍設備は**除かれる**.

④　特定高圧ガス消費者

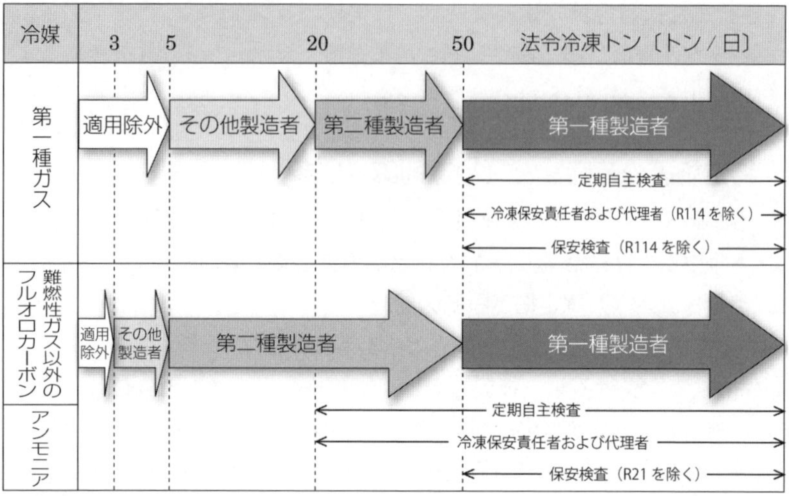

要点整理

第二種製造者で，アンモニアまた不活性以外のフルオロカーボンを冷媒ガスとする1日の冷凍能力が20トン未満の場合は，定期自主検査が除かれている（20トン以上は定期自主検査を実施する）．

図3.4　冷媒ガス種別規制体系一覧表

(2)　製造設備の自主検査は，所定の技術上の基準（**耐圧試験に係るものを除く**）に適合しているかどうかについて，1年に1回以上行わなければならない．

Point

定期自主検査を行ったときは，検査記録を作成し保存しなければならないが，都道府県知事等に届け出る必要はない（各事業所において，永久保存となる）．

(3)　選任した**冷凍保安責任者に自主検査の実施について監督**を行わせなければならない．

(4)　検査記録には次に掲げる事項を記載しなければならない．

①　**検査をした製造施設**

②　**検査をした製造施設の設備ごとの検査方法および結果**

③　**検査年月日**

④　**検査の実施について監督を行った者の氏名**

(5)　検査記録は，**電磁的方法**（電子的方法，磁気的方法など）により記録することにより作成し，保存することができる．ただし，検査記録が必要に応じ電子計算機などの機器を用いて直ちに表示できるようにしておく．

保安検査	定期自主検査
○ 第一種製造者の特定施設	○ 冷凍保安責任者に自主検査の実施監督
○ 届出	○ 自主検査
○ 3 年に 1 回	○ 1 年に 1 回以上

図 3.5　保安検査と定期自主検査

例題

次のイ，ロ，ハの記述のうち，第一種製造者（認定保安検査実施者である者を除く）が受ける保安検査について正しいものはどれか．

イ．認定指定設備の部分を除く製造施設について，都道府県知事等，高圧ガス保安協会または指定保安検査機関が行う保安検査を 3 年に 1 回受けなければならない．

ロ．保安検査は，特定施設の位置，構造および設備が所定の技術上の基準に適合しているかどうかについて行われるものであって，製造の方法が所定の技術上の基準に適合しているかどうかについて行う旨の定めはない．

ハ．特定施設について高圧ガス保安協会が行う保安検査を受けた場合，高圧ガス保安協会がその検査結果を都道府県知事等に報告することとなっているので，この事業者はその保安検査を受けた旨を都道府県知事等に届け出る必要はない．

(1) イ　(2) ロ　(3) ハ　(4) イ，ロ　(5) ロ，ハ

▶解説

イ：(正) 製造施設のうち，認定指定設備に係る部分については，保安検査を受けることを要しない．

ロ：(正) 保安検査は，高圧ガスの製造のための施設の位置，構造および設備が技術上の基準に適合しているかどうかについて行うものと定められている．

ハ：(誤) 協会は，保安検査を行ったときは，遅滞なく，その結果を都道府県知事等に報告しなければならないと定められているが，事業者がその保安検査を受けた旨の届出をしなくてよいとはされていない．

[解答]　(4)

例題

次のイ，ロ，ハの記述のうち，第一種製造者（認定保安検査実施者である者を除く）が行う定期自主検査について正しいものはどれか．

イ．定期自主検査を行ったときは，その記録を作成し，これを遅滞なく，都道府県知事等に届け出なければならない．

ロ．定期自主検査を行うときは，選任している冷凍保安責任者にその実施について監督を行わせなければならない．

ハ．定期自主検査は，認定指定設備の部分を除く製造施設について実施しなければならない．

(1) イ　(2) ロ　(3) イ，ハ　(4) ロ，ハ　(5) イ，ロ，ハ

▶解説

イ：（誤）定期自主検査を行ったときは，その検査記録を作成し，これを保存しなければならないが，都道府県知事等に届け出る定めはない．

ロ：（正）選任した冷凍保安責任者に自主検査の実施についての監督を行わせなければならないと定められている．

ハ：（誤）第一種製造者の製造のための施設は，定期自主検査を実施しなければならない．とくに認定指定設備であるための除外規定はない．

[解答]　**(2)**

例題

次のイ，ロ，ハの記述のうち，第一種製造者（認定保安検査実施者である者を除く）が行う定期自主検査について正しいものはどれか．

イ．定期自主検査は，製造設備に係る製造施設の位置，構造および設備が技術上の基準に適合しているかどうかについて，3年に1回行えばよい．

ロ．製造施設のうち保安検査を受け，かつ，所定の技術上の基準に適合していると認められた施設については，その年の定期自主検査を行わなくてよい．

ハ．定期自主検査の検査記録に記載すべき事項の一つに検査をした製造施設の設備ごとの検査方法および結果がある．

(1) イ　(2) ロ　(3) ハ　(4) ロ，ハ　(5) イ，ロ，ハ

▶解説

イ：（誤）定期自主検査は，製造設備に係る製造施設の位置，構造および設備が技術上の基準に適合しているかどうかについて，**1年に1回以上行わなければならない**．

ロ：（誤）保安検査を受けた年に定期自主検査をやらなくてよいという除外規定はなく，**定期自主検査を行わなければならない**．

ハ：（正）定期自主検査の検査記録に記載すべき事項に，検査をした製造施設の設備ごとの検査方法および結果がある．

［解答］**(3)**

資料

表3.3 冷媒ガス種別規制体系一覧表

<table>
<tr><td colspan="3">法定冷凍トン</td><td></td><td>3</td><td>5</td><td>20</td><td>50</td><td>60 〔トン〕</td></tr>
<tr><td rowspan="16">第一種ガス</td><td rowspan="7">通常</td><td>事業者の区分</td><td colspan="2">適用除外</td><td>その他の製造者</td><td>第二種製造者</td><td colspan="2">第一種製造者</td></tr>
<tr><td>冷凍保安責任者</td><td colspan="4"></td><td colspan="2">選任（R114は除く）</td></tr>
<tr><td>保安検査</td><td colspan="4"></td><td colspan="2">受検（R114は除く）</td></tr>
<tr><td>保安教育計画</td><td colspan="4"></td><td colspan="2">制定</td></tr>
<tr><td>保安教育</td><td colspan="3"></td><td>実施</td><td colspan="2">実施</td></tr>
<tr><td>定期自主検査</td><td colspan="4"></td><td colspan="2">実施</td></tr>
<tr><td>危害予防規定</td><td colspan="4"></td><td colspan="2">制定</td></tr>
<tr><td rowspan="6">ユニット型</td><td>事業者の区分</td><td colspan="2">適用除外</td><td>その他の製造者</td><td>第二種製造者</td><td colspan="2">第一種製造者</td></tr>
<tr><td>保安検査</td><td colspan="4"></td><td colspan="2">受検（R114は除く）</td></tr>
<tr><td>保安教育計画</td><td colspan="4"></td><td colspan="2">制定</td></tr>
<tr><td>保安教育</td><td colspan="3"></td><td>実施</td><td colspan="2">実施</td></tr>
<tr><td>定期自主検査</td><td colspan="4"></td><td colspan="2">実施</td></tr>
<tr><td>危害予防規定</td><td colspan="4"></td><td colspan="2">制定</td></tr>
<tr><td rowspan="3">認定指定設備</td><td>事業者の区分</td><td colspan="4"></td><td colspan="2">第二種製造者</td></tr>
<tr><td>保安教育</td><td colspan="4"></td><td colspan="2">実施</td></tr>
<tr><td>定期自主検査</td><td colspan="4"></td><td colspan="2">実施</td></tr>
<tr><td rowspan="7">難燃性ガス以外のフルオロカーボン</td><td rowspan="7">通常</td><td>事業者の区分</td><td>適用除外</td><td>その他の製造者</td><td colspan="2">第二種製造者</td><td colspan="2">第一種製造者</td></tr>
<tr><td>冷凍保安責任者</td><td colspan="3"></td><td colspan="3">選任</td></tr>
<tr><td>保安検査</td><td colspan="4"></td><td colspan="2">受検</td></tr>
<tr><td>保安教育計画</td><td colspan="4"></td><td colspan="2">制定</td></tr>
<tr><td>保安教育</td><td colspan="2"></td><td colspan="2">実施</td><td colspan="2">実施</td></tr>
<tr><td>定期自主検査</td><td colspan="3"></td><td colspan="3">実施</td></tr>
<tr><td>危害予防規定</td><td colspan="4"></td><td colspan="2">制定</td></tr>
<tr><td rowspan="13">アンモニア</td><td rowspan="7">通常</td><td>事業者の区分</td><td>適用除外</td><td>その他の製造者</td><td colspan="2">第二種製造者</td><td colspan="2">第一種製造者</td></tr>
<tr><td>冷凍保安責任者</td><td colspan="3"></td><td colspan="3">選任</td></tr>
<tr><td>保安検査</td><td colspan="4"></td><td colspan="2">受検</td></tr>
<tr><td>保安教育計画</td><td colspan="4"></td><td colspan="2">制定</td></tr>
<tr><td>保安教育</td><td colspan="2"></td><td colspan="2">実施</td><td colspan="2">実施</td></tr>
<tr><td>定期自主検査</td><td colspan="3"></td><td colspan="3">実施</td></tr>
<tr><td>危害予防規定</td><td colspan="4"></td><td colspan="2">制定</td></tr>
<tr><td rowspan="6">ユニット型</td><td>事業者の区分</td><td>適用除外</td><td>その他の製造者</td><td colspan="2">第二種製造者</td><td>第一種製造者</td><td rowspan="6"></td></tr>
<tr><td>保安教育</td><td colspan="4"></td><td>受検</td></tr>
<tr><td>保安教育計画</td><td colspan="4"></td><td>制定</td></tr>
<tr><td>保安教育</td><td colspan="2"></td><td colspan="2">実施</td><td>実施</td></tr>
<tr><td>定期自主検査</td><td colspan="4"></td><td>実施</td></tr>
<tr><td>危害予防規定</td><td colspan="4"></td><td>制定</td></tr>
<tr><td colspan="2" rowspan="7">その他のガス（ヘリウム，プロパンなど）</td><td>事業者の区分</td><td>適用除外</td><td colspan="2">第二種製造者</td><td colspan="3">第一種製造者</td></tr>
<tr><td>冷凍保安責任者</td><td colspan="3"></td><td colspan="3">選任（ユニット型は除く）</td></tr>
<tr><td>保安検査</td><td colspan="3"></td><td colspan="3">受検（ヘリウムは除く）</td></tr>
<tr><td>保安教育計画</td><td colspan="3"></td><td colspan="3">制定</td></tr>
<tr><td>保安教育</td><td></td><td colspan="2">実施</td><td colspan="3">実施</td></tr>
<tr><td>定期自主検査</td><td colspan="3"></td><td colspan="3">実施</td></tr>
<tr><td>危害予防規定</td><td colspan="3"></td><td colspan="3">制定</td></tr>
</table>

3-4 危険時の措置，事故届および帳簿

1 危険時の措置，届出（法第 36 条）

(1) 危険な状態

高圧ガスの製造施設，貯蔵所，販売施設，特定高圧ガスの消費施設または高圧ガスを充填した容器が**危険な状態**になったときは，製造施設などの所有者または占有者は，直ちに所定の**災害の発生防止のための応急の措置**（冷凍則第 45 条）を講じなければならない．

(2) 発見者の届出義務

危険な事態を**発見した者**は，直ちにその旨を**都道府県知事等**または**警察官**，**消防吏員**もしくは**消防団員**もしくは**海上保安官に届け出**なければならない．

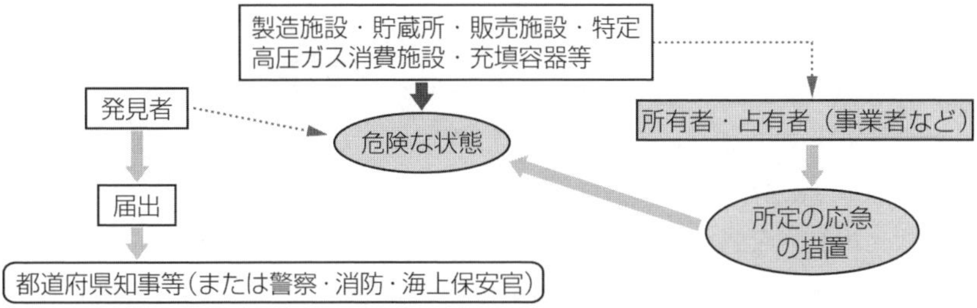

図 3.6 危険時の措置・届出

2 危険時の応急措置（冷凍則第 45 条）

災害の発生により製造施設が危険な状態になったときの応急の措置は，次の掲げるものである．

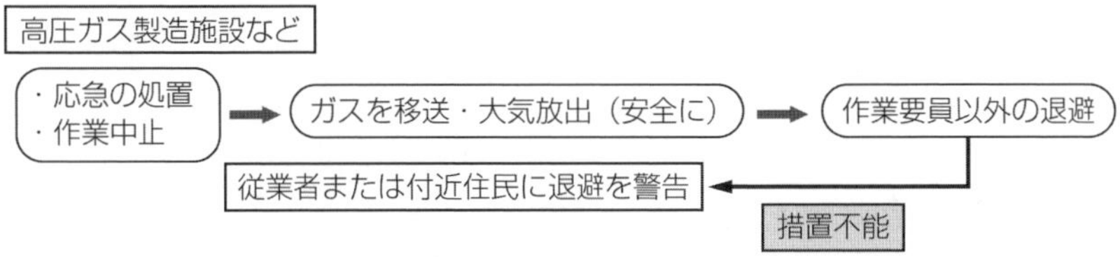

図 3.7 危険時の応急措置

① **製造施設が危険な状態になったときは**，直ちに，**応急の措置**を行うととも

に**製造の作業を中止し**，**冷媒設備内のガスを安全な場所に移し**，または**大気中に安全に放出し**，この作業にとくに**必要な作業員のほかは退避**させること．

② ①に掲げる措置を講ずることができないときは，**従業者または必要に応じ付近の住民に退避するよう警告すること**．

3　火気等の制限（法第 37 条）

(1)　火気取扱禁止

何人も，第一種製造者等が**指定する場所で火気を取り扱ってはならない**．

> **Point**
> 何人とは，事業所の従業員（その事業所に選任された冷凍保安責任者も含む）はもちろんのこと，一般人にも適用される．

(2)　発火しやすい物の携帯禁止

何人も，第一種製造者等に**承諾を得ないで，発火しやすい物を携帯して，指定する場所に立ち入ってはならない**．

4　帳　簿（法第 60 条）

(1)　帳簿の備え

第一種製造者，第一種貯蔵所または第二種貯蔵所の所有者または占有者，販売業者，容器製造業者および容器検査所の登録を受けた者は，所定の**帳簿を備え**，高圧ガスもしくは容器の製造，販売もしくは出納または容器再検査もしくは附属品再検査について，所定の事項（冷凍則第 65 条，容器則第 71 条）を記載し，これを保存しなければならない．

> **Point**
> ここでは，第二種製造者が除かれていることに注意する．

(2)　帳簿に記載する事項と保存（冷凍則第 65 条）

第一種製造者は，**事業所ごと**に，下記を記載した帳簿を備え，**10 年間保存**しなければならない．

- **製造施設に異常があった年月日**
- **それに対してとった措置**

> **Point**
> 帳簿には，製造施設全体について所定の事項を記載し，これを保存する．

5　事故届（法第 63 条）

第一種製造者，第二種製造者，販売業者，高圧ガスを貯蔵し，または消費する者，容器製造業者，容器の輸入をした者その他高圧ガスまたは容器を取り扱う者は，次に掲げる場合は，**遅滞なく，その旨を都道府県知事等または警察官に届け**

出なければならない.

① その所有し，または占有する高圧ガスについて**災害が発生したとき**（災害発生の事故届）.

② その所有し，または占有する**高圧ガスまたは容器を喪失し，または盗まれたとき**.

例題

次のイ，ロ，ハの記述のうち，正しいものはどれか.

イ．第一種製造者がこの事業所において指定する場所では，何人も火気を取り扱ってはならない．また，何人も，この事業者の承諾を得ないで，発火しやすい物を携帯してその場所に立ち入ってはならない.

ロ．高圧ガスの製造施設の所有者または占有者は，その製造施設が危険な状態となったとき，直ちに，応急の措置を講じなければならないが，その措置を講ずることができないときは，従業者または必要に応じ付近の住民に退避するよう警告しなければならない.

ハ．第一製造業者は．その占有する液化アンモニアの充填容器を盗まれたときは，遅滞なく，その旨を都道府県知事等または警察官に届け出なければならないが，残ガス容器を喪失したときは，その必要はない.

(1) イ　(2) ハ　(3) イ，ロ　(4) ロ，ハ　(5) イ，ロ，ハ

▶解説

イ：（正）事業者が指定する場所では，事業所の従業者も含め，何人も承諾を得ないで発火しやすい物の携帯を禁止し，何人も火気を取り扱ってはならない.

ロ：（正）災害発生の防止のための応急措置を講ずることができないときは，従業者または必要に応じ付近の住民に退避するよう警告しなければならない.

ハ：（誤）その所有し，または占有する高圧ガスまたは容器を喪失し，または盗まれたときには，都道府県知事等または警察官に届け出なければならない．容器が充填容器でも**残ガス容器でも届け出なければならない**.

[解答]　(3)

例題

次のイ，ロ，ハの記述のうち，この事業者について正しいものはどれか．

イ．高圧ガスの製造施設が危険な状態になったときは，直ちに，応急の措置を講じなければならない．また，この事業者に限らずこの事態を発見した者は，直ちに，その旨を都道府県知事等または警察官，消防吏員もしくは消防団員もしくは海上保安官に届け出なければならない．

ロ．所有し，または占有する製造施設の高圧ガスについて災害が発生したときは，遅滞なく，その旨を都道府県知事等または警察官に届け出なければならないが，所有し，または占有する容器（高圧ガスを充填するためのもの）を盗まれたときに，その旨を都道府県知事等または警察官に届け出るべき定めはない．

ハ．第一製造者は，2015 年 11 月 1 日に製造施設に異常があったので，その年月日およびそれに対してとった措置を帳簿に記載し，これを保存していたが，その後その製造施設に異常がなかったので，2020 年 11 月 1 日にその帳簿を廃棄した．

(1) イ　(2) ロ　(3) イ，ハ　(4) イ，ロ　(5) ロ，ハ

▶解説

イ：（正）高圧ガスの製造施設が危険な状態になったときは，その製造施設の所有者または占有者などは，直ちに，所定の災害の発生防止のための応急の措置を講じなければならない．また，この事態を発見した者は，直ちに，その旨を都道府県知事等または警察官，消防吏員もしくは消防団員もしくは海上保安官に届け出なければならない．

ロ：（誤）第一種製造者は，その所有し，または占有する高圧ガスについて災害が発生したときおよび高圧ガスまたは容器を喪失し，または**盗まれたときは，遅滞なく，その旨を都道府県知事等または警察官に届け出なければならないと定められている**．

ハ：（誤）第一種製造者の製造施設に異常があった年月日およびそれに対してとった措置を記載した帳簿をこの事業所に備え，記載の日から 10 年間保存しなければならない．したがって，2015 年 11 月 1 日に製造施設に異常があった場合，その後 **10 年間（2025 年 10 月 31 日）まで帳簿を保存し，その後帳簿を廃棄**することができる．

［解答］ (1)

第4章 容器等

4-1 容器検査など

1 用語の定義（容器則第 1 条，第 2 条抜粋）

(1) 最高充填圧力

表 4.1 の容器の区分に応じて，掲げるゲージ圧力をいう．

表 4.1 容器の区分

容器の区分	圧 力
圧縮ガスを充填する容器	温度 35℃（アセチレンガスにあっては温度 15℃）においてその容器に充填することができるガスの圧力のうち最高のものの数値

(2) 耐圧試験圧力

表 4.2 の高圧ガスの種類を充填する容器に応じて，掲げるゲージ圧力をいう．

表 4.2 高圧ガスの種類

高圧ガスの種類		圧力（単位：MPa）
圧縮ガス	アセチレンガス	最高充填圧力の数値の 3 倍
	アセチレンガス以外のガス	最高充填圧力の数値の 5/3 倍

2 容器の製造の方法（法第 41 条）

(1) 容器の製造の事業を行う者（**容器製造業者**）は，所定の技術上の基準（容器則第 3 条）に従って容器の製造をしなければならない．

(2) 経済産業大臣は，容器製造業者の製造の方法が所定の技術上の基準に適合していないと認めるときは，その技術上の基準に従って容器の製造をすべきことを命ずることができる．

3 容器検査（法第 44 条）

(1) 容器の**製造**または輸入をした者は，経済産業大臣，協会または経済産業大臣が指定する者（指定容器検査機関）が行う**容器検査**を受け，これに合格したものとして**刻印または標章の掲示**がされているものでなければ，**容器を譲渡し，または引き渡してはならない．**

ただし，次に掲げる容器については，この限りでない．

① 登録容器製造業者が製造した容器で，**刻印または標章の掲示**（自主検査刻印等）がされているもの．

② 輸出その他の所定の用途（容器則第5条）に供するもの．

③ 高圧ガスを充填して輸入された容器で，高圧ガスを充填してあるもの．

(2) 容器検査を受けようとする者は，容器に充填しようとする高圧ガスの種類および圧力を明らかにしなければならない．

(3) **再充填禁止容器**について，容器検査を受けようとする者は，その容器が再充填禁止容器である旨を明らかにしなければならない．

(4) 容器検査においては，その容器が所定の高圧ガスの種類および圧力の大きさ別の容器の規格（容器則第7条）に適合するときは，これを合格とする．

Point

再充填禁止容器とは，高圧ガスを一度充填した後，再度高圧ガスを充填することができないものとして製造された容器である．

4 容器再検査（法第49条抜粋）

容器再検査は，容器が容器検査または前回の容器再検査の後，一定期間を経過したときおよび容器が損傷を受けたときに，容器の安全性を確認するために行う．

① 容器再検査は，経済産業大臣，協会，指定容器検査機関または経済産業大臣が行う容器検査所の登録を受けた者が所定の方法により行う．

② 容器再検査に合格した場合，速やかに，所定の**刻印**，または刻印をすることが困難なものとして定める容器には**標章の掲示**をしなければならない．

③ 何人も，容器に，所定の刻印または標章の掲示と紛らわしい刻印または標章の掲示をしてはならない．

5 容器再検査の期間（容器則第24条）

容器は，次の所定の期間ごとに再検査を受ける必要がある．

① 溶接容器など（溶接容器，超低温容器およびろう付け容器）

・経過年数（製造した後の経年数）が20年以上のもの：2年

Point

容器検査または容器再検査を受け，これに合格し所定の刻印等がされた容器に高圧ガスを充填する場合の条件の一つに，その容器が所定の期間を経過していないことがある．

・経過年数が 20 年未満のもの：5 年

② 一般継目なし容器：5 年

③ 一般複合容器：3 年

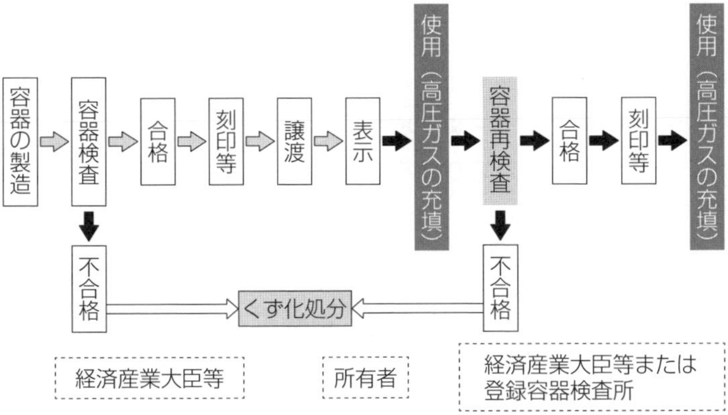

図 4.1 容器再検査

6 附属品検査および附属品再検査（法第 49 条の 2，法 49 条の 4）

附属品（バルブその他の容器の附属品）の製造または輸入をした者は，経済産業大臣，協会または指定容器検査機関が所定の方法で行う附属品検査を受け，これに合格したものとして所定の刻印がされているものでなければ，附属品を譲渡し，または引き渡してはならない．また，附属品再検査に合格した場合にも，所定の刻印をすべきと定められている．

Point

附属品には刻印をするのみ（標章の掲示はない）であるため，「刻印等」でなく「刻印」としている．

Point

容器に装置されるバルブで，附属品検査に合格したものに刻印をすべき事項の一つに「そのバルブが装置されるべき容器の種類」がある．

7 高圧ガスの充填（法第 48 条抜粋）

（1） 高圧ガスを充填する容器の規定

高圧ガス容器（再充填禁止容器を除く）は，次のいずれにも該当するものでなければならない．

① 容器検査に合格し，所定の**刻印等**（刻印または標章）または**自主検査刻印等**がされていること．

② 所定の表示（法第 46 条）をしてあること．

③ バルブを装置してあること（バルブは，附属品検査などで合格し，刻印が

されている）．

④　容器検査もしくは容器再検査を受けた後，**所定の期間を経過した容器または損傷を受けた容器**は，**容器再検査を受け**，これに合格し，容器に所定の刻印または**標章の掲示**がされているものであること．

(2)　再充填禁止容器の規定

高圧ガスを充填した再充填禁止容器および高圧ガスを充填して輸入された再充填禁止容器には，再度高圧ガスを充填してはならない．

(3)　容器に充填する高圧ガスの規定

容器に充填する高圧ガスは，刻印または自主検査刻印に示された種類の高圧ガスである．

・**圧縮ガス**は，刻印または自主検査刻印において示された**最高充填圧力**（記号：**FP**）**以下**のものである．

・**液化ガス**は，所定の方法（容器則第 22 条）により，**刻印，自主検査刻印で示された内容積に応じて計算した質量以下のものであること．**

Point

刻印等により最高充填質量の数値の刻印はされない．その高圧ガスの種類と容器の内容積に応じて所定の計算による数値以下で充填しなければならないと定められている．

8　液化ガスの質量の計算方法（容器則第 22 条）

液化ガスの最大充填質量は，次の式で計算した値以下で行う．

$$\text{液化ガスの質量}\quad G=\frac{V}{C}\ \text{〔kg〕}$$

ここで，V：容器の内容積〔ℓ〕

C：容器保安規則で定める液化ガスの種類に応じた値〔ℓ/kg〕

9　容器に充填する高圧ガスの種類または圧力の変更（法第 54 条）

(1)　容器の所有者は，その容器に充填しようとする**高圧ガスの種類または圧力を変更**しようとするときは，刻印等をすべきことを**経済産業大臣，協会または指定容器検査機関に申請**しなければならない．

(2)　経済産業大臣，協会または指定容器検査機関は，規定による申請があった場合，変更後においてもその容器が所定の規格に適合すると認めるときは，速やかに，刻印等をしなければならない．この場合，経済産業大臣，協会または指定容器検査機関は，その容器にされていた**刻印等を抹消**しなければならない．

(3)　規定による申請をした者は，所定の刻印等がされたときは，遅滞なく，その容器に，**所定の表示**をしなければならない．

10　容器および附属品のくず化その他の処分（法第56条）

(1)　経済産業大臣は，**容器検査に合格しなかった容器**がこれに充填する高圧ガスの種類または圧力を変更しても規格に適合しないと認めるときは，その所有者に対し，これを**くず化**し，その他容器として使用することができないように**処分**すべきことを命ずることができる．

(2)　協会または指定容器検査機関は，その行う容器検査に合格しなかった容器がこれに充填する高圧ガスの種類または圧力を変更しても規格に適合しないと認めるときは，遅滞なく，その旨を経済産業大臣に報告しなければならない．

(3)　容器の所有者は，**容器再検査に合格しなかった容器について3月以内に規定による刻印等がされなかったときは，遅滞なく，これをくず化し，その他容器として使用することができないように処分**しなければならない．

(4)　(1)～(3)の規定は，附属品検査または附属品再検査に合格しなかった附属品について準用する．

(5)　**容器または附属品の廃棄をする者**は，**くず化し，その他容器または附属品として使用することができないように処分**しなければならない．

例題

次のイ，ロ，ハの記述のうち，冷凍設備の冷媒ガスの補充用の高圧ガスを充填するための容器（再充填禁止容器を除く）およびその附属品について正しいものはどれか．

イ．附属品検査に合格したバルブには，そのバルブが装置されるべき容器の内容積を示す記号の刻印がされている．

ロ．液化フルオロカーボンを充填する溶接容器の容器再検査の期間は，その容器の製造後の経過年数にかかわらず，5年である．

ハ．冷媒ガスである液化アンモニアを冷媒設備から回収し，容器（再充填禁止容器を除く）に充填するとき，その容器が容器再検査の期間を経過していないものであることは，その容器に液化アンモニアを充填することができる条件の一つである．

(1) イ　(2) ロ　(3) ハ　(4) ロ，ハ　(5) イ，ハ

▶解説

イ：（誤）附属品検査に合格したバルブには，そのバルブが装置されるべき容器の種類を示す記号の刻印がされているが，バルブに容器の内容積を示す刻印はない．

ロ：（誤）液化フルオロカーボンを充填する溶接容器の容器再検査の期間は，その容器の製造後の経過年数に応じて定められている（溶接容器などでは，経過年数が20年以上のもので2年，経過年数が20年未満のもので5年）．

ハ：（正）容器再検査を受け，これに合格し，容器に所定の刻印または標章の掲示がされているもので，その容器が容器再検査の期間を経過していないものであることは，高圧ガスを充填することができる条件の一つとして定められている．

［解答］ **(3)**

例題

次のイ，ロ，ハの記述のうち，冷凍設備の冷媒ガスの補充用の高圧ガスを充填するための容器（再充填禁止容器を除く）およびその附属品について正しいものはどれか．

イ．液化フルオロカーボンを充填する溶接容器の容器再検査の期間は，その容器の製造後の経過年数に応じて定められている．

ロ．容器に充填する液化ガスは，刻印等または自主検査刻印等で示された種類の高圧ガスであり，かつ，容器に刻印等または自主検査刻印等で示された最大充填質量の数値以下のものでなければならない．

ハ．容器の廃棄をする者は，その容器をくず化し，その他容器として使用することができないように処分しなければならないが，容器の附属品の廃棄については，その定めはない．

(1) イ　(2) ロ　(3) イ，ロ　(4) ロ，ハ　(5) イ，ロ，ハ

▶解説

イ：(正) 液化フルオロカーボンを充填する溶接容器の容器再検査の期間は，その容器の製造後の経過年数に応じて，20 年未満のものは 5 年，経過年数 20 年以上のものは 2 年と定められている．

ロ：(誤) 容器に内容積は刻印されているが，最大充填質量は刻印されていないので，容器に充填することができる液化ガスの質量は，その容器に刻印等または自主検査刻印等で示された容器の内容積に応じて計算した値以下でなければならない．液化ガスの最大充填質量は，次の式より求める．

液化ガスの質量　$G = \dfrac{V}{C}$〔kg〕

V：容器の内容積〔ℓ〕

C：容器保安規則で定める液化ガスの種類に応じた値〔ℓ/kg〕

ハ：(誤) 容器または附属品の廃棄をする者は，くず化しその他容器または附属品として使用することができないように処分しなければならないと規定されている．

[解答]　(1)

4-2 容器の刻印等および表示

1 刻印等（法第 45 条）

(1) 経済産業大臣，**協会**または**指定容器検査機関**は，容器が容器検査に合格した場合，速やかに，その容器に，**刻印**をしなければならない．

(2) 刻印をすることが困難な容器には，その容器に**標章**を掲示しなければならない．

Point
標章の掲示とは，プレートに所定の事項を打刻したものを取れないように容器の肩部などに溶接などを行うことである．

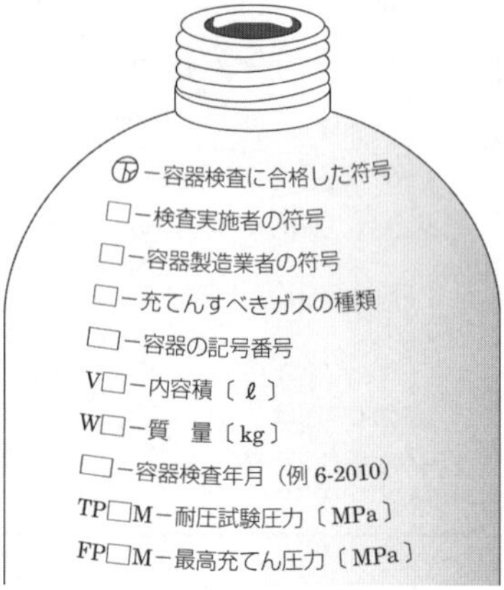

図 4.2 容器の刻印

(3) 何人も，容器に，所定の**刻印等**（**刻印または標章の掲示**）と紛らわしい刻印等をしてはならない．

2 刻印等の方式（容器則第 8 条抜粋）

容器に刻印しようとする者は，容器の厚肉の部分の見やすい箇所に，明瞭に，消えないように刻印しなければならない．

① **検査実施者の名称または符号**
② 容器製造業者の名称または符号
③ **充填すべき高圧ガスの種類**
④ **容器の記号および番号**
⑤ **内容積**（記号：V，単位：ℓ）
⑥ 附属品を含まない容器の質量（記号：W，単位：kg）
⑦ アセチレンガスを充填する容器では，多孔質物および附属品の質量を加えた質量（記号：TW，単位：kg）
⑧ **容器検査に合格した年月**（内容積が 4 000 ℓ 以上などとくに定められた容器では，年月日）
⑨ 耐圧試験における圧力（記号：TP，単位：MPa）および M

Point
内容積は刻印されているが，最大充填質量は刻印されていないので，刻印されている内容積から，最大充填質量を算出する．

Point

「TP 2.9M」は，その容器の耐圧試験における圧力が 2.9 MPa であることを表している．

⑩　**圧縮ガスを充填する容器**では，**最高充填圧力**（記号 FP，単位 MPa）および M

⑪　内容積が 500 ℓ を超える容器では，胴部の肉厚（記号 t，単位 mm）

Point

「FP 14.7M」は，その容器の最高充填圧力が 14.7 MPa であることを表している．

3　容器の表示（法第 46 条，法第 47 条）

(1)　容器の**所有者**は，次に掲げるときは，遅滞なく，その容器に，所定の表示をしなければならない．その表示が滅失したときも，同様とする．

①　容器に刻印等がされたとき．

②　容器再検査で容器に刻印等をしたとき．

③　自主検査刻印等がされている容器を輸入したとき．

(2)　容器（高圧ガスを充填したものに限る）の**輸入をした者**は，容器が検査に合格したときは，遅滞なく，その容器に，表示をしなければならない．その表示が滅失したときも，同様とする．

(3)　容器を**譲り受けた者**は，遅滞なく，その容器に，所定の表示をしなければならない．その表示が滅失したときも，同様とする．

(4)　何人も，規定された以外に，容器に表示または紛らわしい表示をしてはならない．

4　表示の方式（容器則第 10 条抜粋）

(1)　**高圧ガスの種類に応じて**，**塗色**をその容器の外面の見やすい箇所に容器の表面積の **2 分の 1 以上**について行うものとする（表 4.3）．

(2)　容器の外面に次の事項を明示する．

①　充填することができる**高圧ガスの名称**

②　**可燃性ガスには「燃」，毒性ガスには「毒」の文字**

(3)　**容器の外面に所有者の氏名など**（所有者の氏名または名称，住所および電話

Point

液化アンモニアは毒性であり，可燃性でもあるので，その充填容器の外面には，充填することができる高圧ガスの名称ならびに性質を示す文字として「燃」および「毒」の両方を明示することと定められている．

表 4.3　高圧ガスの容器の塗色

高圧ガスの種類	塗色の区分
酸素ガス	黒色
水素ガス	赤色
液化炭酸ガス	緑色
液化アンモニア	白色
液化塩素	黄色
アセチレンガス	かっ色
その他の種類の高圧ガス	ねずみ色

番号）の所定の事項を明示する．その事項に**変更があるときは，遅滞なく，**変更しなければならない．

(4)　氏名などの表示をした容器の所有者は，その氏名などに変更があったときは，遅滞なく，その表示を変更する．

例題

次のイ，ロ，ハの記述のうち，高圧ガスを充填する容器について正しいものはどれか．

イ．容器検査に合格した容器に刻印をすべき事項の一つに，容器の記号および番号がある．

ロ．液化アンモニアを充填する容器には，その充填すべき高圧ガスの名称が刻印で示されているので，アンモニアの性質を示す文字を明示すれば，そのガスの名称は明示する必要はない．

ハ．容器検査に合格した容器に刻印されている「TP 2.9M」は，その容器の最高充填圧力が 2.9 MPa であることを表している．

(1) イ　(2) ロ　(3) イ，ハ　(4) ロ，ハ　(5) イ，ロ，ハ

▶解説

イ：(正) 容器の記号および番号は，容器検査に合格した容器に刻印をすべき事項の一つである．

ロ：(誤) 液化アンモニアを充填する容器には，その充填すべき高圧ガスの名称が刻印で示されていて，アンモニアの性質を示す文字「毒」および「燃」が明示されていても，そのガスの名称を明示する必要がある．

ハ：(誤) 耐圧試験における圧力の刻印は，記号 TP，単位 MPa と定められている．したがって，「TP 2.9M」の刻印は，その容器の耐圧試験における圧力が 2.9 MPa であることを表している．なお，最高充填圧力の刻印は記号 FP，単位 MPa と定められている．

[解答]　(1)

Part 1 学識 Part 2 保安管理技術 Part 3 法令

例題

次のイ，ロ，ハの記述のうち，高圧ガスを充填するための容器について正しいものはどれか．

イ．液化アンモニウムを充填する容器に表示すべき事項のうちには，その容器の表面積の 2 分の 1 以上についての白色の塗色およびその高圧ガスの性質を示す文字「燃」「毒」の明示がある．

ロ．容器検査に合格した容器に充填することができる高圧ガスの名称を明示した場合は，その容器に充填すべき高圧ガスの種類の刻印または標章の掲示を省略することができる．

ハ．容器の外面に所有者の氏名などの所定の事項を明示した容器の所有者は，その事項に変更があったときは，次回の容器再検査時にその事項を明示し直さなければならないと定められている．

(1) イ　(2) ロ　(3) イ，ロ　(4) ロ，ハ　(5) イ，ロ，ハ

▶解説

イ：(正) 液化アンモニアを充填する容器に表示をすべき事項のうちには，その容器の外面の見やすい箇所に，その表面積の 1/2 以上についての白色の塗色およびその高圧ガスの性質を示す文字として「燃」および「毒」の両方を明示することと定められている．

ロ：(誤) 容器検査に合格した場合，容器に充填すべき高圧ガスの種類など，定められた刻印または標章の掲示がなされるが，容器の所有者は，このとき遅滞なく，充填することができる高圧ガスの名称など，定められた表示を明示することと定められている．したがって，容器に充填すべき高圧ガスの種類の刻印または標章の掲示を省略することはできない．

ハ：(誤) 容器の外面に容器の所有者の氏名などを明示した容器の所有者は，その氏名などに変更があったときは，遅滞なく，その表示を変更するものとすると定められている．

[解答]　**(1)**

▶ 法令演習問題

次の各問について，高圧ガス保安法に係る法令上正しいと思われる最も適切な答えをその問の下に掲げてある（1），（2），（3），（4），（5）の選択肢の中から 1 個選びなさい．なお，経済産業大臣が危険のおそれのないと認めた場合などにおける規定は適用しない．

問 1　次のイ，ロ，ハの記述のうち，正しいものはどれか．

イ．高圧ガス保安法は，高圧ガスによる災害を防止して公共の安全を確保する目的のため，高圧ガス保安協会による高圧ガスの保安に関する自主的な活動を促進することも定めている．

ロ．常用の温度において圧力が 0.9 MPa の圧縮ガス（圧縮アセチレンガスを除く．）であっても，温度 35 度において圧力が 1 MPa 以上となるものは高圧ガスである．

ハ．常用の温度 35 度において圧力が 1 MPa となる圧縮ガス（圧縮アセチレンガスを除く）であって，現在の圧力が 0.9 MPa のものは高圧ガスではない．

（1）イ　（2）ロ　（3）イ，ロ　（4）ロ，ハ　（5）イ，ロ，ハ

問 2　次のイ，ロ，ハの記述のうち，正しいものはどれか．

イ．1 日の冷凍能力が 5 トン未満の冷凍設備内におけるフルオロカーボン（不活性のものに限る）は，高圧ガス保安法の適用を受けない．

ロ．アンモニアを冷媒ガスとする冷凍設備であって，1 日の冷凍能力が 10 トンのもののみを使用して高圧ガスの製造をする者は，第二種製造者である．

ハ．第一種製造者の事業を譲り渡した者および譲り受けた者は，遅滞なく，それぞれその旨を都道府県知事等に届け出なければならない．

（1）イ　（2）ロ　（3）イ，ロ　（4）イ，ハ　（5）イ，ロ，ハ

問 3　次のイ，ロ，ハの記述のうち，正しいものはどれか．

イ．第一種製造者は，高圧ガスの製造を開始し，または廃止したときは，遅滞なく，その旨を都道府県知事等に届け出なければならない．

ロ．第一種製造者は，その製造の方法を変更しようとするときは，都道府県知事等の許可を受ける必要はないが，軽微な変更として変更後遅滞なく，その旨を都道府県知事等に届け出なければならない．

ハ．冷凍保安規則に定められている高圧ガスの廃棄に係る技術上の基準に従うべき高圧ガスは，可燃性ガス，毒性ガスおよび特定不活性ガスに限られている．

（1）イ　（2）イ，ロ　（3）イ，ハ　（4）ロ，ハ　（5）イ，ロ，ハ

問4　次のイ，ロ，ハの記述のうち，冷凍のため高圧ガスの製造をする第二種製造者について正しいものはどれか．

イ．冷凍設備（認定指定設備を除く）を使用して高圧ガスの製造をしようとする者が，その旨を都道府県知事等に届け出なければならない場合の1日の冷凍能力の最小の値は，その冷媒ガスの種類がフルオロカーボン（不活性のものに限る）とアンモニアとでは異なる．

ロ．高圧ガスの製造は，製造をする高圧ガスの種類および製造設備の態様に応じ，1日に1回以上その製造設備に属する製造施設の異常の有無を点検し異常のあるときは，その設備の補修その他の危険を防止する措置を講じて行わなければならない．

ハ．第二種製造者が従うべき製造の方法に係る技術上の基準は，定められていない．

(1) イ　(2) ロ　(3) イ，ロ　(4) ロ，ハ　(5) イ，ロ，ハ

問5　次のイ，ロ，ハの記述のうち，冷凍設備の冷媒ガスの補充用の高圧ガスを車両に積載した容器（高圧ガスを充填するためのものであって，内容積が48 ℓ のもの）により移動する場合について一般高圧ガス保安規則上正しいものはどれか．

イ．高圧ガスを移動する車両の見やすい箇所に警戒標を掲げなければならない高圧ガスは，可燃性ガスおよび毒性ガスの2種類のみである．

ロ．液化アンモニアを移動するときは，消火設備ならびに災害発生防止のための応急措置に必要な資材および工具などを携行するほかに，防毒マスク，手袋その他の保護具ならびに災害発生防止のための応急措置に必要な資材，薬剤および工具なども携行しなければならない．

ハ．液化アンモニアを移動するときは，その高圧ガスの名称，性状および移動中の災害防止のために必要な注意事項を記載した書面を運転者に交付し，移動中携帯させ，これを遵守させなければならない．

(1) イ　(2) ロ　(3) イ，ハ　(4) ロ，ハ　(5) イ，ロ，ハ

問6　次のイ，ロ，ハの記述のうち，高圧ガスを充填するための容器（再充填禁止容器を除く）について正しいものはどれか．

イ．容器に高圧ガスを充填することができる条件の一つに「その容器が容器検査を受けた後，所定の期間を経過したものである場合，その容器が容器再検査を受け，これに合格し，かつ，所定の刻印または標章の掲示がされたものでなければならないこと」がある．

ロ．容器の所有者は，容器再検査に合格しなかった容器について所定の期間内に所定の刻印等がされなかったときは，遅滞なく，これをくず化し，その他容器として使用することができないように処分しなければならない．

ハ．容器に充填する液化ガスは，刻印等または自主検査刻印等で示された種類の高圧ガスであり，かつ，容器に刻印等または自主検査刻印等で示された最大充填質

量の数値以下のものでなければならない.

(1) イ　(2) ロ　(3) イ，ロ　(4) ロ，ハ　(5) イ，ロ，ハ

問 7　次のイ，ロ，ハの記述のうち，冷凍に係る製造事業所における冷媒ガスの補充用としての容器による高圧ガス（質量が 50 kg のもの）の貯蔵の方法に係る技術上の基準について一般高圧ガス保安規則上正しいものはどれか.

イ．液化アンモニアの充填容器および残ガス容器の貯蔵は，通風の良い場所で行わなければならない.

ロ．車両に固定した容器により高圧ガスを貯蔵することは禁じられているが，車両に積載した容器により高圧ガスを貯蔵することはいかなる場合でも禁じられていない.

ハ．液化アンモニアの容器置場には，携帯電燈以外の燈火を携えて立ち入ってはならない.

(1) イ　(2) ロ　(3) イ，ハ　(4) ロ，ハ　(5) イ，ロ，ハ

問 8　次のイ，ロ，ハの記述のうち，冷凍能力の算定基準について冷凍保安規則上正しいものはどれか.

イ．圧縮機の気筒の内径の数値は，回転ピストン型圧縮機を使用する冷凍設備の 1 日の冷凍能力の算定に必要な数値の一つである.

ロ．吸収式冷凍設備にあっては，発生器を加熱する 1 時間の入熱量の数値をもって 1 日の冷凍能力を算定する.

ハ．冷媒ガスの種類に応じて定められた数値（C）は，冷媒ガスの圧縮機の種類にかかわらず，1 日の冷凍能力の算定に必要な数値の一つである.

(1) イ　(2) ロ　(3) ハ　(4) イ，ロ　(5) ロ，ハ

問 9 から問 14 までの問題は，次の例による事業所に関するものである.

［例］冷凍のため，次に掲げる高圧ガスの製造施設を有する事業所

なお，この事業所は認定完成検査実施者および認定保安検査実施者ではない.

製造設備の種類　：定置式製造設備（一つの製造設備であって，専用機械室に設置してあるもの）

冷媒ガスの種類　：アンモニア

冷凍設備の圧縮機：容積圧縮式（往復動式）4 基

1 日の冷凍能力　：250 トン

主な冷媒設備　　：凝縮器（縦置円筒形で胴部の長さが 3 m のもの）1 基

　　　　　　　　：受液器（内容積が 6 000 ℓ のもの）1 基

問 9　次のイ，ロ，ハの記述のうち，この事業所について正しいものはどれか．

イ．その従業者に対する保安教育を随時実施していれば，保安教育計画は定めなくてよい．

ロ．この事業所の製造施設が危険な状態となったとき，その事態を発見した者は，直ちにその旨を都道府県知事等または警察官，消防吏員もしくは消防団員もしくは海上保安官に届け出なければならない．

ハ．この事業者は，危害予防規程を定め，これを都道府県知事等に届け出なければならない．また，この危害予防規程を守るべき者は，この事業所の冷凍保安責任者および従業者に限られている．

(1) イ　(2) ロ　(3) イ，ロ　(4) ロ，ハ　(5) イ，ロ，ハ

問 10　次のイ，ロ，ハの記述のうち，この事業者について正しいものはどれか．

イ．この事業者がこの事業所において指定する場所では，何人も，その事業者の承諾を得ないで，発火しやすい物を携帯してその場所に立ち入ってはならない．

ロ．この事業者は，事業所ごとに帳簿を備え，製造施設に異常があった場合，異常があった年月日およびそれに対してとった措置をその帳簿に記載しなければならない．また，その帳簿は製造開始の日から 10 年間保存しなければならない．

ハ．所有しまたは占有する高圧ガスについて災害が発生したときは，遅滞なく，その旨を都道府県知事等または警察官に届け出なければならない．

(1) イ　(2) ロ　(3) イ，ハ　(4) ロ，ハ　(5) イ，ロ，ハ

問 11　次のイ，ロ，ハの記述のうち，この事業者について正しいものはどれか．

イ．製造施設の変更の工事のうちには，都道府県知事等の許可を受けた場合であっても，完成検査を受けることなく，その製造施設を使用することができる変更の工事があり，この事業所の製造施設のうち冷媒設備の取替えの工事に適用される．

ロ．この事業者が製造施設の特定変更工事を完成したときに受ける完成検査は，都道府県知事等または高圧ガス保安協会もしくは指定完成検査機関のいずれかが行うものでなければならない．

ハ．製造施設の特定変更工事が完成した後，高圧ガス保安協会が行う完成検査を受け，これが製造施設の位置，構造および設備に係る技術上の基準に適合していると認められ，その旨を都道府県知事等に届け出た場合は，都道府県知事等が行う完成検査を受けなくてもよい．

(1) ロ　(2) イ，ロ　(3) イ，ハ　(4) ロ，ハ　(5) イ，ロ，ハ

問 12　次のイ，ロ，ハの記述のうち，この事業所の冷凍保安責任者およびその代理者について正しいものはどれか．

イ．冷凍保安責任者には，第二種冷凍機械責任者免状の交付を受けている者であっ

て，1日の冷凍能力が20トン以上の製造施設を使用して行う高圧ガスの製造に関する1年以上の経験を有する者を選任することができる．

ロ．冷凍保安責任者が旅行，疾病などのためその職務を行うことができない場合，あらかじめ選任した冷凍保安責任者の代理者にその職務を代行させなければならない．

ハ．選任している冷凍保安責任者およびその代理者を解任し，新たにこれらの者を選任したときは，遅滞なく新たに選任した者についてその旨を都道府県知事等に届け出なければならないが，解任したこれらの者についてはその旨を都道府県知事等に届け出る必要はない．

(1) ハ　(2) イ，ロ　(3) イ，ハ　(4) ロ，ハ　(5) イ，ロ，ハ

問13 次のイ，ロ，ハの記述のうち，この事業所に適用される技術上の基準について正しいものはどれか．

イ．冷媒設備の圧縮機が設置されている専用機械室は，冷媒ガスであるアンモニアが漏えいしたとき，滞留しないような構造としなければならない．

ロ．この受液器は，その周囲に冷媒ガスである液状のアンモニアが漏えいした場合にその流出を防止するための措置を講じなければならないものに該当する．

ハ．受液器にガラス管液面計を設ける場合は，丸形ガラス管液面計以外のものとし，その液面計の破損を防止するための措置とともに受液器とガラス管液面計とを接続する配管にその液面計の破損による漏えいを防止するための措置も講じなければならない．

(1) イ　(2) ハ　(3) イ，ハ　(4) ロ，ハ　(5) イ，ロ，ハ

問14 次のイ，ロ，ハの記述のうち，この事業所に適用される技術上の基準について正しいものはどれか．

イ．この製造施設の冷媒設備に係る電気設備は，その設置場所および冷媒ガスに応じた防爆性能を有する構造のものでなければならないものに該当する．

ロ．専用機械室に設置されているこの製造施設の冷媒設備の安全弁に設けた放出管の開口部の位置については，とくに定めがない．

ハ．凝縮器，受液器および配管ならびにそれらの支持構造物およびその基礎には所定の耐震設計の基準が適用されるものがあるが，この凝縮器にはその基準は適用されない．

(1) イ　(2) ハ　(3) イ，ロ　(4) イ，ハ　(5) イ，ロ，ハ

問15から問20までの問題は，次の例による事業所に関するものである．

［例］冷凍のため，次に掲げる高圧ガスの製造施設を有する一つの事業所として高圧ガスの製造の許可を受けている事業所

なお，この事業所は認定完成検査実施者および認定保安検査実施者ではない．

製造設備の種類　：定置式製造設備A（冷媒設備が一つの架台上に一体に組み立てられていないもの）1基
　　　　　　　　：定置式製造設備B（認定指定設備）1基
　　　　　　　　　これらはブラインを共通とし，同一の専用機械室に設置されており，一体として管理されるものとして設計されたものであり，かつ，同一の計器室において制御されている．

冷媒ガスの種類　：設備Aおよび設備Bとも，フルオロカーボン134a

冷凍設備の圧縮機：設備Aおよび設備Bとも，遠心式

1日の冷凍能力　：550トン（設備A：300トン，設備B：250トン）

主な冷媒設備　　：受液器（設備A：内容積が4 000 ℓのもの）

問15　次のイ，ロ，ハの記述のうち，この事業者が受ける保安検査について正しいものはどれか．

イ．高圧ガス保安協会が行う保安検査を受け，その旨を都道府県知事等に届け出た場合は，その都道府県知事等が行う保安検査を受ける必要はない．

ロ．保安検査は，製造施設の位置，構造および設備ならびに高圧ガスの製造の方法が所定の技術上の基準に適合しているかどうかについて行われる．

ハ．保安検査を受けなければならない高圧ガスの製造のための施設を特定施設というが，この事業所の特定施設は，製造施設のうち，認定指定設備である製造設備Bの部分を除いたものである．

(1) イ　(2) ロ　(3) イ，ハ　(4) ロ，ハ　(5) イ，ロ，ハ

問16　次のイ，ロ，ハの記述のうち，この事業者が行う定期自主検査について正しいものはどれか．

イ．定期自主検査は，製造設備Aについては1年に1回以上，認定指定設備である製造設備Bについては3年に1回以上行わなければならないと定められている．

ロ．定期自主検査は，製造施設の位置，構造及び設備が所定の技術上の基準に適合しているかどうかについて行わなければならないが，その技術上の基準のうち耐圧試験に係るものについては行わなくてよい．

ハ．定期自主検査は，選任した冷凍保安責任者にその実施について監督を行わせなければならない．

(1) イ　(2) ハ　(3) イ，ハ　(4) ロ，ハ　(5) イ，ロ，ハ

問17　次のイ，ロ，ハの記述のうち，この事業所に適用される技術上の基準について正

しいものはどれか.

イ．変更工事における完成検査において冷媒設備の配管以外の部分について耐圧試験を行うときは，水その他の安全な液体を使用して許容圧力の 1.5 倍（液体を使用することが困難であると認められるときは，空気，窒素などの気体を使用して許容圧力の 1.25 倍）以上の圧力で行わなければならない.

ロ．製造設備が専用機械室に設置されていても，製造施設には，その製造施設の外部から見やすいように警戒標を掲げなければならない.

ハ．冷媒設備の安全弁に付帯して設けた止め弁は，その設備を長期に運転停止する場合には，安全弁の誤作動防止のため常に閉止しておかなければならない.

(1) イ　(2) イ，ロ　(3) イ，ハ　(4) ロ，ハ　(5) イ，ロ，ハ

問 18 次のイ，ロ，ハの記述のうち，この事業所に適用される技術上の基準について正しいものはどれか.

イ．製造設備 A の圧縮機と凝縮器との間の配管の付近に，製造設備外の火気を設置せざるを得なくなったので，その火気に対して安全な措置を講じた.

ロ．製造設備 A および製造設備 B の冷媒設備には，圧縮機が強制潤滑方式であり，かつ，潤滑油圧力に対する保護装置を有する場合の油圧系統を除き，圧力計を設けなければならない.

ハ．高圧ガスの製造は，1 日に 1 回以上その製造設備が属する製造施設の異常の有無を点検して行わなければならないが，自動制御装置を設けて自動運転を行う場合はこの限りでない.

(1) イ　(2) ロ　(3) ハ　(4) イ，ロ　(5) ロ，ハ

問 19 次のイ，ロ，ハの記述のうち，この事業所に適用される技術上の基準について正しいものはどれか.

イ．製造設備に設けたバルブまたはコックが操作ボタン等により開閉される場合は，その操作ボタン等には，作業員がその操作ボタン等を適切に操作することができるような措置を講じなければならない.

ロ．この冷媒設備には，その設備内の冷媒ガスの圧力が許容圧力の 1.25 倍を超えた場合に直ちにその圧力を許容圧力以下に戻すことができる安全装置を設けなければならない.

ハ．製造設備 A の冷媒設備の修理を行うときは，あらかじめその修理の作業計画およびその作業の責任者を定めなければならないが，製造設備 B の冷媒設備の修理を行うときは，あらかじめその作業計画を定めればその作業の責任者を定める必要はない.

(1) イ　(2) ロ　(3) ハ　(4) イ，ハ　(5) イ，ロ，ハ

問 20 次のイ，ロ，ハの記述のうち，製造設備 B について正しいものはどれか.

イ．この設備の冷媒設備は，その設備の製造業者の事業所において脚上または１つの架台上に組み立てられ，その事業所において試運転を行い，使用場所に分割されずに搬入されたものである．

ロ．この設備の日常の運転操作に必要となる冷媒ガスの止め弁には，手動式のものを使用しなければならない．

ハ．この設備を移設すると，その指定設備認定証が無効になる場合がある．

(1) イ　(2) ハ　(3) イ，ハ　(4) ロ，ハ　(5) イ，ロ，ハ

▶ 法令演習問題　解答と解説

問 **1**　解答（**3**）

イ：(正) 記述のとおり．

ロ：(正) 記述のとおり．

ハ：(誤) 温度 35 度において圧力が 1 MPa 以上となる圧縮ガス（圧縮アセチレンガスを除く．）は，常用の温度における圧力が **1 MPa** 未満であっても高圧ガスである．

問 **2**　解答（**3**）

イ：(正) 記述のとおり．

ロ：(正) 記述のとおり．

ハ：(誤) 第一種製造者の事業を譲り受けた者は，新たに都道府県知事等の許可を受けなければならない．

問 **3**　解答（**3**）

イ：(正) 記述のとおり．

ロ：(誤) 第一種製造者は，製造する高圧ガスの種類または製造の方法を変更しようとするときは，都道府県知事等の許可を受けなければならない．

ハ：(正) 記述のとおり．

問 **4**　解答（**3**）

イ：(正) 記述のとおり．

ロ：(正) 記述のとおり．

ハ：(誤) 第二種製造者が従うべき製造の方法に係る技術上の基準は，法第 **12** 条で定められている．

問 **5**　解答（**4**）

イ：(誤) 高圧ガスを移動する車両の見やすい箇所に警戒標を掲げなければならない高圧ガスは，可燃性ガスおよび毒性ガスの **2** 種類の充填容器のみとは限られていない．

ロ：(正) 記述のとおり．

ハ：(正) 記述のとおり．

問 6　解答　(3)

イ：(正) 記述のとおり.

ロ：(正) 記述のとおり.

ハ：(誤) 容器に内容積は刻印されているが，最大充填質量は刻印されていないので，容器に充填することができる液化ガスの質量は，その容器に刻印等または自主検査刻印等で示された容器の内容積に応じて計算した値以下でなければならない.

問 7　解答　(3)

イ：(正) 記述のとおり.

ロ：(誤) 充填容器等の車両貯蔵の禁止は，消防自動車など特別の場合を除き禁じられている.

ハ：(正) 記述のとおり.

問 8　解答　(4)

イ：(正) 記述のとおり.

ロ：(正) 記述のとおり.

ハ：(誤) 冷媒ガスの種類に応じて定められた数値 (C) は，遠心式圧縮機を使用する冷凍設備の 1 日の冷凍能力の算定には必要な数値ではない. したがって，冷媒ガスの圧縮機の種類にかかわらず，1 日の冷凍能力の算定に必要な数値の一つとならない.

問 9　解答　(2)

イ：(誤) 第一種製造者は，その従業者に対する保安教育を随時実施していても，保安教育計画は定めなければならない.

ロ：(正) 記述のとおり.

ハ：(誤) 第一種製造者およびその従業者（この事業所の冷凍保安責任者などを含む）は，危害予防規程を守らなければならないと定められている.

問 10　解答　(3)

イ：(正) 記述のとおり.

ロ：(誤) この事業者は，事業所ごとに帳簿を備え，製造施設に異常があった場合，異常があった年月日とその措置を記載した帳簿を記載の日から 10 年間保存しなければならない.

ハ：(正) 記述のとおり.

問 11 解答 (4)

イ：(誤) この事業所の冷媒ガスの種類がアンモニアで，可燃性ガスおよび毒性ガスを冷媒とする冷媒設備の取替えに当たるので**軽微な変更工事には該当しないので，都道府県知事等の許可が必要である**.

ロ：(正) 記述のとおり.

ハ：(正) 記述のとおり.

問 12 解答 (2)

イ：(正) 記述のとおり.

ロ：(正) 記述のとおり.

ハ：(誤) 専任したときには都道府県知事等に届け出なければならなく．解任したときも同様とすると規定されていると定められているので，解任したこれらの者についてもその旨を**都道府県知事等に届け出なければならない**.

問 13 解答 (3)

イ：(正) 記述のとおり.

ロ：(誤) 受液器であって毒性ガス（液化アンモニア）が漏えいした場合に，その流出を防止するための措置を講じなければならないものは，その内容積が，1 万 ℓ 以上のものが該当する．**この事業所の受液器（内容積が 6 000 ℓ のもの）は，1 万 ℓ 未満なので該当しない**.

ハ：(正) 記述のとおり.

問 14 解答 (2)

イ：(誤) 可燃性ガス（アンモニアを除く）を冷媒ガスとする冷媒設備に係る電気設備は，その設置場所およびそのガスの種類に応じた防爆性能を有する構造のものであることと定められている．**アンモニアはこの規定から除外されている**.

ロ：(誤) 安全装置のうち安全弁には，放出管を設けることと定められており，この場合の開口部の位置は，放出する冷媒ガスの性質に応じた適切な位置であることと定められている．特に**冷媒設備が専用機械室に設置されている場合についての適用除外はない**.

ハ：(正) この事業所の凝縮器は，縦置円筒形で胴部の長さが 3 m のものなので，この規定は適用されない.

問 15 解答 (3)

イ：(正) 記述のとおり.

ロ：(誤) 保安検査は，製造施設の位置，構造および設備が所定の技術上の基準に適合しているかどうかについて行われるものであって，製造の方法が所定の技術上の基準に適合しているかどうかについて行う旨の定めはない．

ハ：(正) 記述のとおり．

問 16　解答　(4)

イ：(誤) 定期自主検査は，認定指定設備である製造設備 B の部分を含め，製造施設について，1 年に 1 回以上行わなければならない．

ロ：(正) 記述のとおり．

ハ：(正) 記述のとおり．

問 17　解答　(2)

イ：(正) 記述のとおり．

ロ：(正) 記述のとおり．

ハ：(誤) 製造設備の運転を数日間停止する場合であっても，特に定める場合を除き，その間も安全弁に付帯して設けた止め弁を常に全開しておかなければならない．

問 18　解答　(4)

イ：(正) 製造設備 A の圧縮機と凝縮器との間の配管の付近に，製造設備外の火気を設置してはならない．不活性ガスであるフルオロカーボン 134a を冷媒ガスに使用しているなどの冷媒による適用除外はない．ただし，火気を設置せざるを得なくなった場台，その火気に対して安全な措置を講した場合は可能である．

ロ：(正) 記述のとおり．

ハ：(誤) 製造する高圧ガスの種類及び製造設備の態様に応じとは規定されているものの自動制御装置による自動運転を行う場合の適用除外はない．

問 19　解答　(1)

イ：(正) 記述のとおり．

ロ：(誤) その設備内の冷媒ガスの圧力が許容圧力を超えた場合に直ちにその圧力を許容圧力以下に戻すことができる安全装置を設けなければならない．

ハ：(誤) 認定指定設備でも通常の設備と同様に，あらかじめその修理の作業計画およびその作業の責任者を定めなければならない．

問20 解答 (3)

イ（正）記述のとおり.

ロ（誤）冷凍のための指定設備の日常の運転操作に必要となる冷媒ガスの止め弁には，手動式のものを使用しないことと定められている.

ハ（正） 記述のとおり.

索　引

ア　行

カ　行

サ　行

■タ 行

ナ 行

ハ 行

マ　行

ヤ　行

ラ　行

英数字

ゼロからはじめる　２種冷凍試験（改訂３版）

2012 年 8 月 20 日　第 1 版第 1 刷発行
2017 年 6 月 20 日　改訂 2 版第 1 刷発行
2023 年 8 月 25 日　改訂 3 版第 1 刷発行
2024 年 11 月 10 日　改訂 3 版第 2 刷発行

編　集　オーム社
発行者　村上和夫
発行所　株式会社 オーム社

郵便番号　101-8460
東京都千代田区神田錦町 3-1
電話　03(3233)0641(代表)
URL https://www.ohmsha.co.jp/

印刷・製本　壮光舎印刷
ISBN978-4-274-23073-8　Printed in Japan